Research on the Development of Chinese Skilled Talents

中国技能人才发展状况研究

李广义　弓秀云◎著

中国经济出版社
CHINA ECONOMIC PUBLISHING HOUSE

·北京·

图书在版编目（CIP）数据

中国技能人才发展状况研究/李广义，弓秀云著.
—北京：中国经济出版社，2019.4（2024.1重印）
ISBN 978-7-5136-5563-7

Ⅰ.①中… Ⅱ.①李… ②弓… Ⅲ.①技术人才—人才培养—研究报告—中国
Ⅳ.①G316

中国版本图书馆CIP数据核字（2019）第037609号

组稿编辑 崔姜薇
责任编辑 贾轶杰
责任印制 马小宾
封面设计 任燕飞工作室

出版发行 中国经济出版社
印 刷 者 三河市同力彩印有限公司
经 销 者 各地新华书店
开　　本 710mm×1000mm 1/16
印　　张 16
字　　数 256千字
版　　次 2019年4月第1版
印　　次 2024年1月第2次
定　　价 68.00元
广告经营许可证 京西工商广字第8179号

中国经济出版社 **网址** www.economyph.com **社址** 北京市东城区安定门外大街58号 **邮编** 100011
本版图书如存在印装质量问题，请与本社销售中心联系调换（联系电话：010-57512564）

前　言

PREFACE

一个国家技能人才的综合水平，最终决定着其国际竞争力的地位，这已经成为世界各国的共识。美国、德国、英国、日本等发达国家无一例外地把技能人才的培养与发展看作提升国家综合实力的体现。拥有高水平技能人才队伍的国家或企业，也总是能够展现出其国家品牌优势和精益求精的创新精神，他们成功的根本是把高水平技能人才作为强盛的基础和标志，把职业教育上升到国家战略的高度，因此，技能人才对于一个国家的重要性是不言而喻的。那么，技能人才如何与国家经济同步发展呢？哪些因素会成为技能人才成长的关键？高技能人才的过往经历又有哪些经验值得总结？从一个国家的角度看，如何健全与完善技能人才相关的法律法规政策，才可以对技能人才成长与发展的每个阶段都起到促进与保障作用？技能人才需要具备哪些专门知识、技能和经验，才可以在企业实践中不断推陈出新并突破技能高点？企业建立怎样的技能评价体系，才有利于引导高技能人才队伍建设健康向上发展？从西方发达国家技能人才培养的经历看，其本质上具有一些共同的成功因素和启示，那就是“从实践中来，到实践中去”。这句曾在我国教育界耳熟能详的、体现教育理念的名句，可惜几乎被有意无意地“淡忘”了，使我国职业教育走了一些偏路。西方发达国家技能人才培养的各种模式和具体措施中，日本的“产学合作”，美国的“合作教育”，德国的“双元制”，英国的“学徒制”，被世界公认为当今职业技术教育成功的范例，其核心点毫不夸张地说，与“从实践中来，到实践中去”是一脉相承的。技能人才培养具有其特殊的内在规律，而且不同层次的职业教育、不同阶段的技能人才又具有各自的特定要求，如何建立高效而符合中国特色的职业教育体系，如何建立企业技能人才成长与发展的路径和模式，需要结合我国经济发展和企业实际情况去探索和研究。

就我国技能人才的情况而言，根据中组部、人社部发布的《高技能人才队伍建设中长期规划（2010—2020）》，要求加快高技能人才培养，使我国高级工以上的高技能人才总量到2020年达到3900万人。国家“十三五”规划纲要对职业教育也提出了积极的愿景：“围绕深化产教融合、校企合作、工学结合主线，支持100所左右高等职业学校和1000所左右中等职业学校建设……职业学校每年输送1000万名技术技能人才，开展培训上亿人次。”但到目前为止，实际我国技能人才供应总体不足，高技能人才缺口更大，“技工荒”曾屡屡出现。据中国人力资源市场信息监测中心2017年第一季度报告，对105个城市公共就业服务机构市场供求信息进行了统计分析，发现市场对具有技术等级劳动者的用人需求均大于供给。与2016年同期和上季度相比，对具有各类技术等级劳动者的用人需求均有所增长。从供求对比看，高级技师、高级技能岗位空缺与求职人数的比率较大，分别为2.18、2.08。与2016年同期相比，市场需求增长幅度较大的有：高级技师（+21.4%）、技师（+16.7%）、高级技能（+12%）。从供给侧看，除具有初级技能（-3.8%）、中级技能（-3.8%）的求职人数有所减少外，市场中具有各类技术等级的求职人数均有所增长。其中，增长幅度较大的有：技师（+65.2%）、高级技师（+19.5%）。从上述数据我们欣喜地看到，高级技能人才培养与发展的数量增幅明显；同时，从各年度对高技能人才需求情况看，均表现出整体旺盛的需求。因此，我们通过调查研究，对我国技能人才近年来发展的状况和轨迹做一个全面的梳理和了解，去探索符合我国企业实际需求的未来技能人才的发展方向和培养模式，这就是本书作者所希望达到的目标。为了探索我国技能人才培养的强国之路，为职业教育院校和企业的技能人才培养提供参考，我们成立了研究团队，由北京物资学院李广义教授牵头，组织专家学者和企业人力资源管理工作者开展调查研究，最后由北京物资学院李广义、弓秀云老师主笔撰写该书。内容共分为6章：第一章主要对我国技能人才发展与培养的相关法律法规及政策进行总结，了解探索我国技能人才培养相关政策及其法律法规的实施情况、法治环境建设、政策法规存在的障碍及问题，并提出健全我国技能人才发展政策法规的建议；第二章主要研究我国技能人才培养的动态变化与发展，以中国统计年鉴数据为主线，辅以大量研究文献，对我国技能人才培养的中等职业教育、高等职业教育和民办职业教育，从2007—2016年的大量数据中进行整理分析，并以图、表、文并茂的形式来展示技能人才培养变化的规律和发展趋势，同时为了对工作岗位中的技能人才发展与培养的情况有所掌握，书中专门对企业职业培训状况的大量数据进行了整理分析，探讨了学校以外的技能人才的发展动态及规律，并对技能人才培养与劳动力市场需求对接状况进行了探讨和总结；第三章主要基于2009—2017年中国人力资源市场信息检测中心有关技能人才的市场检测数据，探讨分析我国技能人才供给与需求的发展变化状况，从中可以感受到技能人才在市场对接过程中的发展变化现状及前景，从而更好地把握、了解市场变化和技能人才的发展趋势。第四章主要通过访谈、问卷调查形式，对全国抽样调查企业的技能人才目前的生存状态及其相关问题展开研究，例如，技能人才的结构状况、招聘及市场需求满足情况、企业技能人才培训情况、技能人才离职情况、技能人才工作时间及薪酬福利状况、企业对技能人才的吸引及职业生涯规划管理情况、技能人才素质与企业需求匹配情况等。通过调查获得大量一手数据，从数据分析结果了解技能人才的生存状况及问题，把鲜活的技能人才优劣状况暴露给大家，引导专家学者、企业、政府从不同角度去思考，数据背后的问题如何去面对和处理，如何改革完善相关政策制度并探讨技能人才配置使用和维持的决策依据；第五章主要对国外典型国家的技能人才培养与发展经验进行了分析，以德国、美国、英国等西方发达国家的职业教育为典型，探讨了技能人才培养的模式以及制度上的启发和借鉴；第六章主要通过前五章的大量数据及分析，提出我国技能人才发展存在的问题、对策及建议。为了让读者对我国政府推进技能教育有一个全面清晰的了解，作者还对我国相关法律法规及职业教育规划等进行了节选并作为附录内容。

该书作者尽可能用数据说话，以我国技能人才发展与培养的客观实际情况以及统计资料为支撑，凡是能够给企业技能人才培养与发展有借鉴价值和意义的，尽可能完整地给予展示并提出作者的看法，但由于掌握的统计数据和资料有限，问卷调查也存在一定的局限性，加上编写人员水平与经验有限，书中难免会有疏漏之处，恳请专家、学者、企业管理者以及广大读者提出宝贵的批评和建议，以供再版时改进。

本书的出版得到了北京物资学院郝玉柱教授的支持。在本书的撰写过程中，我们参阅了大量国内外文献资料，对于这些我们都尽可能在书后的参考文献中予以列出。在此，对各文献作者表示衷心的感谢。

本书可以作为企业管理者、职业教育工作者、人力资源管理者和相关专业人士的重要参考书。希望本书能够为广大读者拓宽视野和技能人才培养创新提供帮助。

编 者

2018 年 5 月于北京

目 录

CONTENTS

第一章　中国技能人才发展的相关政策与法律法规情况 ……………… 003

一、中国职业教育相关政策及其法律法规的实施情况 ……………… 004

二、中国技能人才发展的相关政策法律环境建设 ……………… 009

三、中国技能人才发展的政策法规障碍、问题及对策 ……………… 012

（一）依法全面提升技能人才素质 ……………… 013

（二）消除种族、性别、年龄、地域等任何技能发展的歧视，公平地让社会成员享有接受技能发展的均等机会 ……………… 013

（三）推进技能人才发展的有效合理配置，消除脱离企业实际需求的职业技能标准所造成的配置障碍 ……………… 014

（四）建立适应产业结构调整要求、体现终身教育理念的现代职业教育体系 ……………… 014

（五）健全多渠道投入机制，加大职业技能教育的投入 ……………… 014

（六）加大宣传力度，提高技能人才的社会地位和待遇 ……………… 014

四、健全我国技能人才发展政策法规的建议 ……………… 015

（一）制定职业教育、普通高等教育之间相互衔接与贯通的政策，强化可操作性的具体措施 ……………… 015

（二）加大力度给予技能人才发展及培养的优惠政策 ……………… 016

（三）出台统一的人才待遇政策，消除不公平的技能人才发展政策 ……………… 016

（四）依据经济发展的需要，科学构建职业教育体系，形成不同层次、合理比例关系的技能人才发展数量 ……………… 016

（五）好的技能人才发展的政策法规出台，需要从政策上

思考处理好各种关系 …… 017

第二章 中国技能人才培养的动态变化与发展 …… 018

一、中国技能人才培养体系的构成及其相关标准 …… 018
（一）中国技能人才培养体系 …… 018
（二）中国技能人才的职业资格等级及标准 …… 019
（三）中国技能人才培养与发展的总体情况统计分析 …… 020
二、2007—2016 年技能人才培养的中等职业教育状况 …… 022
（一）2016 年中等职业教育概况 …… 023
（二）2007—2015 年中等职业教育学校数量变化情况 …… 023
（三）2007—2015 年中等职业学校教职工人数变化情况 …… 024
（四）2007—2015 年中等职业学校毕业生人数变化情况 …… 025
（五）2007—2015 年中等职业教育在校学生人数变化情况 …… 026
（六）2007—2015 年中等职业学校招生人数变化情况 …… 026
（七）2007—2015 年技工学校变化情况 …… 027
（八）2007—2015 年中等职业学校生师比变化情况 …… 028
三、2007—2016 年技能人才培养的高等职业教育状况 …… 029
（一）2016 年高等职业教育概况 …… 029
（二）2007—2015 年高等职业教育学校数量变化情况 …… 030
（三）2007—2015 年高等职业教育教职工人数变化情况 …… 031
（四）2007—2015 年高等职业教育招生变化情况 …… 031
（五）2007—2015 年高等职业教育在校生变化情况 …… 031
（六）2007—2015 年高等职业教育毕业生变化情况 …… 032
（七）关于高等职业教育内涵的思考 …… 033
四、2009—2016 年技能人才培养的民办职业教育状况 …… 035
（一）2016 年民办职业教育概况 …… 036
（二）2009—2015 年民办职业教育发展的学校数量情况 …… 036
（三）2009—2015 年民办职业教育发展的学生数量情况 …… 037
（四）2009—2015 年民办职业教育发展的师资变化情况 …… 044
（五）民办职业教育发展障碍及对策 …… 046
五、2009—2016 年技能人才培养的职业培训状况 …… 048
（一）2016 年职业技能培训概况 …… 049

（二）2009—2015 年中等职业教育的职业培训发展变化情况…… 050
（三）2009—2015 年中等职业学校的职业培训发展变化情况…… 050
（四）2009—2015 年职业技术培训机构的职业培训发展变化情况 ……………………………………………………………… 051
（五）2009—2015 年高等教育的职业培训发展变化情况………… 051
六、我国技能人才培养与劳动力市场需求对接状况 ………………… 052
（一）举行由政府主导的校企对话 ……………………………… 052
（二）由上而下建立专业而权威的指导委员会 ………………… 053
（三）引导职业教育集团化 ……………………………………… 053
（四）探索现代学徒制的技能人才培养模式 …………………… 054

第三章 2009—2017 年技能人才供给与需求的发展变化情况 ……… 055

一、2009—2017 年劳动力市场供给与需求的总体情况 …………… 055
二、2009—2017 年技术等级人才的供给与需求发展变化情况 ……… 058
三、2009—2017 年用人需求对技术等级有明确要求的发展变化状况 ……………………………………………………………… 059
四、2009—2017 年求职者具有技术等级的发展变化情况 ………… 060

第四章 2017 年职业技能人才发展现状调查与分析 ………………… 062

一、技能人才发展调查的范围确定 ………………………………… 062
二、技能人才发展调查的基本数据分布情况 ……………………… 063
（一）调查对象的区域分布 ……………………………………… 063
（二）调查对象的成立时间分布 ………………………………… 063
（三）接受调查的企业性质分布 ………………………………… 064
（四）接受调查企业的行业分布 ………………………………… 065
（五）接受调查企业的员工数量规模分布 ……………………… 066
三、2017 年技能人才结构状况调查及分析 ………………………… 066
（一）2017 年技能人才结构的数量分析………………………… 066
（二）2017 年技能人才结构的性别情况分析…………………… 068
（三）2017 年技能人才结构的年龄情况分析…………………… 069
（四）2017 年技能人才结构的受教育程度情况分析…………… 070
（五）2017 年技能人才结构的技术等级情况分析……………… 071

四、2017 年技能人才招聘情况分析 …………………………………… 072
（一）招聘方式情况分析 ………………………………………………… 072
（二）职业院校毕业生满足企业需求情况分析 ………………………… 073
（三）企业需求最旺盛的职业技能人才情况分析 ……………………… 074
（四）2017 年计划招聘技能人才的数量情况…………………………… 075
五、校企合作培养技能人才情况分析 ………………………………… 075
（一）校企合作培养技能人才的总体状况 ……………………………… 075
（二）按企业性质分类的校企合作培养技能人才状况 ………………… 076
六、企业技能培训情况分析 …………………………………………… 077
（一）企业建立系统性技能人才培养计划情况 ………………………… 077
（二）按企业性质分类的技能人才培养计划建立情况 ………………… 078
（三）企业技能人才参加培训的情况 …………………………………… 079
（四）按企业性质分类的技能人才参加培训情况 ……………………… 080
七、技能人才离职情况分析 …………………………………………… 081
（一）技能人才离职率总体状况分析 …………………………………… 081
（二）企业技能人才离职率最高的技能等级分布情况 ………………… 082
（三）企业技能人才主动离职的原因分析 ……………………………… 083
八、企业吸引技能人才的状况分析 …………………………………… 085
（一）企业吸引技能人才的优势状况分析 ……………………………… 085
（二）企业吸引技能人才的劣势状况分析 ……………………………… 086
（三）企业吸引技能人才的主要措施状况分析 ………………………… 086
九、技能人才的周工作时间分析 ……………………………………… 088
十、技能人才的薪酬福利状况分析 …………………………………… 089
（一）对技能人才实行薪酬激励计划情况 ……………………………… 089
（二）企业技能人才薪酬与全员薪酬对比分析 ………………………… 090
（三）职业院校大学毕业生的起薪水平情况 …………………………… 091
（四）2017 年技能人才的福利多元化情况……………………………… 091
（五）2017 年技能人才的“五险一金”情况 ………………………… 094
（六）2017 年技能人才的津贴补贴情况………………………………… 094
十一、技能人才的职业生涯规划与管理状况分析 …………………… 095
（一）2017 年企业技能人才的职业生涯管理情况……………………… 095
（二）2017 年技能人才的职务晋升制度情况…………………………… 096

十二、技能人才素质与企业发展要求的匹配程度分析 …………………… 097

第五章 国外技能人才发展的经验与启示 ………………………………… 098

一、德国技能人才培养的经验与启示 ………………………………………… 098
（一）德国“双元制”职业教育 ……………………………………… 099
（二）德国职业教育的特点 …………………………………………… 099
（三）德国“双元制”职业教育的成功经验 ………………………… 100
（四）德国职业教育的管理体制 ……………………………………… 101
（五）德国职业教育管理机构 ………………………………………… 101
（六）德国职业教育体系结构 ………………………………………… 102
（七）德国职业教育对我国职业教育发展的启示 …………………… 102
二、美国技能人才培养的经验与启示 ………………………………………… 103
（一）美国职业教育的特点 …………………………………………… 104
（二）美国职业教育发展的经验 ……………………………………… 106
（三）美国职业教育对我国职业教育发展的启示 …………………… 107
三、英国技能人才培养的经验与启示 ………………………………………… 108
（一）英国职业教育的特点 …………………………………………… 108
（二）英国职业教育发展的经验 ……………………………………… 112
（三）英国职业教育对我国职业教育发展的启示 …………………… 113
四、西方发达国家职业教育人才培养的总体启示与借鉴 …………………… 114
（一）健全而完善的职业教育立法是培养高质量技能人才的根本保障 …………………………………………………………… 115
（二）加强技能人才培养经费的充足投入保障 ……………………… 115
（三）市场需求是培养技能人才的根本导向 ………………………… 115
（四）建立与完善技能人才的科学评价与激励机制 ………………… 116
（五）强化技能人才培养与产业企业对接的力度 …………………… 116

第六章 技能人才发展存在的问题、对策及建议 ………………………… 118

一、技能人才发展存在的主要问题 …………………………………………… 119
（一）“技能人才非人才”与“轻视技能劳动”的陈旧观念仍具有很大的市场 …………………………………………………… 119
（二）技能人才培养对市场缺乏快速响应机制 ……………………… 120

（三）企业对内部职业培训缺乏信心 …… 121
（四）经费投入不足是影响技能人才培养的重要因素 …… 121
（五）职业教育没有很好地上升为国家战略 …… 121
二、技能人才发展的对策及建议 …… 122
（一）强化技能人才培养与发展理念 …… 122
（二）注重技能与职业精神的综合素质培养 …… 123
（三）坚持以问题为导向的高端技能人才培养机制 …… 123
（四）准确定位不同层次职业教育之间的人才培养关系 …… 124
（五）完善职业教育立法以促进技能人才培养的体系化 …… 124

附录一　中华人民共和国职业教育法 …… 125
附录二　国务院关于职业教育改革与发展情况的报告（2009） …… 131
附录三　国家中长期教育改革和发展规划纲要（2010—2020年） …… 140
附录四　现代职业教育体系建设规划（2014—2020年） …… 173
附录五　国务院关于加快发展现代职业教育的决定 …… 195
附录六　高等职业教育创新发展行动计划（2015—2018年） …… 204
附录七　职业院校管理水平提升行动计划（2015—2018年） …… 228
参考文献 …… 236
重要术语索引表 …… 240

中国技能人才发展状况研究

我国职业教育取得了长足发展，培养了大规模的技能人才，为促进就业、经济发展和改善民生做出了巨大贡献。为了了解我国技能人才目前的发展状况，更好地为经济发展和企业生产服务，项目组对我国技能人才的特征、结构、流动、福利待遇及分布情况进行调查分析，掌握技能人才对企业发展的适应状况，了解技能人才发展环境以及职业教育的开展状况，主要从国家政策及法律法规、企业技能人才的实际现状、国外企业技能人才培养经验等方面对比分析，从而发现我国技能人才发展存在的问题，以期提出符合我国企业需求与社会经济建设的技能人才发展对策及建议，为我国各行各业输送高素质技能型、应用型人才以及促进产业结构的调整和升级提供重要参考。

第一章

中国技能人才发展的相关政策与法律法规情况

职业教育及技能发展方面的政策与法律法规，是引导和培养适应市场经济发展所需技能人才的重要基石。1985 年《中共中央关于教育体制改革的决定》中把普通高等教育以外的所有培养专业技术人员、技术工人，以及其他城乡劳动者的学校和培训机构，统称为职业技术教育。这一决定为我国职业教育的发展与技能人才的培养确定了基本方向和定位。1996 年 5 月 15 日第八届全国人民代表大会常务委员会第十九次会议通过了《中华人民共和国职业教育法》，于 1996 年 5 月 15 日以中华人民共和国主席令第六十九号公布，自 1996 年 9 月 1 日起施行，分为总则、职业教育体系、职业教育的实施、职业教育的保障条件和附则共五章，40 条。颁布的《中华人民共和国职业教育法》将职业技术教育称为职业教育，类别上是职业教育、技术教育和培训的总称，层次上分初等、中等和高等三个层次。具体实施职业教育的单位或机构是职业技术学院、技术学院、职业中学、中等专业学校、技工学校和职业培训学校等。

《职业教育法》要求，国家根据不同地区的经济发展水平和教育普及程度，实施以初中后为重点的不同阶段的教育分流，建立健全职业学校教育与职业培训并举，并与其他教育相互沟通、协调发展的职业教育体系。职业教育充分体现国家政策的重要性，迄今为止，政策在职业教育中的作用和地位远远超过《职业教育法》。《职业教育法》制定、颁布于市场经济体制改革初期，有待于进一步完善。随着我国社会经济的进步与发展，智能机器与技术革命对职业教育呼唤与之相适应的《职业教育法》，我们相信，社会发展对技能人才的需求，需要更符合实际的《职业教育法》来保证各类人才的成长与发展。

一、中国职业教育相关政策及其法律法规的实施情况

随着经济全球化的确立与我国现代企业制度的逐步建立与完善，职业教育在国家经济发展中显得越来越重要。多年来，我国职业教育在党和国家高度重视的情况下，出台了一系列法律法规及政策，对职业技能人才发展发挥了巨大作用。特别是党的十六大以来，国务院先后三次召开或批准召开全国职业教育工作会议，并于2002年和2005年两次做出关于大力发展职业教育的决定，明确把职业教育作为我国经济社会发展的重要基础和教育工作的战略重点，职业教育发展的政策环境、舆论环境和社会环境得到了明显改善，一系列政策法律法规的不断出台，造就了今天我国职业技能人才对经济社会发展的巨大贡献。但随着国家产业结构调整升级对技能人才特色与结构的不同需求，加上现有技能人才发展政策法律法规的不够完善，要完全满足对技能人才的需求仍然存在比较大的困难，因此，了解《职业教育法》及其相关政策的实施情况，对未来新政策的出台以及法律法规的完善具有重要作用，它将直接决定我国技能人才未来发展的空间以及社会文明与社会进步的前进脚步。

我国现行《职业教育法》于1996年颁布实施，20多年来，对我国职业技能人才的教育与发展发挥了巨大作用，同时对职业教育改革与发展产生了重大的影响。《职业教育法》从法律上确立了职业教育在经济社会发展中的重要地位和作用，明确提出职业教育是我国教育事业的重要组成部分，是促进经济、社会发展和劳动就业的重要途径，规定了政府、行业企业和社会各方面兴办职业教育的职责和义务，以及建立职业教育体系、完善职业教育体制和保障条件等内容，从根本上有力地调动了各级政府和社会各界发展职业教育的积极性，推动职业教育事业在法治轨道上不断改革发展，为职业技能人才开发与培养提供了最重要的法律依据和基础。

2001年全国人大教科文卫委员会对各省市《职业教育法》的实施贯彻情况开展了执法检查。2004年国家教育督导团组织了职业教育专项督导检查。各地也开展了形式多样的职业教育执法和督导检查工作，有力地促进了职业教育的健康发展。在此背景下，职业教育特别是中等职业教育规模

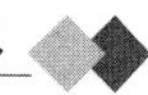

迅速扩大，具备了大规模培养高素质劳动者和技能型人才的能力。2008年，全国中等职业学校（包括普通中专、职业高中、成人中专和技工学校，下同）共有14767所；年招生规模达到810万人，比2001年增加了410多万人；在校生达到2056万人，实现了中等职业教育与普通高中教育招生规模大体相当的规划目标。高等职业院校共有1184所，年招生规模达到310多万人，在校生达到900多万人。[①] 面向城乡劳动者的各种形式的培训广泛开展，为我国企业培养了大量的职业技能人才。2015年全国职业教育院校数（包括大专及中等职业教育学院）共9998所，年招生规模达到了828多万人，在校学生2383多万人，毕业生人数达到795多万人，民办职业教育在此期间也得到了突飞猛进的发展，仅民办中等职业教育2015年招生人数就达到近70万人，在校学生人数达到183多万人。[②] 可以说《职业教育法》的贯彻实施以及相应的有关政策落实，创建了技能人才培育与发展的良好政策法律环境，是取得如今技能人才全面开花好局面的最重要的基础保障。

2010年我国颁布的《国家中长期教育改革和发展规划纲要（2010—2020年）》（以下简称《纲要》）明确提出“民办教育是教育事业发展的重要增长点和促进教育改革的重要力量”。2010年以来，综观各类教育，不论是学前教育、义务教育，还是普通高中教育、普通高等教育、民办教育都呈现出较强的吸引力，而民办职业教育，尤其是民办中职办学规模却连年下降。《纲要》明确提出要积极探索营利性和非营利性民办学校分类管理。2016年11月，第十二届全国人民代表大会常务委员会第二十四次会议审议通过了《关于修改〈中华人民共和国民办教育促进法〉的决定》，自2017年9月1日起施行。在分类管理尤其是禁止义务教育营利性背景下，这对民办职业教育来说，既是挑战也是机遇。

当前职业教育发展的外部环境发生了深刻变化，经济社会对职业教育的发展提出了新的要求，出现了许多新的情况，职业教育在改革发展中积累和创造了许多新鲜的经验和做法，使国家对职业教育办学思想更加明确，改革发展思路更加清晰。

---

① 十一届全国人大常委会第八次会议，教育部，《国务院关于职业教育改革与发展情况的报告》（2009）。

② 原始数据来自2016年发布的《中国统计年鉴》，由项目组整理获得。

“职业教育认真贯彻党和国家的教育方针，坚持育人为本、德育为先，全面实施素质教育，以服务为宗旨、以就业为导向，培养高素质劳动者和技能型、应用型人才；坚持面向市场、面向社会、面向企业、面向农村办学，深化教育教学改革，大力推行工学结合、校企合作、顶岗实习，积极推进集团化办学；坚持以政府办学为主，充分发挥行业企业作用，积极发展民办职业教育，大力推动中外合作与交流；坚持学历教育和短期培训并举，职前教育和继续教育结合，积极推进终身教育体系建设和学习型社会建设。”① 职业教育办学思想的清晰明确，为技能人才质量的提升创造良好的政策环境，职业院校毕业生的质量得到行业企业和社会的广泛认同。

2005 年印发的《国务院关于大力发展职业教育的决定》提出，要建立职业教育贫困家庭学生助学制度。2007 年出台的《国务院关于建立健全普通本科高校、高等职业学校和中等职业学校家庭经济困难学生资助政策体系的意见》，就职业教育学生资助政策体系的框架和内容做出具体规定。职业院校家庭经济困难学生资助政策体系的建立，大大增强了职业教育的吸引力，对全面提升我国教育层次及结构的合理化、推动高素质技能人才及经济发展起到了重要作用。

就我国职业技能人才发展的政策环境历程看，新中国成立后的职业教育经历了以下几个阶段。

恢复阶段（1978—1984 年）：1976 年，中等职业学校主要由中专和技校构成，各类中等职业学校共计 3710 所，在校生 91 万多人，占高中阶段学生总数的比重由 1965 年的 52.6% 降至 6.1%，高中阶段普职比为 15.4∶1。高等职业教育在这一时期还没有非常明确的政策扶持。

发展阶段（1985—1996 年）：从 1985 年《中共中央关于教育体制改革的决定》颁布至 1996 年《职业教育法》实施，职业教育发展呈现出政府推动、外部驱动、规模发展迅速等特点。1985 年《中共中央关于教育体制改革的决定》颁布以后，全国先后建立了 128 所职业大学进行高等职业教育的试点。到 1996 年，中等职业学校在校生数占高中阶段在校生数的比例为 56.77%，达到了新时期的最高点。1994 年，全国教育工作会议明确提

① 十一届全国人大常委会第八次会议，教育部，《国务院关于职业教育改革与发展情况的报告》（2009）。

出“通过现有的职业大学、部分高等专科学校和独立设置的成人高校改革办学模式，调整培养目标来发展高等职业教育。仍不满足时，经批准利用少数具备条件的重点中等专业学校改制或举办高职班等方式作为补充来发展高等职业教育”的基本方针。这就是著名的“三改一补”发展高职的方针。《教育振兴行动计划》则在重申原来的“三改一补”发展方针之外，还提出“部分本科院校设立高等职业技术学院”。1995 年，原国家教委发布《关于开展建设示范性职业大学工作的通知》，提出“在专业改革的基础上建设一批示范性学校，逐步带动职业大学总体办学水平的提高，促进职业大学的健康发展”，提出了示范性职业大学建设的目标要求，共九点。其中，对于学校规模硬件方面的要求是：“在校生规模达到 3000 人以上；占地面积 250 亩以上；建筑面积 8 万平方米以上；图书总数 25 万册以上；实验实习设备总值 1200 万元以上。”1996 年颁布《中华人民共和国职业教育法》以后，原国家教委提出的“三改一补”的方针，通过职业大学、成人高校和高等专科学校改革和国家级重点中专举办高等职业教育班作为补充，发展高等职业教育，使高等职业教育又开始了新一轮的发展。这一时期有一个明显的特点，人们的意识中还带有浓厚的计划经济色彩，接受职业技能教育的意愿还比较强烈，为改革开放以后社会经济发展提供了紧缺的技能人才，技能人才的发展也开始呈现多元化以及逐步转向市场的特点。

危机与发展并存阶段（1997—2001 年）：职业教育从计划经济体制转向引入市场驱动机制的转型期，职业教育矛盾重重，中等职业教育出现困顿与危机。1997—2001 年，中等职业学校招生数从 520. 77 万人减至 397. 63 万人，中职与普高的招生比从 62. 15∶37. 85 降至 41. 58∶58. 42。1997 年，原国家教委颁布了《关于高等职业学校设置问题的几点意见》。1998 年，教育部提出了“三多一改”即多渠道、多规格、多模式，以教学改革为重点发展高等职业教育，当年拨出了 11 万个招生指标发展高等职业教育，高等职业教育进入了新的发展时期。1999 年 1 月，教育部、国家计委发布了《试行按新的管理模式和运行机制举办高等职业技术教育的实施意见》，为高职扩招提供了政策依据，出现多种形式办高职的繁荣局面。文件更明确提出高等职业教育由以下机构承担：短期职业大学、职业技术学院、具有高等学历教育资格的民办高校、普通高等专科学校、本科院校内设立的高等职业教育机构（二级学院）、经教育部批准的极少数国家级重点中等专业学校、办学条件达到国家规定合格标准的成人高校等。这样就形成“六车道”一起办高职的繁荣局面。1999年国务院批准的教育部《面向21世纪教育振兴行动计划》（以下简称《教育振兴行动计划》）中提出：“高等职业教育必须面向地区经济建设和社会发展，适应就业市场的实际需要，培养生产、服务、管理第一线需要的实用人才，真正办出特色。主动适应农村工作和农业发展的新形势，培养农村现代化需要的各类人才。”“挑选30所现有学校建设示范性职业技术学院。”1999年6月，《中共中央、国务院关于深化教育改革，全面推进素质教育的决定》进一步指出：“高等职业教育是高等教育的重要组成部分。要大力发展高等职业教育，培养一大批具有必要的理论知识和较强的实践能力，生产、建设、管理、服务第一线和农村急需的专门人才。”2000年1月，《教育部关于加强高职高专教育人才培养工作的意见》归纳了高职高专教育人才培养模式的基本特征是：以培养高等技术应用型专门人才为根本任务；以适应社会需要为目标，以培养技术应用能力为主线设计学生的知识、能力、素质结构和培养方案；毕业生应具有基础理论知识适度、技术应用能力强、知识面较宽、素质高等特点；以“应用”为主旨和特征构建课程和教学内容体系；实践教学的主要目的是培养学生的技术应用能力，并在教学计划中占有较大比重；“双师型”教师队伍建设是提高高职高专教育教学质量的关键；学校与社会用人部门结合、师生与实际劳动者结合、理论与实践结合是人才培养的基本途径。2000年3月，教育部在此基础上颁布《高等职业学校设置标准（暂行）》。该文件对高职学校校系两级领导的配备、专兼职教师队伍、土地和校舍面积、实习实训场所、教学仪器设备和图书资料、课程与专业设置、基本建设投资和正常教学等各项工作所需的经费等条件做了规定。文件还提出新建高等职业学校应在四年内在规模、师资、图书设备、教学管理等方面应达到的基本要求。高职高专不同类型院校都要按照培养高等技术应用型专门人才的共同宗旨和上述特征，相互学习，共同提高，协作攻关，各创特色。2001年出台了《中等职业学校设置标准（试行）》文件。这两个文件的出台，为不同层次职业技能人才培养质量的保障设置了基本条件、要求和标准，但也是这一时期，职业教育出现了很大杂音，有用普通教育代替职业教育的观点，对中等职业教育与高等职业教育的关系定位也出现一些认识上的问题，对技能人才的偏见与歧视职业教育的现象抬头，技能人才与职业教育同时出现危机，歧视和偏见造成企

业对技能人才需求出现短缺，造成社会经济发展的困惑。

快速发展阶段（2002 年至今）：在 2009 年以前，国家召开三次职业教育工作会，重新认识职业教育，确立了大力发展职业教育的战略重点不动摇，走中国特色职业教育发展道路的指导思想。此后，国家对职业教育的定位与认识更加明确，财政投入和政策支持力度空前，大力发展职业教育，为适应现代社会经济发展和技术创新培养高素质的实用性技能人才。国务院 2002 年发布了《关于大力推进职业教育改革与发展的决定》，2005 年发布了《关于大力发展职业教育的决定》，教育部 2005 年印发《关于加快发展中等职业教育的意见》。2010 年中共中央、国务院颁布《国家中长期教育改革和发展规划纲要（2010—2020）》提出，到 2020 年要形成现代职业教育体系。2014 年我国政府发布《关于加快发展现代职业教育的决定》《现代职业教育体系建设规划（2014—2020）》，全面部署加快发展现代职业教育体系、构建现代职业教育体系的任务和措施。到 2015 年，全国职业教育院校数（包括大专及中等职业教育学院）共 9998 所，年招生规模达到了 828 多万人，在校学生 2383 多万人，毕业生人数达到 795 多万人，民办职业教育在此期间也得到了突飞猛进的发展。这一时期，教育部更加从高层次探索建立包括中职、高职、应用本科、专业硕士等的职业教育体系，尽快解决当前中职与高职脱节的问题。在政策的引导下，探索高职院校开展本科及以上层次应用型技术教育，构建起中等、专科、本科和研究生层次齐全的应用型技能人才培养体系。

到目前为止，我国已经形成了基本完善的职业教育法律制度体系，目前已基本形成了以《职业教育法》为基础，《教育法》《劳动法》《就业促进法》等相关法律为补充，行政法规、地方性法规、行政规章为配套的法律制度体系。在我国法律政策指导下，基本形成了职业学校教育与职业培训并举，并与其他教育相互沟通、协调发展的职业教育体系。

二、中国技能人才发展的相关政策法律环境建设

关于对职业教育的认识，一直存在一系列偏见，现实中提到职业教育或技能人才，给人一种“低端”“可有可无”的印象，往往把“技术人才”和“技能人才”对立起来，因此，职业技能人才发展的政策法律环境

还需要进一步完善。“技能人才”对国家建设的重要性，需要提高全民对职业教育的认识，这一认识提高的基础，有赖于相关政策法律环境的大力支持。

社会化大生产对劳动分工的依赖性，从根本上是对人才技能的“专”而具有的效益优势进行思考的，因此，职业教育作为培养这种技能人才的手段便应运而生，《职业教育法》及其相关政策为这种教育的顺利推行提供引导和规范的保证。《教育大辞典》把职业教育定义为传授某种职业或生产劳动知识与技能的教育。《国际教育标准分类法》定义为引导学生掌握在某一特定的职业或行业或某类职业中从业所需的实用技能、专门知识和认识而设计的教育。不管哪一种定义，都隐藏着这么一种本质，那就是产教结合是职业教育的实质。政策的引导必然是朝着社会企业的需要并由企业实际需求所主导。因此，政策引导可能包含下面几个方面：职业教育的发展一定要适应社会经济发展的需要，职业教育对社会经济发展具有重要地位；职业教育与普通教育相比，在生产中学习占据的时间相对较多；职业教育服务产业，反过来产业收入也可补充办学经费，更好地为实践需要培育针对性更强的技能人才；职业教育将成为人们参与终身学习持久的动机，是人们学习的首选。

回顾我国职业教育立法所带来的技能人才发展环境，其实对技能人才发展的职业教育立法早已有之。我国现代职业教育自 19 世纪 60 年代开始兴起，1904 年，清政府颁布并实施了《奏定学堂章程》，在这部法规性文件中，以实业学堂为名称的职业学校被纳入了国家的教育体系之中。1928 年，中华民国政府发布了《实业学校令》和《实业学校规程》。1932 年又颁布《职业学校令》和《职业学校规程》。新中国成立以后，国务院于 1954 年发布了《中等专业学校章程》和《技工学校暂行办法》。42 年后，1996 年《职业教育法》的颁布，把职业教育作为一种独立的教育类型提到了一个前所未有的法律高度。可以看出，每一次职业教育立法及政策的出台，都伴随着社会经济发展对人才的强烈需求，也为技能人才实际发展需求提供了更为充分的保障。

中国中长期教育改革与发展纲要以及《国务院关于大力发展职业教育的决定》对职业教育的要求，充分体现了政策引导的价值性，这一政策为技能人才发展提供如下环境：大力发展职业教育，让社会需要提升职业技能人才享有的机会，着重职业道德、职业技能和就业创新能力的

培养；政府在发展职业教育中承担更大职责，加大职业教育的投入，把职业教育纳入经济社会发展和产业发展规划，使职业教育规模、专业设置与经济社会发展需求相适应；实行工学结合、校企合作、顶岗实习的人才培养模式，创建提高质量的人才成长与培养政策环境；坚持学校教育与职业培训并举，全日制与非全日制并重，加强“双师型”教师队伍和实训基地建设，制定职业学校基本办学标准，建立健全职业教育质量保障体系，吸收企业参加教育质量评估，开展职业技能竞赛；建立健全政府主导、行业指导、企业参与的办学机制，制定促进校企合作办学法规，促进校企合作制度化；鼓励行业组织、企业创办职业学校，鼓励委托职业学校进行职工培训；加快发展面向农村的职业教育，加强涉农专业建设，加大培养适应农业和农村发展需要的专业人才力度；支持各级各类学校积极参与新型农民、进城务工人员和农村劳动力转移培训；完善职业教育支持政策，增强职业教育吸引力；逐步实行中等职业教育免费制度，完善家庭经济困难学生资助政策，完善就业准入制度，执行“先培训、后就业”“先培训、后上岗”的规定；提高技能型人才的社会地位和待遇；加大对有突出贡献的高技能人才的宣传表彰力度，形成“行行出状元”的良好社会氛围。

从内容上看，国家在职业教育与技能培养方面努力体现社会主义教育的公平与公正的良好政策法律环境。例如《国务院关于大力发展职业教育的决定》中提出：“十一五”期间中央财政对职业教育投入100亿元，主要用于“四大工程”和“四个计划”，其次用于建立和完善职业教育学生助学制度，使贫困家庭学生通过国家帮助和本人勤工俭学得以顺利完成学业。这种政策环境对技能人才的发展与成长至关重要，最终都体现在职业教育的公平与公正方面。

职业教育的法律关系主体环境创建：核心是办学主体的多元化——各级政府；事业组织、社会团体、其他社会组织；企业；个人；国外、境外组织和个人；多方联合举办。这为其后的职业教育的快速发展奠定了法律基础，为技能人才培养提供了巨大的发展空间，造就了多年来我国职业技能人才发展的良好局面。

三、中国技能人才发展的政策法规障碍、问题及对策

改革开放初期，高等职业教育还处在初创时期，法规建设尚处于空白，政策建设也比较薄弱。尽管《中共中央关于教育体制改革的决定》等文件提出要积极发展高等职业教育的目标，但这些政策主要局限于宏观层面上，职业教育具体怎么发展的问题则涉及得相对较少。随着市场经济的逐步完善，企业对各类技术应用性人才的需要不断增加，促使技能人才教育进一步发展，与此相适应，一系列职业技能教育的法规政策也陆续出台。但可以清醒地看到，我国职业教育改革与发展中还存在一些亟待研究解决的问题，特别是职业技能人才发展的政策法规障碍及问题，这些问题如果不能得到很好的解决，职业技能人才发展的空间就会受到限制。主要是：一些地方和部门还没有把发展职业教育放在突出的位置，推进职业教育改革发展的措施不够有力；职业教育的吸引力不强，社会上有些人不把职业教育当作正规教育，存在鄙薄职业教育的观念，生产服务一线劳动者和技能型人才的社会地位和收入还比较低；职业教育管理体制有待进一步完善，行业、企业和学校兴办职业教育的积极性还没有得到充分发挥；职业教育投入不足，基础能力和教师队伍建设亟待加强，特别是农村职业教育发展滞后。职业教育仍然是我国教育事业的薄弱环节，与经济社会发展和人民群众的需要还有差距。上述各方面的政策法规环境不够完善，导致下列问题突出。

（1）职业教育与普通教育难以统一协调，泾渭分明，做出接受“职业教育”的选择也基本上是无奈的选择，形成了“出身决定地位”的先天不足。因此，目前职业技能教育发展不足，技能型人才的培养还不能很好地适应我国经济社会发展的需要。

（2）职业院校自身存在很多问题，一定程度上反映政策法规在支持力度上存在缺陷。专业设置和教学内容与实际需求和就业联系不够紧密，培养技能人才的质量并不令人满意，相当一部分学校条件差，设备技术含量低，教材陈旧，教师专业水平参差不齐，专业结构与当地产业、行业人才结构不协调匹配。

（3）政府对职业教育的职责履行不到位，政策行为和管理行为脱节。

一方面表现为政策本身存在战略缺陷，容易对技能人才发展形成障碍；另一方面表现为政策执行不到位，有政策缺乏管理，放任技能人才无序发展，缺乏完善的职业教育管理体制。

（4）职业教育政策的失衡问题。目前中等职业教育与高等职业教育之间、职业教育与普通教育之间的沟通和衔接不够，出现了职业教育政策失衡问题。“三不一高”政策的核心内容是对高职毕业生不包分配，不发教育部印制的毕业证内芯，不发普通高等学校毕业生就业派遣报到证，教育事业费以学生缴费为主，省级财政补贴为主。从高等教育改革目标来看，“三不一高”政策应该是市场经济条件下所有高等学校改革的方向，但是目前把需要扶植的高职教育首先单独拿来承担“不公平待遇”，仅以高收费而言，专科生、本科生每年收学费3000～4000元，高职生每年竟要收比这高1.5～2倍以上的学费，投入与回报又难以成比例。这一政策对高职的发展会产生相当消极的影响，反映出相关决策层对职业教育的不公和歧视，加大了社会对职业教育的恐惧感。

技能人才发展在政策法规方面需要全面的战略思考，把握政策偏废带来的技能人才发展的不平衡，需要在下列政策法规方面下功夫消除有关障碍和问题。

（一）依法全面提升技能人才素质

对技能人才实施思想政治教育和职业道德教育，传授职业知识，培养职业技能，进行职业指导，要全方位提高受教育者的素质。政策法规上突出公民有依法接受职业教育的权利，各级人民政府应当将技能人才发展与国民经济和社会发展规划紧密相连，行业组织和企业、事业组织应当依法履行实施职业教育的义务。实行工学结合、校企合作、顶岗实习的人才培养模式。坚持学校教育与职业培训并举，全日制与非全日制并重。建立健全和创新技能型人才发展成长的职业通道。

（二）消除种族、性别、年龄、地域等任何技能发展的歧视，公平地让社会成员享有接受技能发展的均等机会

让每个社会成员在任何情况下，具有公平接受职业技能发展和提升的均等机会，是国家法律法规与政策所必须规范的内容。国家采取措施，发展农村职业教育，扶持少数民族地区、边远贫困地区职业教育的发展。国

家采取措施，帮助妇女接受职业教育，组织失业人员接受各种形式的职业教育，扶持残疾人职业教育的发展。

（三）推进技能人才发展的有效合理配置，消除脱离企业实际需求的职业技能标准所造成的配置障碍

实施职业教育应当根据社会与企业实际需要，把技能发展要求与国家制定的职业分类和职业等级标准相统一，实行学历证书、培训证书和职业资格证书制度的相互协调。建立、健全职业学校教育与职业培训并举，并与其他教育相互沟通、协调发展的职业教育体系。

（四）建立适应产业结构调整要求、体现终身教育理念的现代职业教育体系

技能人才的发展与成长，需要在劳动力供求结构矛盾的关键环节寻求突破口，着力培养学生的职业道德、职业技能和就业创业能力，形成适应经济发展方式转变和产业结构调整要求、体现终身教育理念、中等和高等职业教育协调发展的现代职业教育体系，满足经济社会对高素质劳动者和技能型人才的需要。

（五）健全多渠道投入机制，加大职业技能教育的投入

政府全面统筹中等职业教育与高等职业教育的发展，鼓励多方参与机制，确保职业技能发展经费的充分投入。建立健全政府主导、行业指导、企业参与技能发展教育机制，促进校企合作办学法规，推进校企合作制度化。鼓励行业组织、企业开办职业学校，鼓励委托职业学校进行职工培训。制定优惠政策，调动行业企业的积极性，鼓励企业接收学生实习实训和教师实践，鼓励企业加大对职业技能发展教育的投入。

（六）加大宣传力度，提高技能人才的社会地位和待遇

技能人才发展背后一定存在职业技能的广泛吸引力，这种吸引力包括两个方面：一是物质待遇；二是精神待遇。因此，提高技能型人才的社会地位和待遇，加大对有突出贡献的高技能人才的宣传表彰力度，形成“行行出状元”的良好社会氛围，是增强职业技能吸引力和消除偏见最有效的措施。

四、健全我国技能人才发展政策法规的建议

国家及社会各界对职业教育寄予很高的期望，希望把职业教育放在更加突出更加重要的位置，更好地为国家经济发展与促进技术进步发挥应有的作用。因此，建议主要从下面几个方面注意健全我国职业技能人才发展的政策与法规。

（一）制定职业教育、普通高等教育之间相互衔接与贯通的政策，强化可操作性的具体措施

构建不同层次的职业教育之间、职业教育与普通高等教育之间的相互衔接与贯通政策，出台具体落实对策与措施，为技能人才发展提供终生自由转换的环境与便利条件，使政策法规能有效引导技能人才发展落到实处，技能创新有“鱼跃”的空间，不同技能人才有适合的岗位匹配，技能得到最有效的发挥。

《教育振兴行动计划》提出：“要逐步研究建立普通高等教育与职业技术教育之间的立交桥，允许职业技术院校的毕业生经过考试接受高一级学历教育。”“加快发展高等职业教育的步伐，探索多种招生方法，中等职业学校毕业生中有一定比例（近期3%左右）可进入高等职业学校学习；普通高中毕业生除进入普通高等学校外，多数应接受多种形式的高等职业教育，提高素质。”“依据《教育法》和《职业教育法》，要努力建立符合我国国情特点的职前与职后教育培训相互贯通的体系，使初等、中等和高等职业教育与培训相互衔接，并与普通教育、成人教育相互沟通、协调发展。”1999年出台的《关于深化教育改革全面推进素质教育的决定》进一步指出：“构建与社会主义市场经济体制和教育内在规律相适应，不同类型教育相互沟通、相互衔接的教育体制，为学校毕业生提供继续学习深造的机会。职业技术学院（或职业学院）可采取多种方式招收普通高中毕业生和中等职业学校毕业生。职业技术学院（或职业学院）毕业生经过一定选拔程序可以进入本科高等学校继续学习。”上述政策指导思想以及大方向是正确的，但如何落实，还需要更加具体的配套政策和措施，让技能人才真正“自由”地寻找到用武之地。

（二）加大力度给予技能人才发展及培养的优惠政策

鉴于目前对职业技能教育存在大量的偏见和歧视现象，国家要继续坚定不移地对职业技能发展保持政策上的倾斜与扶持，把技能人才发展及优惠政策与产业结构调整的实际需求有机结合起来，引导并培养高级技术工人为主，考虑实际人才急需的层次和要求，有计划地全面满足当前企业对不同层次技术工人的需要。

（三）出台统一的人才待遇政策，消除不公平的技能人才发展政策

加大技能人才发展的投入力度，改革“三不一高”政策。通过相关政策，使高职学生享受与其他大学生同样的待遇，从政策上消除设置差别待遇的不公正引导。同时，为了鼓励学生接受高职，对那些边远地区、不发达地区家庭经济困难而乐于接受高职教育的学生，国家应制定相应的政策措施，像过去对师范、农林、地矿等校学生那样实行优惠政策，采取奖学金、贷学金、减免学费等措施鼓励学生接受职业教育，采取措施鼓励技能人员提升能力和素质，限制、控制职业教育高收费，进一步提高城市教育费附加用于发展职业教育的比例，完善企业职工教育培训经费保障制度，落实好按职工工资总额的1.5% ~2.5%提取职工教育培训经费的规定，推动形成技能人才终身学习的良好环境。

（四）依据经济发展的需要，科学构建职业教育体系，形成不同层次、合理比例关系的技能人才发展数量

可以预见，在未来相当长的时间内，随着科学技术进步和现代企业制度的完善，技术创新和产业结构调整成为主旋律，对高层次技能人才的需求会越来越旺盛，技能人才的综合素质只有全面提升才能应对未来的挑战。国家要从整体做好全面规划，注重适度协调不同层次技能人才的数量比例关系，才不会出现毕业就大面积失业的现象。因此，要从宏观上运用大数据做好技能人才需求预测与规划，建立从专科、本科到研究生完整的职业教育体系。

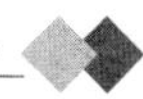

（五）好的技能人才发展的政策法规出台，需要从政策上思考处理好各种关系

全面建设小康社会和构建社会主义和谐社会，对职业技能发展提出了新的更高的要求。加快转变经济发展方式、推动产业结构升级、走新型工业化道路，迫切需要培养大批技能型、应用型人才；统筹城乡发展、加快推进社会主义新农村建设，迫切需要加快培养有文化、懂技术、会经营的新型农民；提升我国参与全球经济合作和竞争能力，迫切需要大力提高劳动者特别是生产、服务和管理一线的劳动者的综合素质；实施扩大就业的发展战略，促进以创业带动就业，进一步改善民生，迫切需要加快健全覆盖城乡的职业技能教育培训网络，为建立全民学习、终身学习的学习型社会服务。

好的政策至少需要把握处理好以下五个方面的关系：一是处理好职业教育发展和经济社会发展的关系，促进职业教育与我国经济社会发展紧密结合；二是处理好职业教育和普通教育的关系，促进职业教育与普通教育协调发展；三是处理好政府办学和社会力量办学的关系，发挥各方面举办职业教育的积极性；四是处理好东、中、西部地区以及城镇和农村职业教育发展的关系，促进区域、城乡职业教育的协调发展；五是处理好职业教育质量、结构、规模和效益之间的关系，实现职业教育的科学发展。

第二章

中国技能人才培养的动态变化与发展

随着我国经济的转型升级，“人口红利”将逐渐耗尽，中国经济面临劳动力从过剩向短缺的转变，人才结构性矛盾越来越突出，高层次技能型人才的数量和结构远远不能满足市场需求。因此，通过技术创新和智能机器代替劳动将成为应对这一挑战的最佳选择，职业教育将必然成为这一选择所关注的焦点，并面临良好的发展前景。职业教育是指使受教育者获得某种职业或生产劳动所需要的职业知识、技能和职业道德的教育，与普通教育相比较，职业教育更侧重于实践技能和实际工作能力的培养。

改革开放以来，我国在职业教育体系的建设与改革方面取得了巨大的成就，中高等职业教育快速发展，学校基础设施和教学能力显著提高。从办学主体的角度看，职业教育领域包括政府办学、企业办学和社会办学，目前主要是以政府办学为主，尤其是在职业学历教育领域。职业非学历教育的社会办学力量也出现可喜的变化，国家积极鼓励社会资本进入职业教育领域的政策正在逐步落实，未来将形成以政府办学为主体、全社会积极参与、公办与民办共同发展的职业教育新格局。

一、中国技能人才培养体系的构成及其相关标准

职业教育是我国职业技能人才培养的主要渠道，按照有无国家统一印制的毕业证书和学位证书等，分为职业学历教育和职业非学历教育。

（一）中国技能人才培养体系

根据《职业教育法》，职业学校教育分为初等、中等、高等职业学校教育。职业培训包括从业前培训、转业培训、学徒培训、在岗培训、转岗

培训及其他职业性培训，可以根据实际情况分为初级、中级、高级职业培训。中国技能培训体系如图2－1所示，其中高等职业教育包括高职高专学校教育；中等职业教育包括普通中专、职业高中、技工学校和成人中专等学校教育；初等职业教育包括职业初中学校教育。

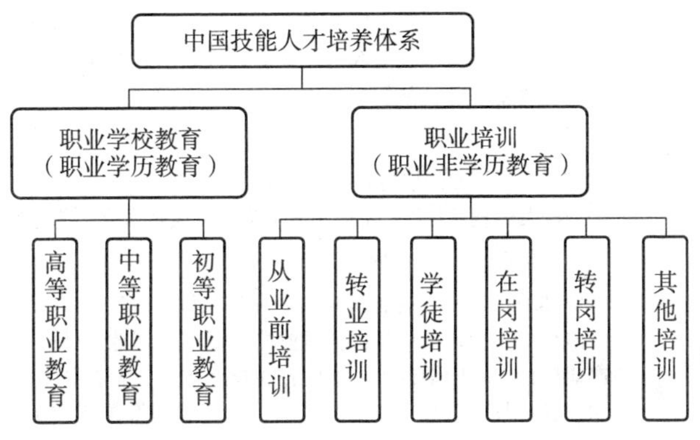

图2－1 中国技能人才培养体系

中国学校职业教育主要在中等和高等职业院校开展，初等职业学校教育在整个职业教育中所占比例相当小，例如，2016年职业初中招生1395人，在校学生为3734人。① 因此，我国技能人才培养主要是高等职业教育、中等职业教育和职业培训三大版块。

（二）中国技能人才的职业资格等级及标准

职业非学历教育的相应资格可以由相应授予主体根据职业资格等级标准（参见表2－1）颁发相应的职业资格证书。国家职业资格证书分为五个等级，即初级、中级、高级、技师、高级技师。职业资格证书由中华人民共和国人力资源和社会保障部统一印制，劳动保障部门或国务院有关部门按规定办理和核发。

职业资格证书是劳动者求职、任职、开业的资格凭证，是用人单位招聘、录用劳动者的主要依据，也是境外就业、对外劳务合作人员办理技能水平公证的有效证件。

① 教育部发展规划司，中国教育事业发展统计概况（2016），2017年2月。

表 2-1 中国职业资格等级及标准①

等级	标准
初级（国家职业资格五级）	能够运用基本技能独立完成本职业的常规工作
中级（国家职业资格四级）	能够熟练运用基本技能独立完成本职业的常规工作；在特定情况下，能运用专门技能完成技术较为复杂的工作；能够与他人合作
高级（国家职业资格三级）	能够熟练运用基本技能和专门技能完成较为复杂的工作，包括完成部分非常规性的工作；能够独立处理工作中出现的问题；能指导和培训初、中级人员
技师（国家职业资格二级）	能够熟练运用专门技能和特殊技能完成复杂的、非常规性的工作；掌握本职业的关键技术技能，能够独立处理和解决技术或工艺难题；在技术技能方面有创新；能指导和培训初、中、高级人员；具有一定的技术管理能力
高级技师（国家职业资格一级）	能够熟练运用专门技能和特殊技能在本职业的各个领域完成复杂的、非常规性的工作；熟练掌握本职业的关键技术技能，能够独立处理和解决高难度的技术问题或工艺难题；在技术攻关和工艺革新方面有创新；能组织开展技术改造、技术革新活动；能组织开展系统的专业技术培训；具有技术管理能力

（三）中国技能人才培养与发展的总体情况统计分析

技能人才培养是随着社会发展的需求而发展起来的一项教育工程，是人类文明发展历程中社会化大分工与协作的产物。这就是当今大家所说的职业教育的核心，它是推动社会生产力发展的重要力量之一，为加快国家产业结构的调整与转型发挥着不可或缺的作用。

1. 技能人才发展的新特点及方向

我国职业教育经过多年的快速发展，当前对职业技能人才的培养与发展已经进入内涵需求时期，单纯的技能型劳动岗位需求在逐步缩减，综合性工作岗位在逐步增加，它需要职业技能人才的综合素质和能力更为突出。从我国实际情况看，职业技能人才培养出现了一些新的特点，素质教育明显得到强化，以非技术和刚需（如考证）为主，逐渐向非刚需和技术化的需求方向发展，与互联网络、智能机器、艺术等相关的新兴技术的教育培训显著增加，职业技能人才培养中的独特性是最具有价值的，这往往与新兴技术发展和我国产业结构调整密切相关。

① 中华人民共和国劳动和社会保障部，2001 年 7 月，《国家职业标准制定技术规程》，http：//jnjd. mca. gov. cn/article/zyjd/mzxzy/201012/20101200118421. shtml。

2. 技能人才发展层次的社会需求趋势情况

职业技能人才培养除学校作为重要的基础培养外，社会需求更加关注高技能人才的培养。如图 2－2 所示，图中 2016 年的情况表明，不论是我国职业技能人才，还是技术人才、高级人才均出现供不应求的人才短缺情况。职业技能人才供需比最小的是技师和高级技师，分别为 0.67 和 0.72，其与所有等级的技术人员供需比相比也是最小的。说明目前技能人才最稀缺的在技师和高级技师两个等级，但这两个等级人才的发展与成长，需要前三个技能等级人才作为基础。也就是说，如何培养更多更好的技师和高级技师，是需要从初级工、中级工和高级工抓起的，这个成长过程与培养不仅来自于职业学校教育状况，更多的还与所在企业的职业培训成长环境等因素有关，更多地表现为对受过一定教育的人进行职业素养特别是职业能力的培养和训练，为其提供从事某种职业必需实践经验，并能迅速在职业岗位的技术和创新中接受教育与发展成长。因此，除职业技能学校教育外，技师和高级技师的培养与发展、企业提供的职业技能培训及成长环境是更为重要的一环。

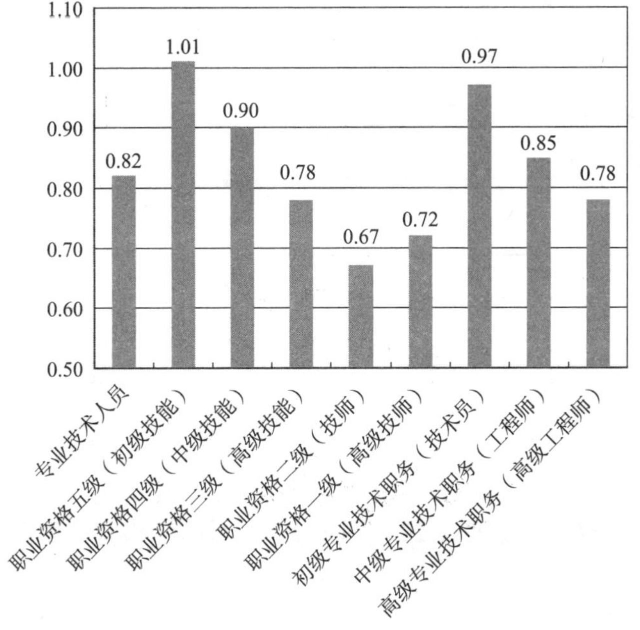

图 2－2　我国技能人才和技术人才供需比情况①

① 智研咨询发布的《2016—2022 年中国职业教育行业市场深度调研及投资前景分析报告》，2016－07－18，http：//www.chyxx.com/industry/201607/431167.html

教育部正在探索并实施建立包括中职、高职、应用本科、专业硕士等在内的职业教育体系，努力解决当前中职与高职脱节的问题。探索有条件的高职院校开展本科及以上层次应用型技术教育，构建起中等、专科、本科和研究生层次齐全的应用型技能人才培养体系。可以预见，教育部对高层次技能人才的培养将继续加大力度，并从根本上解决高层次技能人才培养在各层次、各阶段的有效衔接问题和对策。也就是说，我们在各层次上采取怎样的措施，才能环环相扣而有效地快速培养高层次的技能人才。

3. 近三年技能人才培养的总体分布情况

我国技能人才培养在近三年的总体分布情况，可以从我国职业教育院校人才培养的关键指标情况得到反映，见表2－2。该表数据反映了我国近三年职业教育院校的学校数量、教职工数量、毕业生数量、在校生数量和招生数量，基本上可以说明学校在职业技能人才培养方面的发展状况。从全国来看，职业教育院校（包括高等职业教育院校及中等职业教育院校）的数量在近三年是在逐年减少的，伴随着教职工数量和学生数量都相应减少。相比2010年以前职业教育欣欣向荣的发展态势，这几年的急剧下降在一定程度上表明职业教育所面临的严峻挑战，另一个原因是我国适龄人口下降，一定程度也对职业教育规模下降产生了影响。

表2－2 职业教育院校情况

单位：人

年份	学校数（所）	教职工数	毕业生数	在校学生数	招生数
2015	9998	1481495	7955580	23838534	8282485
2014	10387	1496905	8341403	24229473	8333388
2013	10701	1780000	8763081	25100215	8596623

数据来源：2014—2016年发布的《中国统计年鉴》，由项目组整理。

二、2007—2016年技能人才培养的中等职业教育状况

中等职业学校教育是指高中阶段的职业教育，主要由中等专业学校、技工学校、职业高中和成人中专组成，是中国职业教育的主体，在培养各级各类中、初级应用型技能人才方面发挥着主导作用。中等职业学校指按规定的

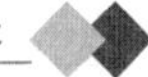

设置标准和审批程序批准建立的，招收初中（或部分高中）毕业生或同等学力者，实施中等职业技术教育，培养中等职业技术人才的学校，包括中等专业学校、技工学校、职业中学（高中）等。招收初中毕业生的，修业年限一般为3～4年；招收高中毕业生的，修业年限一般为2～3年。

（一）2016年中等职业教育概况

目前我国坚持中等职业学校与普通高中招生规模大体相当的指导原则，作为我国实施的一项重要教育政策。2005—2010年，中等职业教育连续扩大招生，到2010年招生达到历史最高水平870万人，在高中阶段教育招生总数占比达到51%，此后招生水平出现逐年下降趋势。

2016年中等职业教育招生593.34万人，比上年减少7.91万人，占高中阶段教育招生总数的42.49%。中等职业教育在校生1599.01万人，比上年减少57.69万人，占高中阶段教育在校生总数的40.28%。中等职业教育毕业生533.62万人，比上年减少34.26万人。中等职业教育学校共有教职工108.61万人，比上年减少1.57万人。中等职业教育学校共有专任教师83.96万人，比上年减少4497人，生师比19.84∶1，比上年的20.47∶1有所改善。①

（二）2007—2015年中等职业教育学校数量变化情况

2007—2015年，全国中等职业学校数量的变化情况如图2－3所示。图线表明，作为中国职业教育主体的中等职业学校数量，从2007年以来持续减少，从2007年的11837所降到了2015年的8657所，降幅达到26.86%。

从全国中等职业教育学校总体数量看，如图2－4所示，其各年职业教育学校数据与图2－3所示具有大体一致的变化趋势，说明从2007—2015年整个中等职业教育学校数量一直是减少的，从2007年的14832所，减少到2015年的11202所，降幅达24.47%。

① 数据来源：2016年全国教育事业发展统计公报，2017－07－10，http：//www.gov.cn/shuju/2017－07/10/content_5209370.htm。

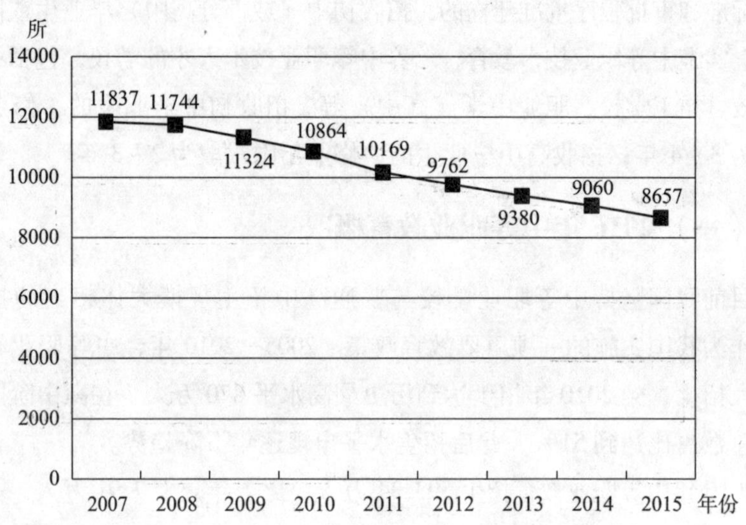

图 2-3　2007—2015 中等职业学校数量变化①

数据来源：2008—2016 年发布的《中国统计年鉴》，由项目组整理。

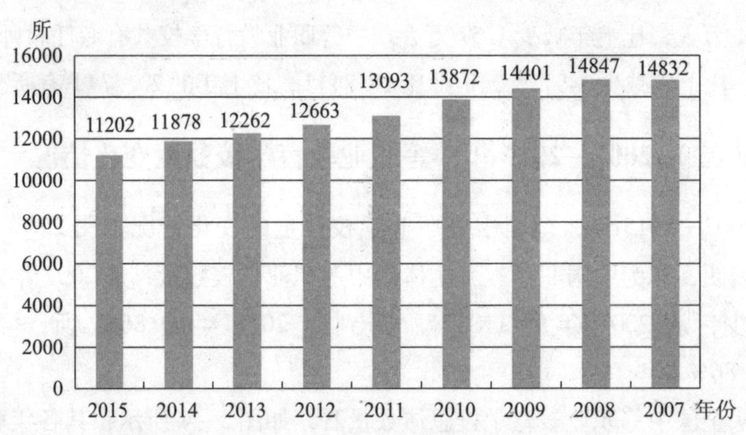

图 2-4　2007—2015 中等职业教育学校数量变化②

数据来源：中华人民共和国统计局—国家数据—年度数据，2007—2015 年数据，由项目组整理，http：//data. stats. gov. cn/adv. htm？m = advquery&cn = C01。

（三）2007—2015 年中等职业学校教职工人数变化情况

从 2008—2015 年全国中等职业学校教职工人数变化情况看，如图 2 -

① 中等职业学校未含技工学校数据。

② 中等职业教育学校含技工学校等其他数据。

5所示，图线表明，从2008到2015年，教职工人数随着中等职业学校数量的减少相应地持续减少，从2008年的97.34万人降到了2015年的84.15万人，降幅达到13.55%。

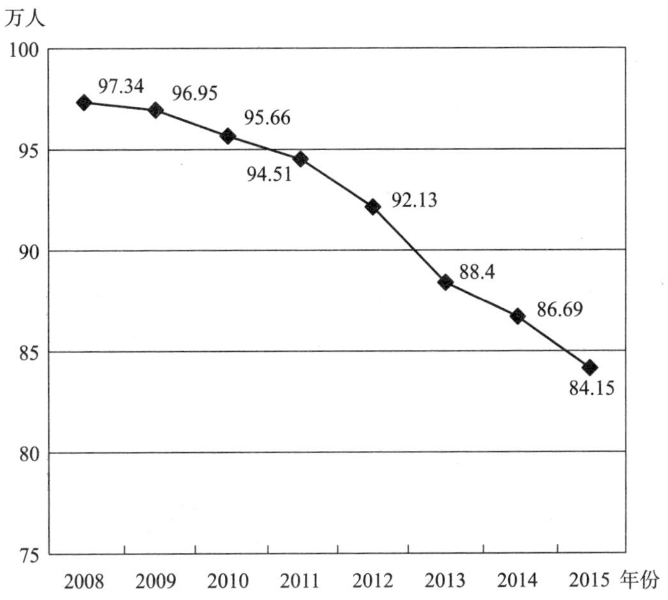

图2－5　2008—2015中等职业学校教职工人数变化情况①

数据来源：2008—2016年发布的《中国统计年鉴》，由项目组整理。《中国统计年鉴》无2007年数据。

（四）2007—2015年中等职业学校毕业生人数变化情况

如图2－6所示，图中折线反映了2007—2015年全国中等职业学校毕业生人数变化情况，从图中数据可以看出，从2007年到2010年毕业生人数持续不断增长，由431.24万人增长到543.65万人，随后三年毕业人数震荡稍有下降，然后有所增长，2013年到2015年毕业生人数快速下降。这和中等职业学校办学规模下降的趋势基本一致。下降的原因一般认为有两点：一是由于适龄人口下降；二是经济发展与产业结构调整带来对高级技能人才需求增加，从而导致高等职业教育办学规模增加来满足这种变化需求。

① 中等职业学校数量不含技工学校。

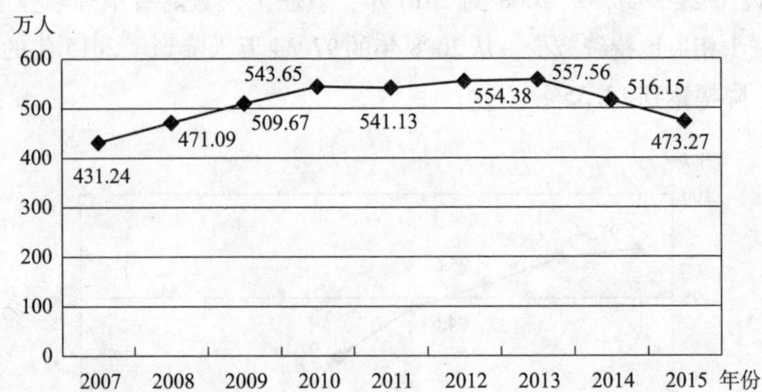

图 2-6　2007—2015 中等职业学校毕业生人数变化情况

数据来源：2008—2016 年发布的《中国统计年鉴》，由项目组整理。

（五）2007—2015 年中等职业教育在校学生人数变化情况

如图 2-7 所示，图中折线反映了 2007—2015 年全国中等职业学校在校生数量变化情况，在校生人数规模于 2010 年达到最高水平，此后连续下降，到 2015 年在校生人数 1335.24 万人，比 2007 年的在校生人数还少 284.62 万人。

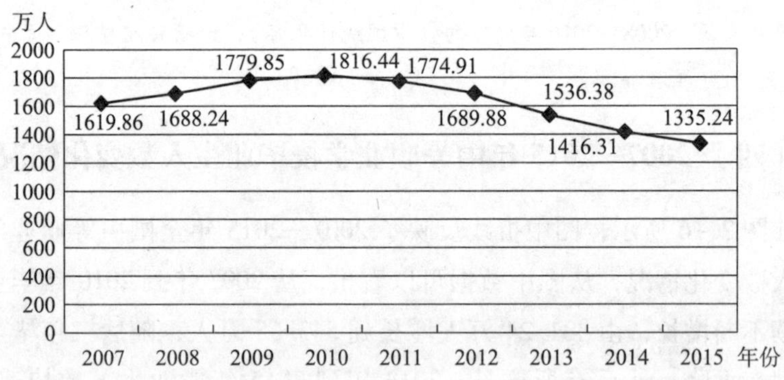

图 2-7　2007—2015 中等职业学校在校生数量变化情况

数据来源：2008—2016 年发布的《中国统计年鉴》，由项目组整理。

（六）2007—2015 年中等职业学校招生人数变化情况

如图 2-8 所示，全国中等职业学校 2007—2015 年期间，2009、2010 年招生人数达到最高水平，2010 年以后中等职业学校招生人数快速下降，

到2015年，招生人数由2010年的711.40万人下降到479.82万人，招生人数下降幅度达到了32.55%，招生规模一定程度上反映了适龄人口减少、招生政策变化以及学生观念变化等因素共同作用的结果。

图2－8　2007—2015中等职业学校招生数量变化情况

数据来源：来自于2008—2016年发布的《中国统计年鉴》，由项目组整理。

（七）2007—2015年技工学校变化情况

项目组将我国技工学校情况单独拿出来比较分析，是因为技工学校与企业结合最为紧密，目前在企业一线技工人才也相对紧缺，希望为大家提供一些技工学校情况的数据，便于做出相应决策和安排。表2－3为我国技工学校的学校数、教职工人数、毕业生数、招生数、在校学生数的情况。数据表明，技工学校为我国培养了大量的一线实操型技能人才，其发展规模在2009、2010年达到顶峰，其后开始下降，到2015年技工学校数量有2545所，与顶峰时期2009年的3077所相比，减少了532所，减少幅度巨大，各种原因导致的技工学校数量减少，也许正是目前一线技能员工招聘难的本质所在。从教职工人数情况看，多年来变化不大，保持在26万人上下，说明技工学校教职工相对稳定。从培养的学生方面看，毕业生数、招生数、在校学生数都有明显的下降。就毕业生数而言，2015年94.6万人，比2010年高峰时的121.6万人减少了27万人，已经无法充分满足我国企业对一线技能员工的需求，也意味着假设在企业需求数量不变的情况下，将有27万人的缺口，也许将通过招聘低层次人员来解决，这样会因为一线员工素质下降而直接导致企业生产率下降的现象。最近几年已经引起我国政府的高度重视，出台了一系列相关政策在努力调整和引导，值得期待。

表 2-3　2007—2015 年技工学校培养学生变化情况

指标/年份	2007	2008	2009	2010	2011	2012	2013	2014	2015
学校数（所）	2995	3075	3077	3008	2924	2901	2882	2818	2545
教职工数（万人）	24.0	24.7	26.0	26.6	26.6	26.8	26.9	26.5	26.0
毕业生数（万人）	99.7	109	115.5	121.6	119.2	120.5	116.9	106.8	94.6
招生数（万人）	158.5	161.4	156.7	159	163.9	157.1	133.5	124.4	121.4
在校学生数（万人）	367.1	397.5	415.3	422.1	430.4	423.8	386.6	339	321.5

数据来源：2016 年发布的《中国统计年鉴》，由项目组整理。

（八）2007—2015 年中等职业学校生师比变化情况

如图 2-9 所示，2007—2015 年中等职业学校生师比与普通高校、普通高中师生比情况比较，各个年份均相对维持较高的数值，说明中等职业学校在师资配备上一直不够充分，存在对教学质量不利影响的可能性。

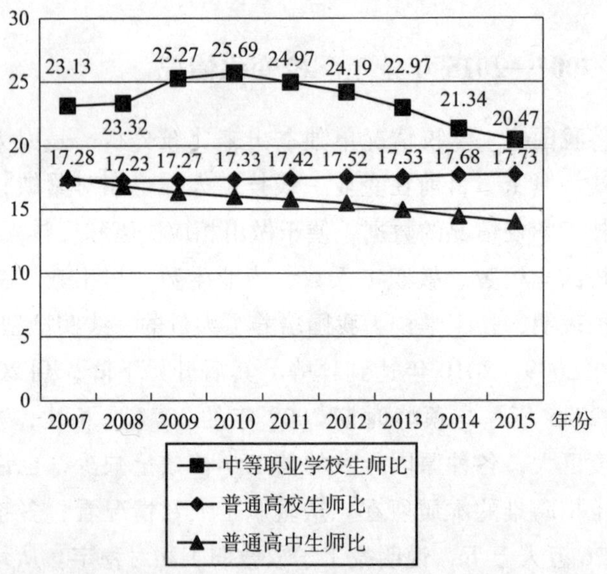

图 2-9　2007—2015 年中等职业学校与普通高中、普通高校生师比对比情况

数据来源：2016 年发布的《中国统计年鉴》，由项目组整理。

从以上中等职业学校数据变化的各方面情况可以看出，多年来，随着我国经济增长与人才需求的不断变化，中等职业学校不断发展和壮大，为中国的经济建设培养并输送了大量的高、中、初级技术工人与劳动者。但在 2010 年以后，中等职业学校的发展却面临困难和挑战，招生规模和水平出现了大幅度减少和下滑趋势。一方面，教育部门每年下达的中等职业学

校招生计划指标基本都有提高；另一方面，初中毕业生全国数量总体上逐年减少。中等职业学校出现招生难、完不成招生计划的情况，这与国家鼓励职业教育的方针政策不协调。社会上出现了用人单位找不到满意的技能实用型人才，而同时中等职业学校毕业生就业难、招生难的现象，这的确给中等职业教育带来了严峻的挑战。如何应对和解决中等职业学校的这些问题，值得国家政府从方针政策方面去思考并开展指导，以确保充分满足市场对职业技能人才的需求，促进就业增长与社会经济持续发展。

三、2007—2016 年技能人才培养的高等职业教育状况

高等职业教育主要招收普通高中毕业生及中等职业学校毕业生，培养社会经济发展过程所需要的中、高级专业技术和管理人才，主要强调应用型、工艺型技能人才的培养，修业年限2～3年。目前，高等职业教育以专科层次教育为主，2011年以后原来的普通大专教育基本上转为高等职业教育。实施机构包括职业技术学院、职业大学、隶属于普通高校的二级职业技术学院和成人高校等。目前高等职业教育结构正在改革完善之中，拟逐步形成从专科层次职业教育、本科层次职业教育，到研究生层次职业教育的前后贯通体系。为推动现代职业教育体系建设，逐步形成科学合理的技术技能人才结构，高等职业教育的发展将发挥巨大作用。

（一）2016 年高等职业教育概况

全国高等职业教育与中等职业教育相比，规模相对较小，但高等职业教育总体处于有序增长与发展之中，由于社会经济发展对高等技能人才的旺盛需求，决定了今后一段时间内，高等职业学校仍然具有继续扩充的趋势。

到2016年底，我国高职（专科）院校1359所，比上年增加18所，高职（专科）院校在校生1082.89万人，高职（专科）学校校均规模6528人。教职工65.26万人，专任教师46.69万人，生师比17.73：1。成人高等学校284所，比上年减少8所；成人高等学校教职工4.31万人，比上年

减少 8173 人；专任教师 2.52 万人，比上年减少 5032 人。①

（二）2007—2015 年高等职业教育学校数量变化情况

图 2－10 所示为 2007—2015 年高职（专科）学校数的变化情况，高职院校的数量呈现不断增长，从 2007 年的 1168 所增长到 2015 年的 1341 所，符合目前社会对高级职业技能人才的需求趋势。为了满足社会对高级技能人才的需求，未来高等职业院校增长将是一个必然的趋势。

图 2－10 表明，尽管高等职业学校数量有所增加，但和不断减少的中等职业教育学校数量相比，差距仍然巨大。例如，2015 年中等职业学校数 11202 所，而高等职业院校仅 1341 所，因此，中等职业教育处于我国绝对的主体地位。

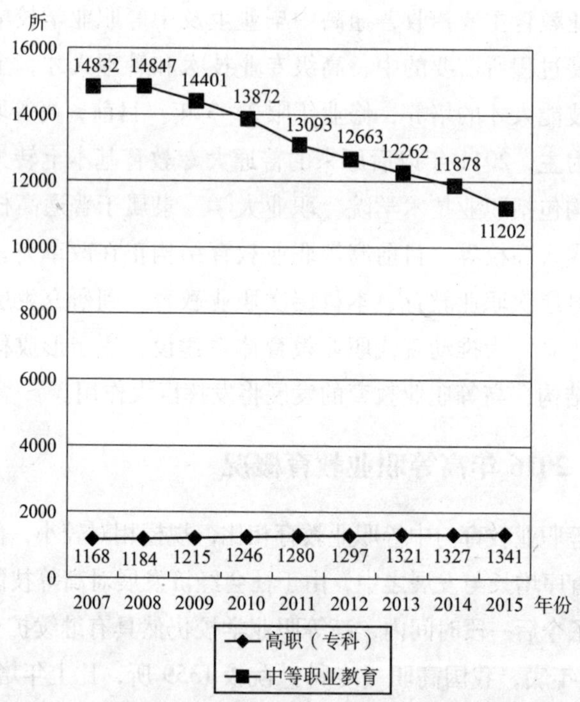

图 2－10　2007—2015 年高职（专科）学校与中等职业学校数量情况

数据来源：2016 年发布的《中国统计年鉴》，由项目组整理。

① 数据来源：2016 年全国教育事业发展统计公报，2017－07－10，项目组进行了整理，http://www.gov.cn/shuju/2017－07/10/content_5209370.htm。

（三）2007—2015 年高等职业教育教职工人数变化情况

图 2－11 所示为高等职业院校教职工数变化情况，图中数据表明，2007—2015 年，教职工数随着学校数量的增加而不断增长，2015 年教职工数是 2007 年教职工数的 1.36 倍。

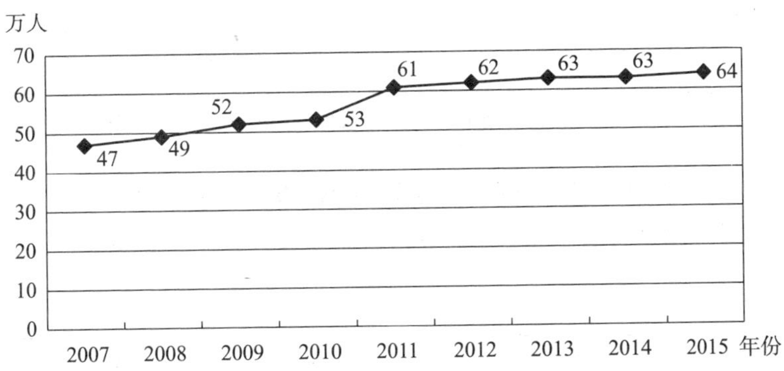

图 2－11　2007—2015 年高等职业学校教职工数量变化情况

数据来源：2008—2016 年发布的《中国统计年鉴》，由项目组整理。

（四） 2007—2015 年高等职业教育招生变化情况

图 2－12 所示为高等职业院校招生变化情况，图中数据显示，2007—2015 年，高等职业院校招生数一直在波动中增长，2013 年以后，增长幅度加大。2015 年招生数 348.4 万人，比 2007 年的 283.8 万人多 64.6 万人，增长幅度为 22.76%，这与近年来市场对高级职业技能人才需求旺盛有关。

（五）2007—2015 年高等职业教育在校生变化情况

图 2－13 所示为高等职业院校在校生变化情况，数据显示，2007—2015 年，高等职业院校在校生 2007—2009 年快速增长，从 860.6 万人增长到 964.8 万人，此后保持稳定的微小波动，在校人数保持在 964.2 万人与 966.2 万人之间；2013 年以后，在校生人数进入第二轮增长，2014 年首次突破 1000 万人数大关，达到了 1006.6 万人，2015 年在校生人数继续增长，达到 1048.6 万人，比 2007 年的 860.6 万人多 188 万人，增长幅度为 21.85%。

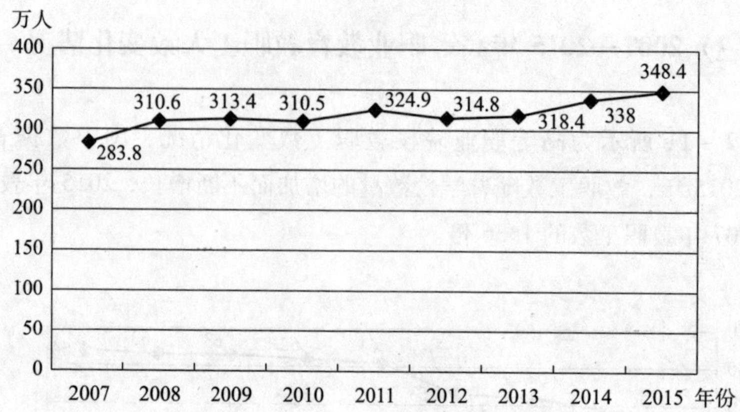

图 2-12　2007—2015 年高等职业教育招生数变化情况①

数据来源：2016 年发布的《中国统计年鉴》，由项目组整理。

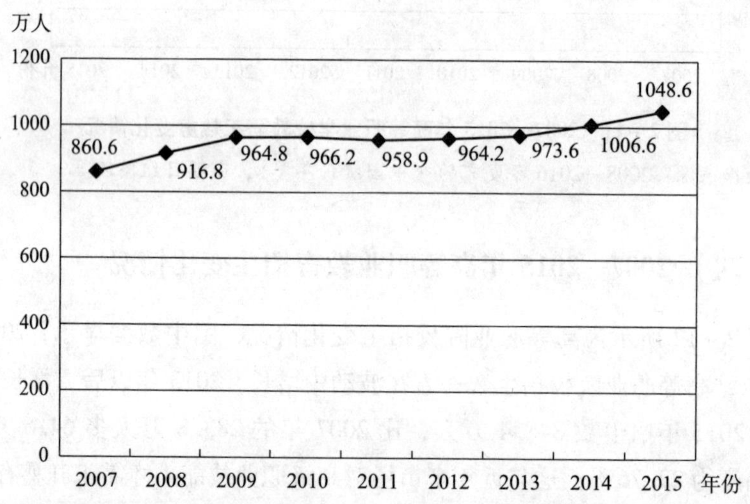

图 2-13　2007—2015 年高等职业院校在校生变化情况

数据来源：2016 年发布的《中国统计年鉴》，由项目组整理。

（六）2007—2015 年高等职业教育毕业生变化情况

图 2-14 所示为高等职业院校毕业生变化情况，数据显示，2007—2015 年，高等职业院校毕业生 2007—2011 年快速增长，从 248.2 万人增

① 数据来自于2016《中国统计年鉴》中的21-7，#大专。

长到328.5万人，此后保持稳定并微小波动，预计在2014年招生人数突破1000万人数大关以后，2017年以后毕业生将会出现大幅增长，每年将为社会提供中高级技能人才千万人以上。

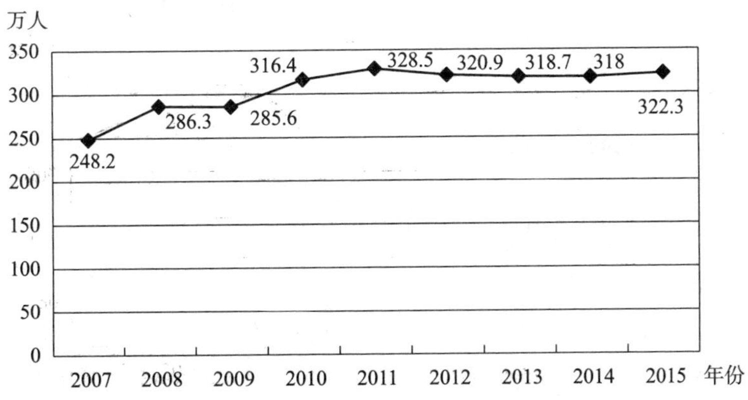

图2-14 2007—2015年高等职业院校毕业生变化情况

数据来源：2016年发布的《中国统计年鉴》，由项目组整理。

（七）关于高等职业教育内涵的思考

高等职业教育统计数据搜集起来相当困难，这与对高等职业教育内涵的理解以及有关标准有关。目前的理解千差万别，标准模糊不清，因此，高等职业教育有关统计数据在《中国统计年鉴》中经常也是不清晰的。目前统计数据基本上把高等学校的大专教育归类到高等职业教育中，这也就是出现不同研究报告统计数据存在差异的原因之一。下面列举学界对于高等职业教育的认识和观点。

高等职业教育与学科型普通高等教育作为现代高等教育体系中最主要的两种类型，由于在人才培养的模式、手段、途径、方法以及目的等诸多方面存在的巨大差异，使其二者各自扮演着不同的育人角色，承担着不同的社会功能，亦对受教育者未来的人生发展产生着不同的影响。但是，从客观上说，以技能培训和技术应用为代表的高等职业教育与以文化学习和理论研究为代表的学科型普通高等教育，应该仅仅是教育类型上的区别，而不应存在高低贵贱之分。从国际上看，其他国家其实是很少会使用“高等职业教育”这一名词的，即使有也与我们所理解的内涵不尽一致。例如俄罗斯将“职业教育”泛化地理解为除基础教育外的一切专业教育，这样他们的“高等职业教育”就将所有的高等教育均包括在内，而并非我们所指的与普通高等教育相对的那部分教育；更多的国家则狭义地将“职业教育”理解为专指培养技术工人类人才的特定教育类型，即培养那些不需太多理论知识而主要依靠动作技能和经验技艺在生产、服务第一线从事现场工作的直接操作者的那部分教育，并不进入高等教育领域，所以也就不存在什么“高等职业教育”。从国内来看，发展高等职业教育已成为当前我国整个教育界的一大热点问题。但是，到底什么是高等职业教育？它在整个教育体系中究竟应如何定位？它与普通高等教育的本质区别应如何理解？它的培养目标、发展途径以及招生对象、办学模式、课程计划、教学过程应如何确定？对凡此种种一系列问题的认识还很不一致。“高等职业教育”有三种理解：第一种将它归入“高等教育”范畴，认为高等职业教育是高等教育中具有较强职业性和应用性的一种特定的教育；第二种认为它只是“职业教育”范畴中处于高层次的那一部分，并不属于高等教育，从而将“高等教育”与“职业教育”视为两个并列的、互不交叠的教育范畴；第三种则把它泛化地理解为，凡是培养处于较高层次的职业技术人才的教育都属于高等职业教育，如把培养技术工人系列人才中的高级技工教育也看作高等职业教育，从而将“高等”与“高级”等同起来。要对高等职业教育这一复杂概念进行界定，需要采用一种相对公认的分类标准。很难说这种标准到底是主观的还是客观的。但无论如何，公认的标准至少可以避免一些个人主观随意性。界定像高等职业教育这样的教育概念，理应优先采用来自教育系统内部的公认的分类标准。否则，作为一种新兴的教育类型，由于在教育内部定位不当，注定要陷入无休止的纷争之中，最终会在相当程度上影响政府的宏观教育决策。①

事实上，从我国教育部及相关专家的有关报告可以看出，目前“高等职业教育”的概念里，把高等院校中大专学历教育作为高等职业教育的主体。例如，教育部召开教育规划纲要实施5周年系列新闻发布会（四）：“评估报告显示，5年来，我国中等职业教育招生数占高中阶段教育招生数的比例保持在45%左右，2014年高等职业教育招生数达到337.98万人，招生数占高等教育招生数的比例达到46.9%；高等职业教育在校生数首次

① 本段来自于网络公开资料，项目组进行了适当删减，把高等职业教育内涵理解争议抛给大家，以便未来争取在政策方面有更明确的界定，https://baike.baidu.com/item/高等职业教育/9872037?fr=aladdin。

突破1000万，达到1006.63万人，非学历教育注册学生达到5593万人。”①这里所使用统计数据采用《中国统计年鉴》里“大专”在校生数据。2000年1月，《教育部关于加强高职高专教育人才培养工作的意见》归纳了高职高专教育人才培养模式的基本特征：以培养高等技术应用型专门人才为根本任务；以适应社会需要为目标，以培养技术应用能力为主线设计学生的知识、能力、素质结构和培养方案。因此可以判断，高等职业教育的核心要义，本项目组认为就是“专”于“技能培训和技术应用”，体现培养具体操作性、技术应用性和强调实践性的高层次中高级职业技术人才。

总之，我国高等职业教育具有培养高级职业技能人才的独特价值。然而高等职业教育人才培养多元主体在巨大利益面前，出现了偏离培养目标的可能性，突出表现在：政府使命中突出对高技能人才的培养，片面的技能培养不利于人的全面发展；企业使命中突出对立即上岗的熟练工人、技术员需求，把培养的责任全部推给学校，出现对人才只使用不培养现象；个人使命中突出升学意愿强烈，就业选择存在非理性现象；学校使命中突出就业导向，出现学校为了便于学生就业一味迎合市场需要，专业内容过分强调职业和技能训练现象，过分强调眼前的实用性培养，淡化了技能人才创新能力与未来发展的基础能力培养。因此，需要政府及办学主体树立高度的责任感，追求高等职业教育人才培养最根本的价值所在，真正为社会经济建设的长远持续发展提供优秀的职业技能人才。

四、2009—2016年技能人才培养的民办职业教育状况

中国实行政府主导、行业指导、企业参与的办学机制。目前职业教育已形成省、市、县“三级统筹”，行业、企业及社会力量参与、公办与民办共同发展的多元办学体制。2010年我国颁布的《国家中长期教育改革和发展规划纲要（2010—2020年）》（以下简称《纲要》）明确提出：“民办教育是教育事业发展的重要增长点和促进教育改革的重要力量。”此后，综观各类教

---

① 教育部官网，教育规划纲要中期评估职业教育专题评估报告显示——现代职业教育体系框架基本形成，http://www.moe.edu.cn/s78/A07/zcs_ztzl/ztzl_zcs1518/zcs1518_yw/201512/t20151207_223527.html。

育，民办教育在各层次教育中都呈现出快速发展势头与较强的吸引力。2012年6月，教育部发布了《教育部关于鼓励和引导民间资金进入教育领域促进民办教育健康发展的实施意见》，文件提出，要鼓励和引导民间资金以多种方式进入教育领域。在学历教育领域，引导民办中小学校办出特色，鼓励发展民办职业教育。国务院总理李克强于2014年2月26日主持召开国务院常务会议，部署加快发展现代职业教育，积极支持各类办学主体通过独资、合资、合作等形式举办民办职业教育。2016年11月，第十二届全国人民代表大会常务委员会第二十四次会议审议通过了《关于修改〈中华人民共和国民办教育促进法〉的决定》，修改决定自2017年9月1日起施行。在分类管理尤其是禁止义务教育营利性背景下，这对民办职业教育来说，既是挑战也是机遇。下面就职业技能人才培养方面的民办职业教育状况进行统计分析。

（一）2016年民办职业教育概况

当前经济发展对职业技能人才的需求旺盛，社会力量在这一领域具有相对优势，民办职业教育正成为培养和满足技能人才需求与发展的重要力量。从我国鼓励民办职业教育发展政策及现有公办职业学校存在的各种各样问题来看，民办职业教育发展空间广阔。到2016年底，我国民办中等职业学校2115所，比上年减少110所；招生73.64万人，比上年增加2.71万人；在校生184.14万人，比上年增加7739人。另有非学历教育学生22.06万人。民办高职（专科）在校生242.46万人。[①] 可见，就目前情况而言，民办职业教育已经成为我国职业教育发展中不可低估的重要组成部分。

（二）2009—2015年民办职业教育发展的学校数量情况

民办职业教育学校数量大概可以反映其职业教育发展的状况，参见表2-4，可以看书2009—2015年我国职业教育及民办职业教育的学校数量情况，学校数据表明，民办高等职业教育和我国高等职业教育发展同步，学校数量缓慢增加，而且高等职业教育在整个职业教育中所占比重较小，民办中等职业教育的学校数也和我国中等职业教育同步，办学数量持续在减少。到2015年，民办中等职业学校的学校数比2009年减少973所，学校数占全国

---

① 数据来源：2016年全国教育事业发展统计公报，2017-07-10，项目组进行了整理，http：//www.gov.cn/shuju/2017-07/10/content_5209370.htm。

所有中等职业学校的比例为19.86%；而2015年民办高等职业学校的学校数比2010年增加了7所，占全国所有高等职业学校的比例为23.12%。

表2－4　2009—2015年民办职业教育学校数情况　　单位：所

指标/年份		2009	2010	2011	2012	2013	2014	2015
职业教育学校数	高职（专科）	1215	1246	1280	1297	1321	1327	1341
	中职	14401	13872	13093	12663	12262	11878	11202
民办职业教育学校数	高职（专科）①	*	303	308	316	307	307	310
	中职	3198	3123	2856	2649	2482	2343	2225
民办高校数		658	676	698	707	718	728	734

数据来源：本表除特殊说明外，原始数据均来自于中华人民共和国统计局—国家数据—年度数据，http：//data. stats. gov. cn/adv. htm? m = advquery&cn = C01。

（三）2009—2015年民办职业教育发展的学生数量情况

1. 民办高等职业教育发展的学生数量情况

2009—2015年民办高等职业教育发展的学生数量情况见表2－5，数据展示了历年民办高等职业教育的招生数、在校学生数和毕业生数，为了进行更好的对比，表中还列出了我国历年相应的高等职业教育的招生数、在校学生数和毕业生数的数据。

表2－5　2009—2015年民办高等职业教育发展的学生数量规模变化情况

单位：万人

指标/年份		2009	2010	2011	2012	2013	2014	2015
民办高职（专科）	招生数	67.3	64.15	65.41	65.75	68.03	80.17	81.29
	在校生数	193.66	195.7	193.25	191.94	195.85	212.28	227.52
	毕业生数	50.42	59	64.99	64.31	61.32	61.14	62.84
高职（专科）	招生数	313.4	310.5	324.9	314.8	318.4	338	348.4
	在校生数	964.8	966.2	958.9	964.2	973.6	1006.6	1048.6
	毕业生数	285.6	316.4	328.5	320.9	318.7	318	322.3

数据来源：中华人民共和国统计局—国家数据—年度数据，由项目组整理，http：//data. stats. gov. cn/adv. htm? m = advquery&cn = C01。

① 民办高等职业教育学校数在《中国统计年鉴》《中国教育统计年鉴》中均不明确，本行数据是引用一家研究机构报告的内容。但“民办高校数”在此可以作为发展趋势参考，基本上可以反映民办高等职业教育的发展趋势。因此，表2－4列入了民办高校数作为参考。

如图 2－15 所示，民办高等职业学校招生数据从 2009 年开始持续增长，由 2009 年的 67.3 万人增长到 2015 年的 81.29 万人，相应的我国高等职业教育学校招生数由 313.4 万人增长到 348.4 万人，二者历年的招生数量有一定差距。民办招生人数还相对较少，但二者在 2009—2015 年大致保持了招生数的同步增长。

从图 2－15 所示的在校生数、毕业生数情况看，民办高职在校生数远远低于我国高职在校生人数，民办高职毕业生数与高职毕业生数之间也存在较大差距。但在 2009—2015 年，二者的在校生人数、毕业生数均大致同步变化，以增长发展为主趋势。

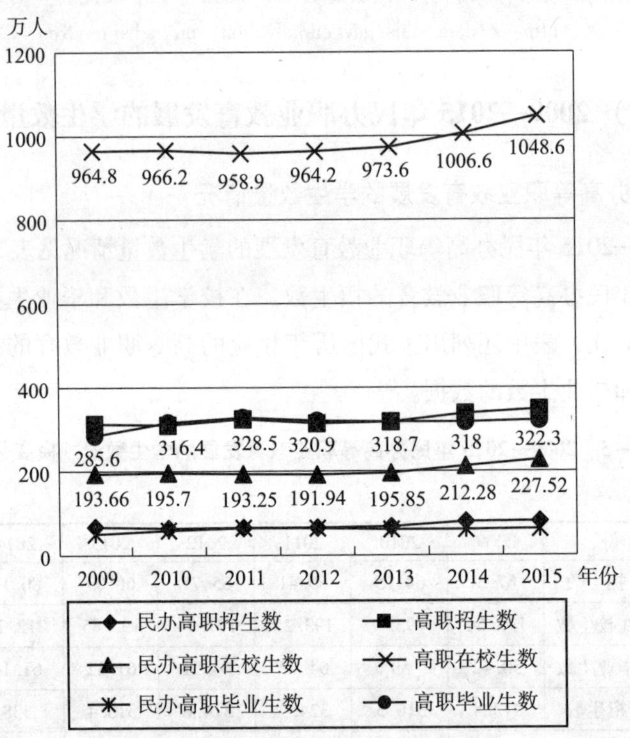

图 2－15　2009—2015 年民办高等职业学校学生数量规模变化情况

数据来源：中华人民共和国统计局—国家数据—年度数据，由项目组整理，http：//data. stats. gov. cn/adv. htm？ m = advquery&cn = C01。

民办高等职业教育招生数占我国高等职业教育招生数的比例情况如图 2－16 所示，2009—2011 年，也许由于我国高等职业教育快速发展，招生规模扩大，而民办职业教育在此期间招生数徘徊不前，导致这一比例连续

三年下降，由2009年占比21.47%下降到2011年最低点的20.31%。此后这一比例连续上升，到2015年，民办高等职业教育招生数占我国高等职业教育招生数的比例达到23.33%。

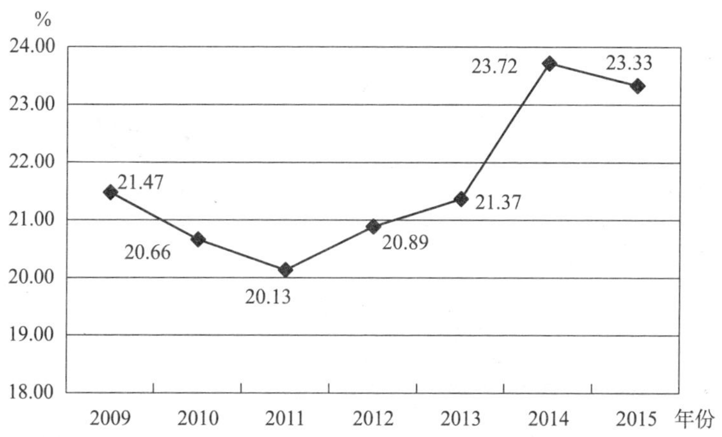

图2-16　2009—2015年民办高职招生数占高职教育百分比变化情况

数据来源：中华人民共和国统计局—国家数据—年度数据，由项目组计算整理，http：//data. stats. gov. cn/adv. htm？ m = advquery&cn = C01。

民办高等职业教育在校生数占我国高等职业教育的比例情况如图2-17所示，这一比例从2009年的20.07%增长到2015年的21.70%。

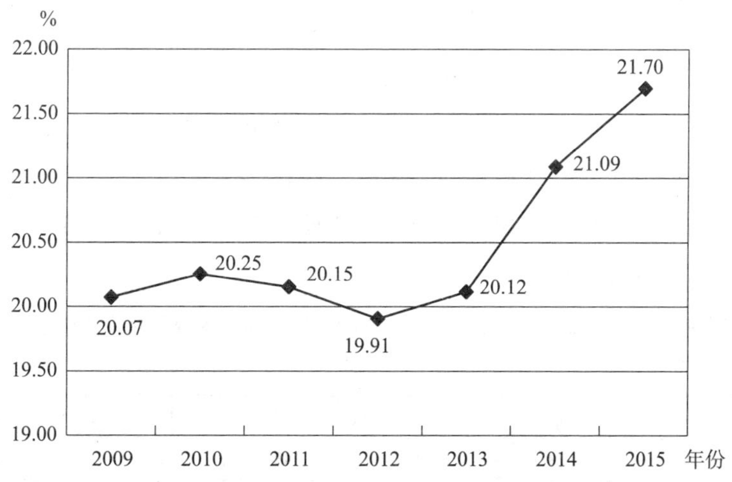

图2-17　2009—2015年民办高职在校生数占高职教育百分比变化情况

数据来源：中华人民共和国统计局—国家数据—年度数据，由项目组计算整理，http：//data. stats. gov. cn/adv. htm？ m = advquery&cn = C01。

民办高等职业教育毕业生数占我国高等职业教育的比例情况如图2－18 所示，这一比例从 2009 年的 17.65% 增长到 2012 年的 20.04%，此后下降到 2015 年的 19.50%。

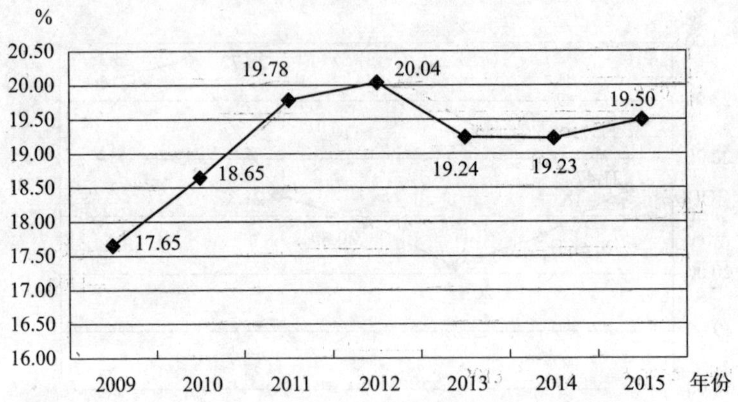

图 2－18　2009—2015 年民办高职毕业生数占高职教育百分比变化情况

数据来源：中华人民共和国统计局—国家数据—年度数据，由项目组计算整理，http：//data. stats. gov. cn/adv. htm？m = advquery&cn = C01。

从以上情况可以看出，我国民办高等职业教育保持了稳定增长的发展态势，从目前国家政策的支持力度看，总体有望继续保持增长，而且其学生人数占高等职业教育的比例有望继续增长，民办高等职业教育对高级职业技能人才的培养，在国民经济发展中的地位会越来越重要。

2. 民办中等职业教育发展的学生数量情况

2009—2015 年民办中等职业教育发展的学生数量情况见表 2－6，数据展示了历年民办中等职业教育的招生数、在校学生数和毕业生数，为了进行更好的对比，表中还列出了我国历年相应的中等职业教育的招生数、在校学生数和毕业生数的数据。

表 2－6　2009—2015 年民办中等职业教育发展的学生数量规模变化情况

单位：万人

指标/年份		2009	2010	2011	2012	2013	2014	2015
民办中等职业教育	招生数	128	113.2	95.7	83.8	73.2	72	70.9
	在校生数	318.1	307	269.3	240.9	207.9	189.6	183.4
	毕业生数	81.7	96.7	91.7	88.6	79.1	73.9	62.9

续表

指标/年份		2009	2010	2011	2012	2013	2014	2015
中等职业教育	招生数	868.5	870.4	813.9	754.1	674.8	619.8	601.2
	在校生数	2195.2	2238.5	2205.3	2113.7	1923	1755.3	1656.7
	毕业生数	625.2	665.3	660.3	674.9	674.4	622.9	567.9

数据来源：中华人民共和国统计局—国家数据—年度数据，由项目组整理，http：//data. stats. gov. cn/adv. htm？ m = advquery&cn = C01。

如图 2－19 所示，民办中等职业学校招生数据从 2009 年开始持续减少，由 2009 年的 128 万人减少到 2015 年的 70. 9 万人；相应的我国中等职业教育学校招生数由 868. 5 万人减少到 601. 2 万人，民办招生人数还相对较少。但二者在 2009—2015 年大致保持了招生数的同步减少，我国中等职业教育学校招生减少的幅度要相对大于民办中等职业学校的相应指标。

从图 2－19 所示的在校生数、毕业生数情况看，民办中等职业教育在校生数远远低于我国中等职业教育在校生人数，民办中等职业学校与中等职业教育毕业生数也存在较大差距，但在 2009—2015 年，二者的在校生人数、毕业生数均大致同步变化，以减少发展为主趋势。总体上看，民办中等职业教育在校生人数、毕业生人数减少幅度均小于我国中等职业教育的相应指标。

图 2－20 所示为民办中等职业教育招生数占我国中等职业教育招生数的比例情况。从 2009 年到 2015 年，我国中等职业教育规模一直处于下降通道，招生规模持续缩减；而民办中等职业教育招生数占我国中等职业教育招生数的比例连续下降 5 年，2013 年达到最低点，占比为 10. 85%，之后小幅回升，到 2015 年这一占比为 11. 79%。2015 年这一比例与 2009 年相比，下降了 2. 95%。

图 2－21 所示为民办中等职业教育在校生数占我国中等职业教育的比例情况，这一比例从 2009 年的 14. 49%降低到 2013 年的 10. 81%，2015 年这一比例达到 11. 07%，说明从整体上民办中等职业教育在校生数的比例有所下降，2015 年这一比例与 2009 年相比，下降了 3. 42%。

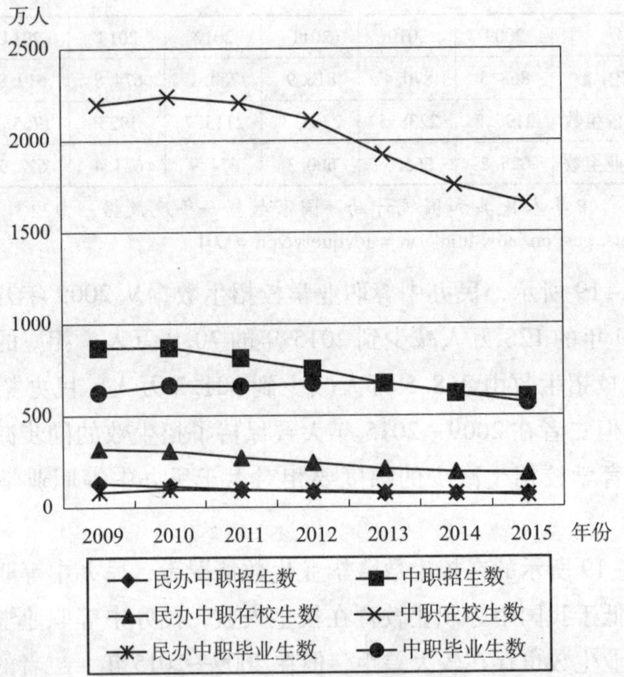

图 2-19　2009—2015 年民办中等职业学校学生数量规模变化情况

数据来源：中华人民共和国统计局—国家数据—年度数据，由项目组整理，http://data.stats.gov.cn/adv.htm? m = advquery&cn = C01。

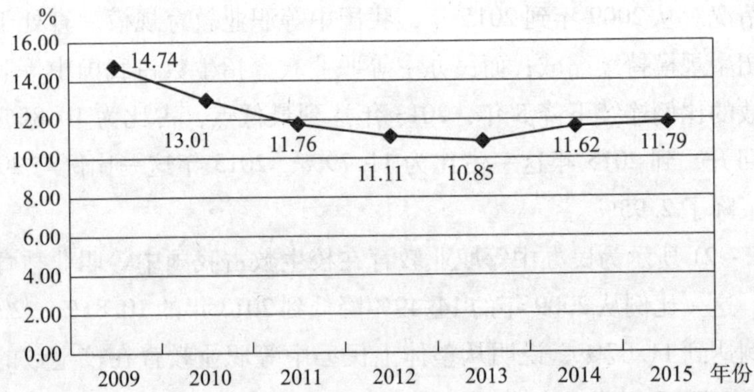

图 2-20　2009—2015 年民办中等职业教育招生数占中等职业教育百分比变化情况

数据来源：中华人民共和国统计局—国家数据—年度数据，由项目组计算整理，http://data.stats.gov.cn/adv.htm? m = advquery&cn = C01。

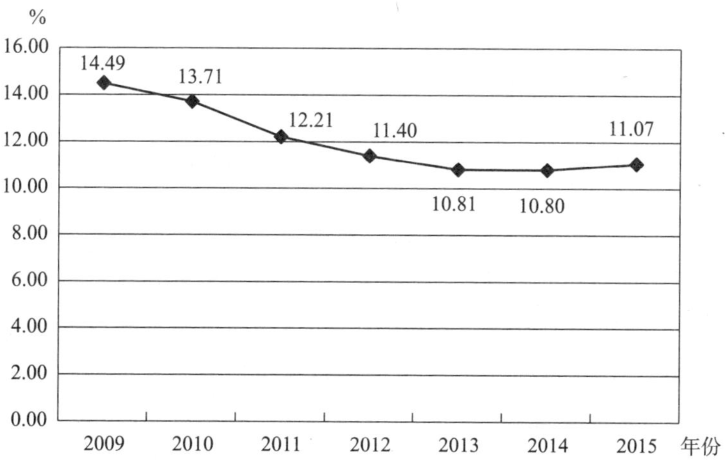

图 2-21　2009—2015 年民办中等职业教育在校生数占中等职业教育百分比变化情况

数据来源：中华人民共和国统计局—国家数据—年度数据，由项目组计算整理，http：//data. stats. gov. cn/adv. htm？ m = advquery&cn = C01。

民办中等职业教育毕业生数占我国中等职业教育的比例情况如图2-22 所示，这一比例从 2009 年的 13. 07% 下降到 2015 年的 11. 08% 的最低点，2015 年与 2010 年最高数值的 14. 53% 相比，下降了 3. 45%。

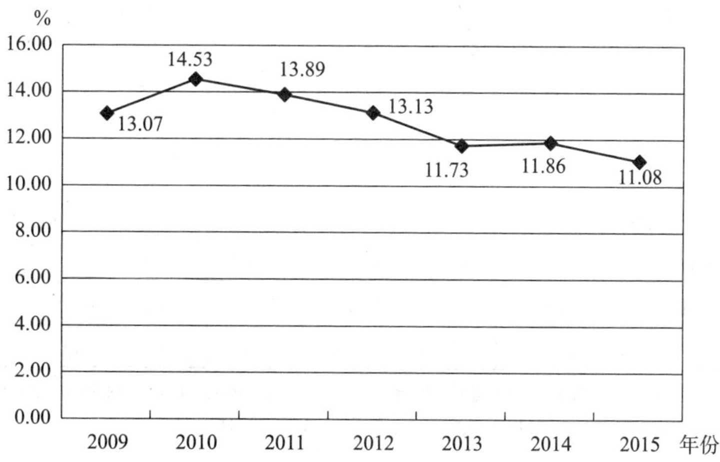

图 2-22　2009—2015 年民办中等职业教育毕业生数占中等职业教育百分比变化情况

数据来源：中华人民共和国统计局—国家数据—年度数据，由项目组计算整理，http：//data. stats. gov. cn/adv. htm？ m = advquery&cn = C01。

综上所述，民办中等职业教育与我国中等职业教育的总体境况基本发展趋势一致，一直处于下降态势，但近几年我国政府出台政策大力支持职业教育，因此，民办中等职业教育发展可能走出下降通道而出现维持稳定走势，继续成为我国职业技能人才培养的重要组成部分。

（四）2009—2015 年民办职业教育发展的师资变化情况

我国职业教育培养技能人才数量和规模比重最大的部分是中等职业教育，因此，下面对民办中等职业教育发展的师资变化情况来进行分析说明。

表 2－7 中列出了 2009—2015 年民办中等职业教育和全部职业教育的师资及其相关指标的数据情况。从表中数据可以看出，民办中等职业教育专任教师比例低于全部中等职业教育的比例，平均低 10% 左右（如图 2－23 所示）。专任教师占比一直在 70% 以下，从 2009 年的 62.6%，改善并持续上升，到 2015 年上升到 67.3%，而全部中等职业教育专任教师占比 2015 年达到 76.4%。因此，与全部中等职业教育的专任教师占比一直在 70% 以上相比，民办中等职业教育的教师占比还有很大的改善空间。

表 2－7　2009—2015 年民办中等职业教育师资规模变化情况①　单位：万人

指标/年份		2009	2010	2011	2012	2013	2014	2015
民办中等职业教育	教职工数	17.1	16.6	14.9	13.4	11.8	11.1	10.7
	专任教师数	10.7	10.3	9.6	8.8	7.8	7.4	7.2
	专任教师占比	62.6%	62.0%	64.4%	65.7%	66.1%	66.7%	67.3%
	在校生数	318.1	307.0	269.3	240.9	207.9	189.6	183.4
	生师比	29.7	29.8	28.1	27.4	26.7	25.6	25.5
全部中等职业教育	教职工数	123	122	121	119	115	113	110
	专任教师数	87	87	88	88	87	86	84
	专任教师占比	70.7%	71.3%	72.7%	73.9%	75.7%	76.1%	76.4%
	在校生数	2195.2	2238.5	2205.3	2113.7	1923	1755.3	1656.7
	生师比	25.2	25.7	25.1	24.0	22.1	20.4	19.7

数据来源：中华人民共和国统计局—国家数据—年度数据，由项目组计算整理，http：//data. stats. gov. cn/adv. htm？m = advquery&cn = C01。

民办中等职业教育的生师比与全部中等职业教育相比，平均约高出 4－5 个数值左右（如图 2－24 所示）。全部中等职业教育的生师比从 2009

① 为了保持数据小数点位数及单位一致，项目组对获得的数据统一进行了四舍五入处理，因此，表中项目组计算出来的生师比等数值会存在微小误差。

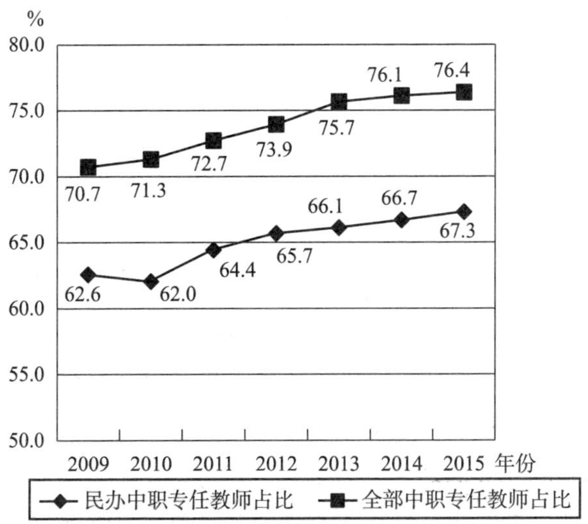

图 2-23 2009—2015 年民办中等职业教育的专任教师占比变化情况

数据来源：中华人民共和国统计局—国家数据—年度数据，由项目组计算整理。http：//data. stats. gov. cn/adv. htm？ m = advquery&cn = C01。

年的 25.2∶1，逐年下降，到 2015 年达到 19.7∶1。而民办中等职业教育的生师比 2009 年为 29.7∶1，逐年下降，到 2015 年仍然达到 25.5∶1，与《中等职业学校设置标准》里规定的 20∶1 的要求还有一定的差距。

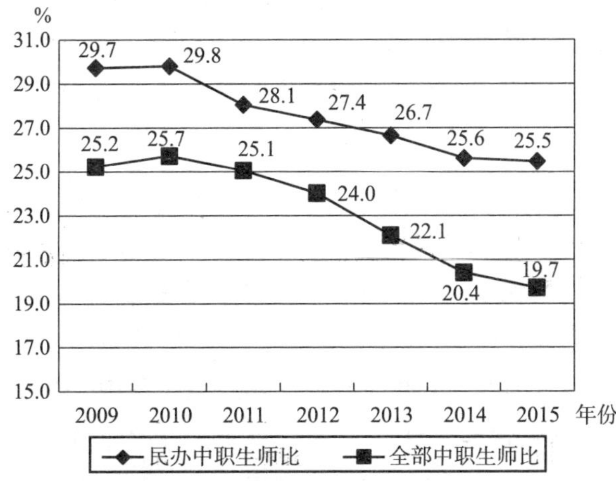

图 2-24 2009—2015 年民办中等职业教育的生师比变化情况

数据来源：中华人民共和国统计局—国家数据—年度数据，由项目组计算整理，http：//data. stats. gov. cn/adv. htm？ m = advquery&cn = C01。

（五）民办职业教育发展障碍及对策

1. 民办职业教育发展的问题及障碍

民办职业教育作为我国职业教育的重要构成部分，在国家政策扶持下，取得了长足发展，目前占我国整个职业教育10%以上的份额，为我国职业教育发展做出了重要贡献。一是它有效缓解了政府公共财政投入不足，填补了教育资源短缺；二是为职业教育体制创新探索了一条新路，促进了职业教育机制的灵活性和职业技术人才培养的实效性；三是为社会大众提供了多样化教育选择，体现了教育公平。但同时也存在不少问题及发展的障碍。

（1）民办职业教育由于受传统观念的影响而缺乏吸引力

2010年以来，民办中等职业教育的学校数、招生数、在校生数连年下降，学校规模占全国所有中职学校的1/5左右，而招生数和在校生数均为1/10左右。近几年民办职业教育招生水平整体上占比有所下降，这一现象应该引起高度重视。值得反思的是，一方面职业教育作为一种有从市场获取资源能力的教育类型，本应有更多社会资金进入的领域，事实上却缺乏对社会资金的吸引力，反而是义务教育领域，对投资者更具吸引力；另一方面传统观念对民办职业教育缺乏正确认识，也是造成缺乏吸引力而影响民办职业教育发展的重要障碍。

（2）民办职业教育仍然缺少相对公平的平台

民办职业教育除遭受社会偏见之外，最大的偏见和不公还是来自于政策上无法体现与公办职业教育享有的平等待遇。第一，截至2016年12月，全国已经有27个省（市、自治区）出台了中等职业教育生均拨款制度，其中只有重庆市明确规定了民办中职享受同等待遇。而高职的生均经费制度全部是面向公办学校；第二，国家出台的免学费政策同样适用于符合条件的民办中职学校，但在地方政府具体落实政策过程中，存在偏爱公办职业学校而刁难民办职业学校的状况，事实上为民办职业教育学校发展设置了层层障碍；第三，身份方面设置重重障碍。民办职业学校师生参与特定活动的权利受到很大限制，例如职称评定、进修培训、表彰奖励等方面，也造成了教师资源流失和不足，进而影响教学质量和社会声誉的下降。凡此种种造成民办职业教育处于竞争的不利地位。

（3）办学质量的基础管理不够牢靠

民办职业学校总体上给社会的印象是管理规范性不够，随意性相对过大，容易逃离监管，在招生、教学管理、课程设置、实践教学等方面容易形成“长官意志”，一些制度形同虚设。有的学校追求利益高过对职业教育理念的追求，造成了不好的社会影响，导致招生困难，形成恶性循环。比如把学生作为“学生工”输送到企业赚钱，收取的学费挪作他用，严重背离了办学方向。

2. 民办职业教育发展对策

（1）坚定职业教育理念，坚持依法办学

民办职业教育最不能丢弃的就是职业教育理念，国家需要明确民办职业教育地位，将其以法律形式规范化。在法律中明确指出“民办职业教育”的范畴，对民办职业教育的性质、层次等做出具体规定；明确政府对民办职业教育的法律责任，明确民办职业教育在国家各类财政资金拨款、生均经费和补助等方面享有的权利；出台鼓励和支持民办职业教育发展的意见，落实支持民办职业教育发展的措施，增强民办职业院校的办学自主权。通过不断完善相关法律法规，转变政府管理民办职业教育的方式与手段，实现从行政管理向法制管理、经济管理和行政管理相结合的方向转变，减少行政干预，更多地运用政策、经济和法律等手段进行管理和调控。就学校而言，必须将政府的普遍性制度要求和自身的实际制度建设紧密结合起来，保持制度的持久性和稳定性；就社会而言，则需要积极培育中介组织，建立共同参与和评价的功能。通过这些措施，创设更加公平的政策环境来扶持民办职业教育发展。

（2）提升民办职业教育的社会吸引力

民办职业教育吸引力的提升，首先需要国家给予相应的扶持政策，吸引有志于教育事业的企业家愿意并能够顺利进行资金资源的投入，能够有效利用企业集团资源优势，结合企业生产技术技能要求，为一线生产的人才需求服务，将举办职业教育的企业自身利益和规模化技能人才培养的社会利益有效地统一起来，消除制约我国民办职业教育规模扩大的障碍因素。政府做好民办职业教育发展方向、规模、层次等统筹规划，发挥好资金引导作用，做到“投入见效、投入有益”，做好政府服务职能重于监管职能，真正把民办职业教育从内心看成国家的职业教育去关怀、去爱护，出台各种政策坚定地给予扶持和优惠，鼓励企业、个人和社会团体对教育捐赠和出资办学，在全社会营造良好的舆论氛围，对企业、团体、个人创办或者捐资办学者予以奖励和表彰，并加大宣传，提升职业教育的吸引力。

（3）努力为民办职业教育提供公平的竞争平台

民办职业教育发展的道路本身就困难重重，经常处于竞争的劣势，如果政府不能建立一个有效的公平竞争平台，那么民办职业教育的命运就可想而知。因此，政府应确保公办与民办职业教育处于同一竞争平台上，没有政府的力量，公平的竞争平台是无法建立的，所以，在师资配置、队伍建设、参与活动等方面，要打破身份限制而给予同等权利和待遇。《民办教育促进法》（修订版）第二十八条规定："民办学校的教师、受教育者与公办学校的教师、受教育者具有同等的法律地位。"《纲要》重申要"依法落实民办学校、学生、教师与公办学校、学生、教师平等的法律地位"。但实践中落实不力，真实的效果不尽如人意，公平参与权利的实现障碍重重。公平的竞争平台对民办职业教育发展至关重要。

（4）民办职业教育要坚持重视特色发展

民办职业教育应把有限的资源用在特色发展方面。职业教育要有重点地进行特色发展，主攻某一领域或方向的技术和技能，对技能人才培养坚定地走"专""精"路线，切实保障培养质量，注重学生"专""能"结合，创新发展，树立良好的职业教育品牌效应，把职业教育的使命和企业使命对接起来，主动适应社会经济、社会发展和产业结构调整对职业技能人才的需求，利用自身灵活的机制，注重办学的实践性和有效性。只要目标明确、特色鲜明、技能过关，民办职业教育就大有用武之地。

五、2009—2016 年技能人才培养的职业培训状况

职业培训也是职业教育中培养职业技能人才的重要途径之一。职业培训主要是针对有培训需求的劳动者，依据职业标准开展的各类培训。一般表现为非学历职业教育和职业机构开展的各类职业技能培训。职业技能培训机构主要承担并完成技术技能人才的培养任务，为社会培养具有职业技能的劳动者。我国职业培训机构主要包括技工学校、就业训练中心、综合培训基地及培训集团、社会力量办学、企业职工培训中心等。社会力量办

学已经成为我国职业技能培训的重要补充。社会力量开办的职业培训机构是指企事业组织、社会团体及其他社会组织和公民利用非国家财政性教育经费，面向社会举办实施以职业技能为主的职业资格培训、技术等级培训的教育机构以及实施劳动就业职业技能培训的教育机构。社会力量办学机构在我国得到了前所未有的发展，我国有关法律法规做出了相应鼓励性促进性的规定。如《职业教育法》规定，国家鼓励企事业组织、社会团体、其他社会组织及公民个人按照国家有关规定举办职业学校、职业培训机构。《社会力量办学条例》规定，国家对社会力量办学实行积极鼓励、大力支持、正确引导、加强管理的方针。1997 年颁布实施的《社会力量办学条例》作为促进社会力量办学的重要行政法规，在调动各方面的办学积极性，鼓励、引导和规范办学行为方面，发挥了积极重要的作用。

根据我国《职业教育法》的规定，职业培训机构的设立必须符合下列基本条件：有组织机构和管理制度；有与培训任务相适应的教师和管理人员；有与进行培训相适应的场所、设施、设备；有相应的经费。职业培训机构的设立、变更和终止，应当按照国家有关规定执行。联合开办职业培训机构，开办者应当签订联合办学合同。职业培训机构的培训对象主要包括：初次求职人员、下岗职工和失业人员、在职人员、转岗转业人员、出国劳务人员、境外就业人员、个体劳动者；农村向非农产业转移进城务工的人员和农业劳动者；需要提供专门职业培训的妇女、残疾人、少数民族人员和现役军人及军队转业人员；其他需要学习、掌握和提高职业技能的劳动者。

（一）2016 年职业技能培训概况

通过各类院校进修培训以及职业技术培训机构参加培训，取得各等级资格证书和岗位培训证书是我国提升职业技能人才综合素质的一条重要途径。2016 年，全国接受各种非学历高等教育的学生 725.84 万人次，当年已毕（结）业 907.54 万人次；接受各种非学历中等教育的学生达 4462.69 万人次，当年已毕（结）业 4720.63 万人次。

全国职业技术培训机构 9.34 万所，比 2015 年减少 0.56 万所；教职工 45.08 万人；专任教师 26.39 万人。[①] 全国共有 1854 万人参加了职业技能

① 数据来源：2016 年全国教育事业发展统计公报，2017 - 07 - 10，项目组进行了整理，http：//www.gov.cn/shuju/2017 - 07/10/content_ 5209370.htm。

鉴定，1554.28 万人获得了不同等级的职业资格证书。[①]

（二）2009—2015 年中等职业教育的职业培训发展变化情况

表 2-8 为 2009—2015 年我国非学历中等职业教育结业生数、资格培训结业生数和岗位证书培训结业生数的情况。数据表明，非学历中等职业教育结业生数从 2009 年的 6112.75 万人，到 2015 年减少到 4909.075 万人，其间一直呈现减少萎缩的状态。但资格证书培训结业生数和岗位证书培训结业生数同期呈现增长状况，分别由 2009 年的 601.47 万人、700.21 万人，增长到 2015 年的 775.9 万人和 1224.08 万人。这一情况表明，更接近企业岗位实际需求的职业技能人才培训有更好的发展前景。

表 2-8 2009—2015 年中等职业教育的职业培训发展变化 单位：万人

指标/年份	2009	2010	2011	2012	2013	2014	2015
结业生数	6112.75	5986.37	5842.502	5537.045	5340.335	5084.48	4909.075
资格证书培训结业生数	601.47	579.26	761.43	863.1	869.3	828.3	775.9
岗位证书培训结业生数	700.21	679.26	979.86	1227.21	1278.2	1182.12	1224.08

数据来源：中华人民共和国统计局—国家数据—年度数据，由项目组计算整理，http：//data.stats.gov.cn/adv.htm？m = advquery&cn = C01。

（三）2009—2015 年中等职业学校的职业培训发展变化情况

表 2-9 展示了 2009—2015 年我国非学历中等职业学校的职业培训发展情况的数据，从数据可以看出，中等职业学校的职业培训结业生数从 2009 年的 682.24 万人，减少到 2015 年的 529.58 万人；而资格证书培训结业生数、岗位证书培训结业生数不同程度地有所增加，反映出有更多同学对资格证书和岗位证书的关注和追求，更多属于职业技能人才市场需求引导的结果。

表 2-9 2009—2015 年中等职业学校的职业培训发展变化 单位：万人

指标/年份	2009	2010	2011	2012	2013	2014	2015
结业生数	682.24	734.08	695.91	713.68	624.74	604.95	529.58
资格证书培训结业生数	198.23	208.85	264.68	268.35	246.75	249	204.72
岗位证书培训结业生数	169.33	172.9	201.9	208.81	204.84	185.82	169.65

数据来源：中华人民共和国统计局—国家数据—年度数据，由项目组计算整理，http：//data.stats.gov.cn/adv.htm？m = advquery&cn = C01。

① 人社部：《2016 年度人力资源和社会保障事业发展统计公告》。

（四）2009—2015年职业技术培训机构的职业培训发展变化情况

表2－10列出了2009—2015年我国非学历职业技术培训机构的职业培训发展情况的数据，从数据可以看出，职业技术培训机构的职业培训结业生数从2009年的5430.513万人，减少到2015年的4379.497万人，减少了1051.016万人；而资格证书培训结业生数、岗位证书培训结业生数分别持续增长，分别从2009年的403.25万人、530.88万人，增长到2015年的571.19万人、1054.43万人，分别增长了167.94万人和523.55万人，增幅巨大。这反映出有更多劳动者希望通过资格证书和岗位证书得到企业的认可，也反映了企业对职业技术机构开展的职业技术培训的一种社会认可。

表2－10 2009—2015年职业技术培训机构的职业培训发展变化 单位：万人

指标/年份	2009	2010	2011	2012	2013	2014	2015
结业生数	5430.513	5252.292	5146.588	4823.361	4715.597	4479.529	4379.497
资格证书培训结业生数	403.25	370.4	496.75	594.75	622.55	579.3	571.19
岗位证书培训结业生数	530.88	506.36	777.96	1018.39	1073.35	996.31	1054.43

数据来源：中华人民共和国统计局—国家数据—年度数据，由项目组计算整理，http：//data.stats.gov.cn/adv.htm？m=advquery&cn=C01。

（五）2009—2015年高等教育的职业培训发展变化情况

高等教育的非学历教育是我职业培训的一个重要组成部分。一般而言，高等院校等机构会根据市场需求做出培训安排，包括两种情况：一是根据社会需求主动举办各种培训，例如各种资格证书培训；二是接受社会组织或企业请求开展针对性的定向培训，例如进修及培训，岗位证书及培训。以上两个方面，都包含了岗位职业技能培训的要素。表2－11显示，高等教育的非学历教育培训一直处于快速增长状态，进修及培训的结业生数、资格证书培训结业生数、岗位证书培训结业生数，分别从2009年的507.3449万人、109.4037万人和118.488万人，增长到2015年的891.3268万人、242.6509万人和276.8653万人，其中资格证书培训结业生数、岗位证书培训结业生数增长均超过100%，并且近几年增长速度加快，反映社会对非学历教育的需求旺盛，也说明更加注重实效性和贴近岗位对人员职业技能需求成为一种社会趋势。

表 2-11 2009—2015 年职业技术培训机构的职业培训发展变化 单位：万人

指标/年份	2009	2010	2011	2012	2013	2014	2015
结业生数	531.702	712.555	677.1796	778.5349	933.7748	920.2798	907.5383
进修及培训结业生数	507.3449	688.2371	648.0856	755.0132	909.4537	901.8734	891.3268
资格证书培训结业生数	109.4037	131.551	201.7012	225.0573	235.1305	223.3496	242.6509
岗位证书培训结业生数	118.488	106.9856	178.5514	215.9604	250.4684	251.7423	276.8653

数据来源：中华人民共和国统计局—国家数据—年度数据，由项目组计算整理，http：//data. stats. gov. cn/adv. htm？ m = advquery&cn = C01。

六、我国技能人才培养与劳动力市场需求对接状况

职业教育对技能人才的培养具有独特的教学优势，可以说与市场对接的能力非常强大，市场需要什么技能人才，职业教育就会针对这种需求做出快速响应，而且劳动力市场的双方都非常钟爱这种有效的对接能力，使得职业教育经过多年历练变得越来越成熟，具备了职业技能人才培养特有的教学优势：一是培训体系成熟。职业教育在人才培养的方面瞄准实用性，选择的方向非常专业精准，内容完整配套，是市场细分化的典型，对大众具有极强的吸引力。二是成本低。职业教育一般都是以实战教学为导向，强化训练符合社会和企业需求的专业人才，用1~2 年的强化学习，成本低，见效快，容易就业。三是为学习者提供了更大的发展“空间”。职业教育培养模式具有很大的灵活性，人才培养过程有更多选择，能力有多强，发展空间就有多大，可以在技能学习的同时，选择获得自考、成人或者研究生学历的发展空间，也可以选择直接就业，每一个学员完全可以根据自己的实际情况做出安排。

为了让上述职业教育教学优势得到不断提升，满足劳动力的市场需求，政府采取的如下措施可以继续完善。①

（一）举行由政府主导的校企对话

校企对话由政府来主导，可以最好发挥政府的优势地位，提高产教信

① 本部分内容参考：教育部职业技术教育中信研究所，《中国职业技术教育与培训国家报告》。

息的真实融合度。校企对话就是要在校企之间建立相互交流沟通、深度合作的平台，使职业教育的技能人才培养和企业需求实现有效对接，把职业技能人才培养与发展的任务由校企共同承担，从而产生合作双赢的结果。从2010年开始，全国范围内先后开展了90多次的校企对话活动，已经成为深度构建产教结合、校企合作机制的重要载体和形式。

（二）由上而下建立专业而权威的指导委员会

成立全国行业职业教育教学指导委员会对职业技能人才培养具有战略规划的意义和实践价值，既能更加贴近行业企业实际需求，又能深度理解与融合实际问题来指导职业教育教学工作的方向，甚至详细的专业教学设计及过程培养的质量管理工作指导，使校企职业技能人才达到最佳对接。

全国行业职业教育教学指导委员会由行业主管部门或行业组织牵头组建和管理，是对相关行业（专业）职业教育教学工作进行研究、指导、服务和质量监控的专家咨询组织。62个全国各行业职业教育教学指导委员会自2010年成立及2012、2015年两次调整以来，按照服务国家战略的要求，紧紧围绕职业教育中心工作，积极发挥研究咨询和指导服务作用，带动了职业教育与产业对话协作机制的形成，进一步促进了职业教育更好地为产业发展服务，加强与产业的协作，促进信息交流，拓展合作渠道，密切人才培养与行业企业人才培养需求的联系。

（三）引导职业教育集团化

职业教育教学的自身特点和本质，决定了其采用集团化模式能够激发最大的功能潜质和能量，集团化优势会得到最大的发挥，能够把集团力量及内部动能运用到极致，可以很好地把集团组织各个独立法人的利益及资源优势协调统一起来，把职业教育技能人才培养所需要的资源环境条件进行共享并使其充分地加以利用，形成规模、技能、资源、机制等的集团优势，促进职业技能人才培养与市场需求的最佳结合，而市场需求的动力相当一部分来自于集团内部。

职业教育集团化办学是以职业教育集团为组织基础的办学行为。职业教育集团是指由多个具有独立法人资格的组织机构组成，以契约、资产等形式为联结纽带，以集团章程为共同行为规范，以合作开展人才培养培训、技术技能积累、社会服务活动等为主要任务，以提升人力资本素质，促进产教结合和协同创新为目的的合作办学组织。

截至2016年底，全国已经组建职业教育集团1472个，成员单位4.05万个，其中，中职学校5537所，高职学校2952所，本科高校674所，行业协会1881个，企业25339个，政府部门1942个，科研机构846个，其他机构1343个。根据信息完整的909家职教集团统计，集团内部共享实习实训设备设施总价值2834亿元，投入建设经费1129.8亿元，9.63万名企业人员到职业院校兼职任教，36.53万名职业院校教师到企业专业实践。

（四）探索现代学徒制的技能人才培养模式

企业学徒制是我国传统的企业技能人才培养模式与方法，一直发挥着积极而有效的重要作用。现代社会经济发展与技术革命的结合，改变了传统企业以人工劳动为主的师徒技能训练模式与人才培养的方式方法，现代学徒制的有效运作必须加入现代企业的更多特征元素，如现代新工艺技术、现代组织结构、互联网的运用、远程智能控制等元素的加入，传统学徒制的人才培养模式已经无法满足职业技能人才快速成长与发展的要求，因此，探索现代学徒制的职业技能人才培养模式就成为政府部门战略思考的一项重要任务。

建立现代学徒制是职业教育主动服务当前经济社会发展要求，推动职业教育体系和劳动就业体系互动发展，打通和拓宽技术技能人才培养和成长的通道。近年来，教育部把推动开展现代学徒制试点作为工作重点。2013年，委托部分地区、科研机构、职业院校与企业，开展现代学徒制理论研究和实践探索。2014年8月以来，印发了《关于开展现代学徒制试点工作的意见》以及《关于开展现代学徒制试点工作的通知》，对试点工作进行全面部署，选择部分地区、职业院校、行业企业开展试点工作。目前已经有165个地区、行业和院校开展试点，取得实践经验后将作为典型案例向全国推广。

第三章

2009—2017年技能人才供给与需求的发展变化情况①

基于多年来中国人力资源市场信息检测中心有关职业技能人才的市场检测数据，来分析我国职业技能人才供给与需求的发展变化状况，从中可以感受职业技能人才发展变化现状及前景，从而更好地把握市场变化和职业技能人才的发展趋势。2009—2017 年中国职业技能人才的供给与需求发展变化情况分析，可以从过去、现状与发展趋势，为相关职业院校、职业教育企业、研究单位、政府等准确、全面、迅速了解职业技能人才多年来的真实发展变化动向，以此作为制定发展战略的重要依据和参考。

一、2009—2017 年劳动力市场供给与需求的总体情况

对劳动力市场总体的职业供求变化情况开展分析和了解，有利于在中国劳动力市场这个大背景下，分析职业技能人才供给与需求发展变化所具有的特点和趋势，能够彰显它们之间的相同与不同之处。

2009 年之前，我们选用 2001—2009 年的监测数据，如图 3 - 1 所示，

① 本章所有图表数据均来源于中国就业网，http：//www.chinajob.gov.cn/EmploymentServices/node_ 1066.htm。中国人力资源市场信息检测中心关于城市公共就业服务机构市场公共信息数据，本章后面的图表数据来源不再详细标示说明。由于每年的统计城市、数量均有变化，项目组选用了岗位空缺与求职人数比率这个指标开展分析，它能够更好地真实反映多年来的劳动力市场供求变动状况。同时，由于数据不全，部分年份数据用某季度数据代替，并不影响发展趋势的分析。

中国人力资源市场信息监测中心的各年有关城市公共就业服务机构的市场公共信息，图中数据采用了求人倍率，即“岗位空缺与求职人数的比率”①指标，反映了2001—2009年我国劳动力市场职业供给与需求的总体变化情况。从图示的数据变化可以看出，从2001年开始，劳动力市场总体情况是劳动力总量供大于求，表明市场中每个岗位需求所对应的求职人数是无法满足的，但劳动力总量的供求关系一直在改善；2004年以后，尽管劳动力总量仍然是供大于求，但基本接近平衡。

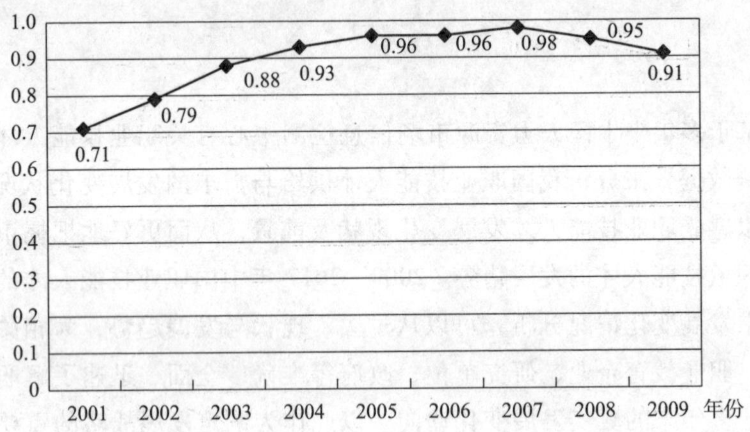

图3-1　2001—2009年我国劳动力市场职业供给与需求总体变化情况

数据来源：中国就业网，http：//www.chinajob.gov.cn/EmploymentServices/node_1066.htm，由项目组整理。

2009年以后，与2009年之前各年情况相比，总体劳动力市场的职业供求关系发生了变化，见表3-1。从2010年开始，求人倍率一直维持在1.0以上，经过逐年增长，大致维持在1.1左右，说明2009年之后的劳动力市场总体情况是劳动力总量需求大于供给。可能有人会怀疑此处数据是否符合实际，认为最近几年找工作很困难，其实就业难的劳动力供求关系是一个结构性问题。

2009—2017年劳动力市场职业供给与需求总体变动状况如图3-2所示。图中说明了近年来劳动市场的职业供求关系，出现了总体上的劳动力短缺。在这个大背景下，近年来我国职业技能人才的市场供求关系如何？

① 求人倍率：岗位空缺与求职人数的比率=需求人数/求职人数，表明市场中每个岗位需求所对应的求职人数。如0.8表示10个求职者竞争8个岗位。

我们将在下一个问题中来进行相关数据分析。从图中曲线变化可以预计，劳动力总体相对短缺与技能人才的相对短缺在我国将会成为常态。

表 3-1　2009—2017 年我国劳动力市场职业供给与需求总体变化情况

年份/项目	劳动力市场总体供求情况	
	求人倍率	与去年同期变化
2009	0.91	-0.04
2010	1.01	0.10
2011	1.07	0.07
2012	1.08	0.04
2013	1.10	0.02
2014	1.11	0.01
2015	1.10	-0.05
2016	1.13	0.03
2017	1.11	0.05

数据来源：中国就业网，http：//www.chinajob.gov.cn/EmploymentServices/node_1066.htm，由项目组整理。

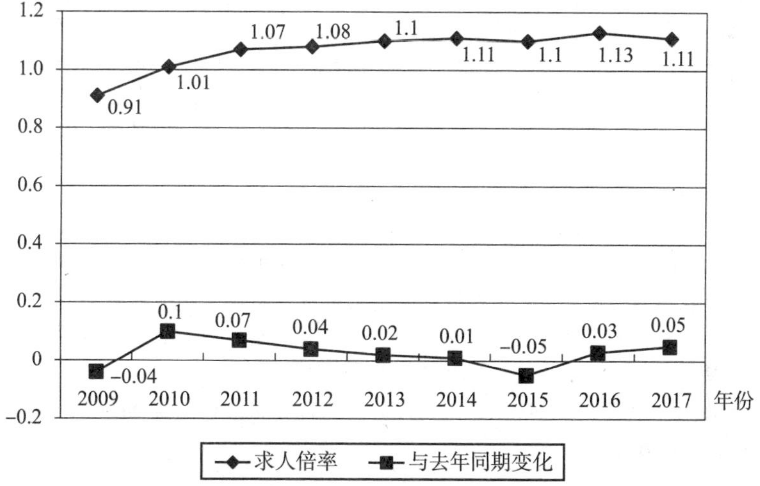

图 3-2　2009—2017 年劳动力市场职业供给与需求总体发展变动状况

数据来源：中国就业网，http：//www.chinajob.gov.cn/EmploymentServices/node_1066.htm，由项目组整理。

二、2009—2017 年技术等级人才的供给与需求发展变化情况

职业技能人才的市场发展变化情况，也可以按各职业技术等级的供给与需求的变化发展状态来反映，参见表 3－2，与我国市场劳动力总体供需情况的求人倍率相比，职业技能人才在 2009—2017 年的求人倍率均比较高，说明劳动力市场对职业技能人才的需求旺盛，一直处于供不应求的状况。也就是说，职业技能人才从 2009 年以来总体上一直处于较为短缺状态，而且这种技能人才的短缺，在高级技能、技师和高级技师三个等级更为突出，供求缺口相对较大。

表 3－2　2009—2017 年技术等级人才的供给与需求发展变化情况

项目 年份	不同技术等级的求人倍率及其变化				
	初级技能	中级技能	高级技能	技师	高级技师
2009	1.38	1.39	1.57	1.84	1.86
2010	1.47	1.48	1.63	1.87	1.89
2011	1.48	1.5	1.71	1.77	1.45
2012	1.48	1.45	1.75	2.49	2.66
2013	1.49	1.51	1.66	1.89	1.58
2014	1.51	1.63	1.8	2.01	1.91
2015	—	—	1.79	1.9	1.89
2016	—	—	1.96	2.16	1.95
2017	—	—	1.99	2.03	1.84

注：由于官网数据不全面，为了进行对比，表中部分年份数据用某季度的数据来代替，会存在一些误差，但对于各等级技能人才的总体趋势分析影响较小。2015 年以后中国就业官网公布信息数据的简化版，产生了对比数据的缺失。2015—2017 年的各等级求人倍率数据，均小于同一行中同类出现的最小数据。

数据来源：中国就业网，http：//www.chinajob.gov.cn/EmploymentServices/node_1066.htm，由项目组整理。

从表 3－2 的数据中可以看到，市场对具有技术等级的技能人员的需求均大于供给。尽管 2015—2017 年存在数据缺失，但技能人才总体短缺的状况没有改变，而且技能人才供求缺口有所加剧并成为市场常态。表中整体数据均表明，2009—2017 年高级技能的求人倍率基本在 1.57 以上，曾经在 2016 年达到 2.02，说明市场中 10 个高级技能求职者面对 20.2 个岗位；

2009—2017 年技师等级的求人倍率在 1.77 以上，最高是 2012 年达到 2.49，说明市场中 10 个技师求职者面对 24.9 个岗位；2009—2017 年高级技师的求人倍率在 1.45 以上，2012 年最高达到 2.66，说明市场中 10 个高级技师求职者面对 26.6 个岗位。对比求人倍率变化情况，说明我国职业技能人才培养与发展的任务十分艰巨。

从各年度情况看，高级技师（职业资格一级）、技师（职业资格二级）、高级技能（职业资格三级）、中级技能（职业资格四级）和初级技能（职业资格五级）岗位空缺与求职人数的比率，2009—2017 年度呈现小波折的持续上升态势，2012 年以后部分等级出现回落，但仍处高位，高技能人才依然供不应求。

2015 年的用人需求与 2014 年同期相比，从技术等级看，除对技师（+9.1%）的用人需求有所增长外，对其他各类技术等级的用人需求均有所减少。2016 年的用人需求与 2015 年同期相比，从技术等级看，除对高级技师（+6.1%）、高级技能（+5.5%）的用人需求有所增长外，对其他技术等级的用人需求均有所减少。2017 年第二季度的用人需求与 2016 年同期相比，对具有高级技能以上技术等级劳动者的用人需求均有所增长。增长幅度较大的有：高级技师（+23%）、技师（+21%）、高级技能人员（+12.3%）。

2015 年的求职者与 2014 年同期相比，各技术等级的岗位空缺与求职人数的比率均大于 1。其中，技师、高级技师岗位空缺与求职人数的比率较大，分别为 1.9、1.89。2016 年与 2015 年同期相比，各技术等级的岗位空缺与求职人数的比率均大于 1。其中，高级技能、高级技师岗位空缺与求职人数的比率较大，分别为 2.02、1.95。2017 年第二季度与 2016 年同期相比，各技术等级的岗位空缺与求职人数的比率均大于 1。其中，高级技能人员、技师、高级技师岗位空缺与求职人数的比率均表明，三者的技能需求旺盛。

三、2009—2017 年用人需求对技术等级有明确要求的发展变化状况

从表 3-3 可以看出，2009—2017 年用人需求对职业技术等级或专业

技术职称有明确要求的变化状况。从2009年到2012年，用人单位的岗位需求对劳动者的技术等级或专业技术职称有明确要求的，占整个空缺岗位的比例一直在上升，2012年达到一个比例高点为60.7%，其后有所回落，但仍然处在高位运行。相应的用人需求对职业技术等级有明确要求的，占整个空缺岗位的比例一直维持在35%左右，各年对技术等级有要求的比例一直高于对专业技术职称有要求的比例。

表3－3 2009—2017年用人需求对职业技术等级有明确要求的变化情况①

单位：%

年份/项目	用人需求对劳动者资格证书或职称证书有明确要求	
	技术等级或专业技术职称占比	技术等级占比
2009	50.5	—
2010	49.0	—
2011	51.1	—
2012	60.7	—
2013	57.6	39.0
2014	52.8	35.0
2015	57.8	35.8
2016	54.2	34.5
2017	55.0	34.8

数据来源：中国就业网，http：//www.chinajob.gov.cn/EmploymentServices/node_1066.htm，由项目组整理。

四、2009—2017年求职者具有技术等级的发展变化情况

从表3－4可以看出，2009—2017年求职者具有职业技术等级或专业技术职称的变化状况。从2009年到2013年，求职者具有技术等级或专业技术职称的，占整个求职者的比例一直在上升，2013年达到一个比例高点为58.4%，其后有所回落，但回落幅度很小，仍然处在高位运行中。相应

① 技术等级是指以国家职业资格证书为凭证的职业技能水平，专业技术职称是指以国家认可的专业技术职务证书为凭证的专业技术水平。在调查中，技术等级和专业技术职称相互独立，以招聘要求或个人具有的最高等级或水平为准进行统计。

的求职者具有技术等级资格证书的占全体求职者的比例，一直维持在36%左右，各年求职者具有技术等级资格证书的比例一直高于具有专业技术职称证书的比例。

表3-4　2009—2017年求职者具有职业技术等级的变化情况　单位：%

年份/项目	求职劳动者具有技术等级者占市场求职比例	
	技术等级或专业技术职称占比	技术等级占比
2009	42.1	—
2010	48.6	—
2011	52.2	—
2012	58.3	—
2013	58.4	40.6
2014	54.7	36.5
2015	57.5	36.5
2016	54.0	35.7
2017	52.9	34.1

数据来源：中国就业网，http://www.chinajob.gov.cn/EmploymentServices/node_1066.htm，由项目组整理。

第四章

2017年职业技能人才发展现状调查与分析

一、技能人才发展调查的范围确定

本次调查项目及内容的设计是根据本次调查目的来确定的，经过多次反复讨论修改形成最终 35 道题目。为了确保调查范围和调查对象把握准确，本次调查范围是以中国区域内企业为随机抽样调查对象，本次调研主要是为了了解我国企业的职业技能人才状况，但为了进行对比分析，调查过程中把企业全体员工的部分情况作为调查对象。本次调查的“职业技能人才”主要是指在企业生产、运输与服务等一线岗位中，掌握专门知识与技能，具有丰富的实践经验与良好的操作技能，能在实际工作中解决关键技术与工艺性操作难题的人才，主要包括技术技能劳动者中取得高级技工、技师、高级技师及以上职业资格证及具备相应资质与水平的人才。但“职业技能人才”都有一个成长与发展的过程，本次调查就是希望了解“职业技能人才发展”，所以，把调查对象进行了扩大，扩大到从最初职业院校的培养到企业实践经验学习积累过程的所有技能人员，假设都可能成为所希望的技能人才。项目组通过调查，研究他们发展与成长的过程，在发展过程中，往往伴随着社会经济发展、产业结构转型升级和高新技术创新及应用，技能人员要保持在每一次变革中的适应性而不掉队，就必须具有学习新技能的能力，项目组通过了解这样一个复杂过程中的人才发展与成长因素，希望有更多的优秀高技能人才出现。本次在全国范围内开展调查，项目组采用发放调查问卷和电话访谈的方式，走访了部分企业，发放调查问卷 1600 份，实际获得调查问卷 81 份，调查问卷回收情况不理想，

但通过电话访谈和收回的问卷，也可以基本了解我国企业技能人才的发展状况。

项目组实施电话访谈和问卷调查起始于2017年7月8日，2017年9月8日调查问卷收集完成。

二、技能人才发展调查的基本数据分布情况

项目组对全国企业进行了随机的问卷调查和访谈，实际收回调查问卷105份，有效调查问卷81份，其中被调查的企业整体情况分布如下：

（一）调查对象的区域分布

本次调查属于随机抽样调查，提交调查问卷有效份数最多的区域是北京市29家、河北省8家、山西省7家，分别占总数的比例为35.8%、9.88%和8.64%，调查对象的总体分布如图4－1所示，图中数据是各区域参与调查企业占全国参与调查企业总数的比例情况。

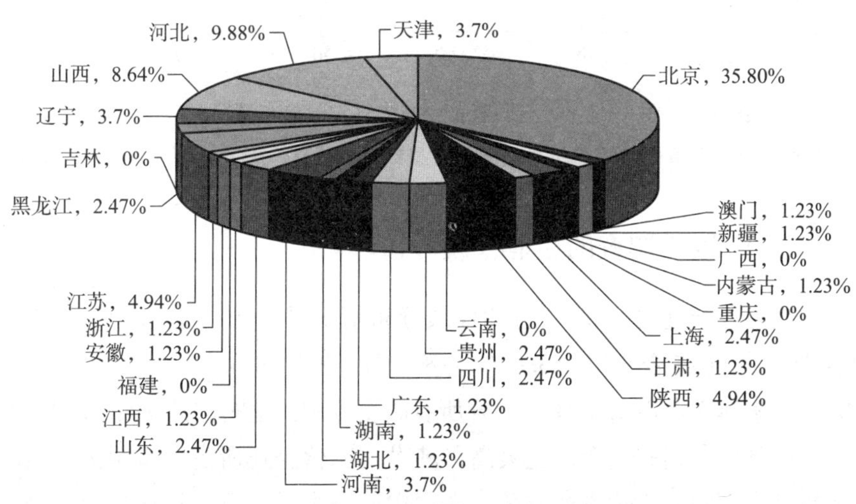

图4－1　2017年参与调查企业的区域分布情况

数据来源：由项目组根据问卷调查数据整理计算得出。

（二）调查对象的成立时间分布

如图4－2所示，在被调查的企业中，从成立时间看参与问卷调查的企

业，根据其成立年限情况，成立5年内的企业6家，占7.41%；成立6~10年的企业10家，占12.35%；成立11~15年的企业11家，占13.58%；成立16~20年的16家，占19.75%；成立20年以上的企业38家，46.91%。由此可见，参与调查的企业中老牌企业居多，成立年限在20年以上的占到46.91%，5年以内成立的企业仅占到7.41%。这一调查结果表明，职业技能人才在老牌企业得到了最积极的回应，也许与企业的性质和企业对职业技能人才的关注度有关。

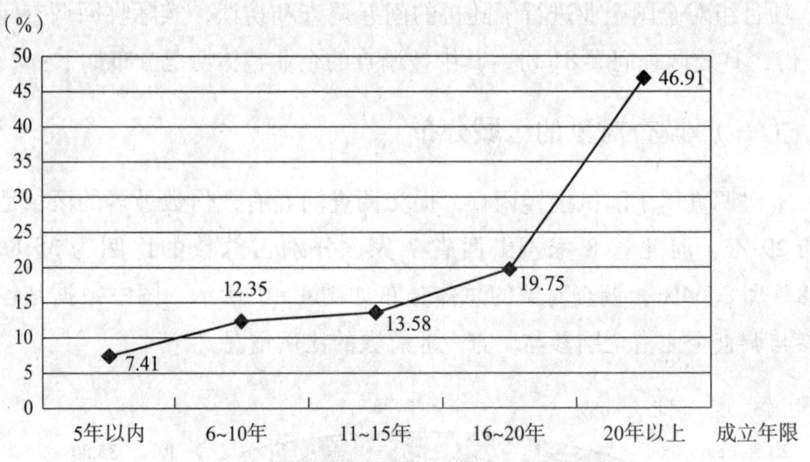

图4-2　参与调查企业的成立年限分布情况

数据来源：由项目组根据问卷调查数据整理计算得出。

（三）接受调查的企业性质分布

本次参与调查的81家企业的性质分布情况见表4-1，参与问卷调查的企业中，国有企业占53.09%，私营企业占30.86%，外资企业占4.94%，集体企业占2.47%，混合所有制企业和其他占比分别为1.23%和7.41%。其中，国有企业占比最高，其次是私营企业所占比重很大，也许与本次问卷调查的方式方法有关，在本次调查中，一是电话访谈以及会议现场动员填写问卷的人力资源管理人员中，国有企业和私营企业占有的比例均相对较高；二是项目组借助于北京物资学院人力资源管理专业校友的工作优势填写问卷，校友所在全国各地的国有企业和私营企业相对较多，导致了国有企业和私营企业占有的比例均相对较高。

表4－1 全国参与调查的企业性质分布情况

企业性质	企业数（个）	比例（%）
国有企业	43	53.09
集体企业	2	2.47
私营企业	25	30.86
外资企业	4	4.94
混合所有制企业	1	1.23
其他	6	7.41
合计	81	100

数据来源：由项目组根据问卷调查数据整理计算得出。

（四）接受调查企业的行业分布

参与问卷调查的企业所在行业的分布情况见表4－2。参与问卷调查的81家企业所在行业最多的是制造业、采矿业和“信息传输、软件和信息技术服务业”，这三个行业分别占参与调查企业总数的比例为33.33%、19.75%和9.88%。这三个行业参与调查的企业比较多，也都属于技能人才较多的行业，符合我们对技能人才发展情况开展调查的基本要求。其他行业参与调查的企业分布情况参看表4－2。

表4－2 接受调查的企业所在行业分布情况

行业选项	企业数（个）	比例（%）
农、林、牧、渔业	4	4.94
采矿业	16	19.75
制造业	27	33.33
电力、热力、燃气及水生产和供应业	5	6.17
建筑业	6	7.41
批发和零售业	4	4.94
交通运输、仓储和邮政业	4	4.94
住宿和餐饮业	3	3.7
信息传输、软件和信息技术服务业	8	9.88
金融业	7	8.64
房地产业	4	4.94
租赁和商务服务业	4	4.94
科学研究和技术服务业	6	7.41

续表

行业选项	企业数（个）	比例（%）
水利、环境和公共设施管理业	2	2.47
居民服务、修理和其他服务业	4	4.94
教育	2	2.47
卫生和社会工作	2	2.47
文化、体育和娱乐业	3	3.7
公共管理、社会保障和社会组织	2	2.47
国际组织	2	2.47

数据来源：由项目组根据问卷调查数据整理计算得出。

（五）接受调查企业的员工数量规模分布

本次接受调查的企业员工数量规模见表4－3，100人以内的企业17家，占接受调查企业总数的20.99%；101～500人的企业有15家，占接受调查企业总数的18.52%；501～1000人的企业有10家，占接受调查企业总数的12.35%；1001～5000人的企业有17家，占接受调查企业总数的20.99%；5000人以上的企业有17家，占接受调查企业总数的27.16%。由此可见，1000人以上的企业占接受调查企业的比例比较高，达到48.15%。

表4－3　接受调查企业的规模分布情况

员工数量范围	企业数（个）	比例（%）
100人以内	17	20.99
101～500人	15	18.52
501～1000人	10	12.34
1001～5000人	17	20.99
5000人以上	22	27.16
合计	81	100%

数据来源：由项目组根据问卷调查数据整理计算得出。

三、2017年技能人才结构状况调查及分析

（一）2017年技能人才结构的数量分析

关于参与问卷调查的企业员工数量情况，本项目组用“员工数量”

“技能人才数量”“技能人才占员工比例”这三个指标来分析。从表 4－4 可以看出，不同员工规模的企业技能人才与员工的比例关系情况，数据表明，接受调查的企业职业技能人才平均占比为 33.38%；比例最高的是 100 人以内的企业，占比为 52.26%；其次是 1001～5000 人的企业，占比为 51.93%。

表 4－4　不同员工规模的企业技能人才与员工的比例关系

企业员工数量规模	员工数量（人）	技能人才数量（人）	技能人才占员工比例(%)
100 人以内	995	520	52.26
101～500 人	4036	1664	41.23
501～1000 人	7948	2914	36.66
1001～5000 人	48750	25314	51.93
5000 人以上	2197983	723774	32.93
合计	2259712	754186	33.38

数据来源：由项目组根据问卷调查数据整理计算得出。

表 4－5 是不同规模的企业平均拥有技能人才的数量列表：100 人以内的 17 家企业，每家企业平均拥有技能人才 30.59 人；101～500 人的 15 家企业，每家企业平均拥有技能人才 110.93 人；501～1000 人的 10 家企业，每家企业平均拥有技能人才 291.40 人；1001～5000 人的 17 家企业，每家企业平均拥有技能人才 1489.06 人；5000 人以上的 22 家企业，每家企业平均拥有技能人才 32898.82 人。从调查结果看，企业拥有的技能人才数量，与企业所在行业及业务性质有关。参与调查的大型集团公司，凡是属于矿业及制造业的，决定了其拥有的技能人才数量相对比较多。

表 4－5　不同规模的企业平均拥有技能人才的数量情况

企业员工数量规模	企业数（个）	技能人才数量（人）	企业平均拥有的技能人才数（人）
100 人以内	17	520	30.59
101～500 人	15	1664	110.93
501～1000 人	10	2914	291.40
1001～5000 人	17	25314	1489.06
5000 人以上	22	723774	32898.82
合计	81	754186	9310.94

数据来源：由项目组根据问卷调查数据整理计算得出。

（二）2017年技能人才结构的性别情况分析

项目组对2017年6月底全国技能人才的性别构成进行了调查，关于企业技能人才的性别构成，调查结果如图4-3所示。男性技能人才占74.90%，女性职业技能人才占25.10%。关于男女比例，可以用职业性别隔离来描述。职业性别隔离是基于社会性别的概念，它是指由于社会的系统性因素，使男性和女性劳动者产生向不同行业或职位集中的社会构造现象。职业性别隔离分为水平隔离和垂直隔离。水平隔离是指女性劳动者难以进入某些所谓的"男性的工作"（如矿山、机械加工、搬运工等）。垂直隔离则是指在同一行业中，男性劳动者在数量上统治着职位与薪资较高的工作，而女性劳动者却相对遭到排斥。职业性别隔离情况在技能岗位表现得尤为明显，特别是本次调查对象企业数量排前三的行业是制造业、采矿业和"信息传输、软件和信息技术服务业"，其企业数量占到所有调查企业总数的62.96%，加上这三个行业的男性有一定的性别优势，男性比例高于女性比例很多，这种性别隔离程度在这三个行业表现得最为明显。

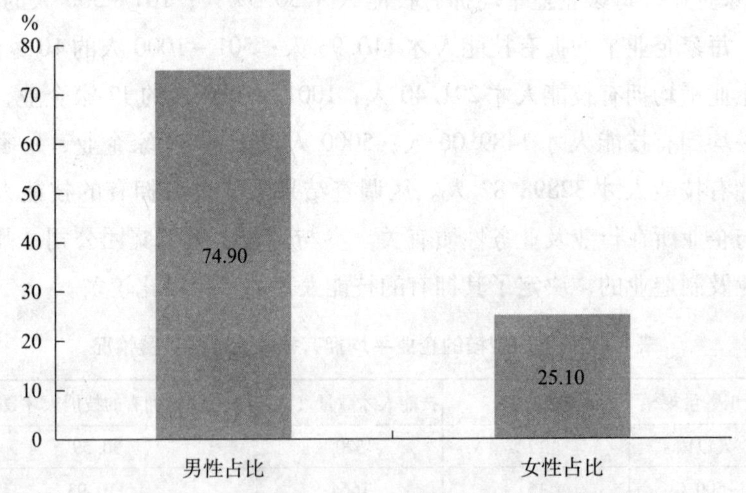

图4-3　接受调查企业的技能人才整体性别结构情况

数据来源：由项目组根据问卷调查数据整理计算得出。

技能类工作要求有很多在事实上是排斥女性的。比如，很多机械加工、焊接工、计算机维护等岗位强调操作及应用，而培养这类人才的专业

普遍存在男性多于女性的特点。从就业意愿来看，愿意继续从事这些专业的毕业生中，男性比例也高于女性。一些力量型技能工作，男性在完成工作方面有明显的优势。对企业来讲，女性劳动者会带来“性别亏损”是可以预见的，企业当然不会倾向于招收和培养女性技能劳动者。这不仅会导致男女在性别上的水平职业隔离，还会导致垂直职业隔离。

（三）2017 年技能人才结构的年龄情况分析

项目组对 2017 年 6 月底全国技能人才的年龄构成进行了调查，关于企业技能人才的年龄构成，调查结果如图 4－4 所示。项目组就企业技能人才的年龄分布进行了调查，调查结果发现，企业技能人才年龄主要集中分布在 30 岁以下年龄段，其比例为 36. 56%，这可能与接受问卷调查的企业有关。但项目组认为，关系更为密切的是技能岗位更需要有一定的体力和操作技巧的人员，企业在这些岗位总是希望招聘年轻者，而且随着工作年限增长，年龄大的员工会因为体力问题而流动，能够留下的也都是经验丰富、以传授技能经验为主的精英人才。31 ~ 40 岁年龄段占比为 28. 02%，41 ~ 50 岁年龄段占比为 22. 90%，51 岁及以上的职业技能人才比例较低，占比为 12. 51%。可见，随着年龄段的提升，职业技能人才的占比一直在下降，这种下降也具有一定的原因和道理。

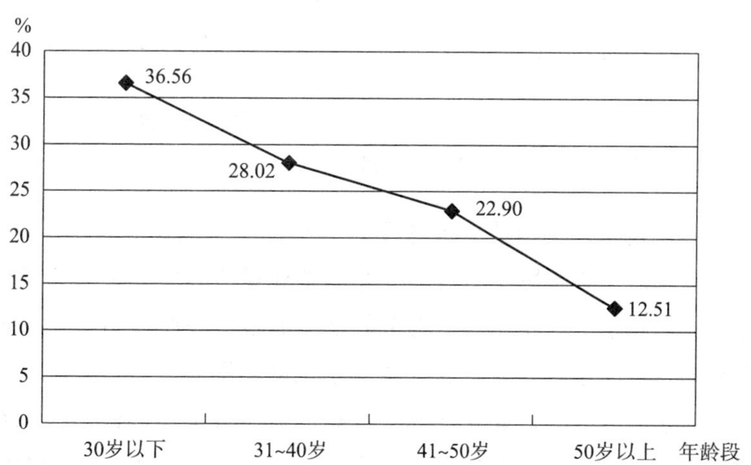

图 4－4 2017 年 6 月底企业技能人才各个年龄段占比分布情况

数据来源：由项目组根据问卷调查数据整理计算得出。

（四）2017 年技能人才结构的受教育程度情况分析

项目组对 2017 年 6 月底全国技能人才的受教育程度构成进行了调查，关于企业技能人才的受教育情况，主要围绕着“学历情况”展开调查的，调查结果如图 4－5 所示。就被调查的企业员工学历特征而言，企业技能人才的学历主要集中在大专和中专层面，二者占比达到 58.57%。大专技能人才占比最高，占 30.31%；其次是高中/高职/中专，占比为 28.26%；本科及以上学历的技能人才占比达 21.90%；初中及以下的技能人才最少，占比为 19.54%。

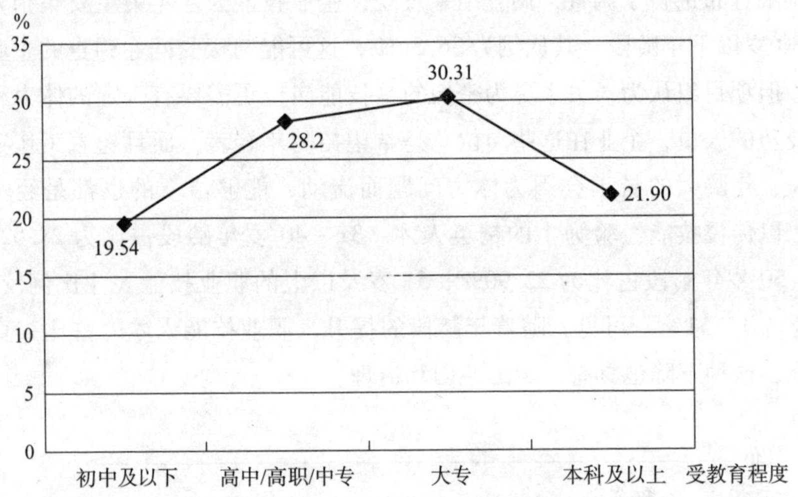

图 4－5　2017 年 6 月底企业技能人才的受教育程度分布情况

数据来源：由项目组根据问卷调查数据整理计算得出。

调查结果表明，我国技能人才受教育程度仍然有进一步提升的空间，受教育程度偏低，直接影响了技能人才的整体素质。特别是初中及以下技能人员占比达到了 19.54%，与现代企业技术创新和产业结构调整的要求显然存在差距；而本科及以上的技能人才比例还不够高，直接降低了我国以制造业为主体的一些行业在国际上具有的竞争优势。因此，未来在高等职业教育以及中等职业教育普及等方面，还需要多管齐下，加大力度做出统筹规划，使我国技能教育的层次结构再上一个新台阶。

（五）2017 年技能人才结构的技术等级情况分析

本次接受调查的企业中，有的企业技能人员为零，有的企业技能人员队伍庞大。不论属于哪种情况，从本报告的“技能人才”界定看，实质上就是全体技能人员，假定他们都会成长与发展，最终成为不同级等级的技能人才。项目组对 2017 年 6 月底全国技能人才的技能等级构成进行了调查，关于企业技能人才的技能等级情况，在第三章中进行了分析，本部分的分析主要围绕着“技能等级”问卷调查结果开展的，调查结果如图4－6所示。对于没有技能人才的企业，采用自动剔除，而将其余企业技能人才分等级自动加总进行分析。可以看出，参与调查企业中，技能人才具有中级技能的人员最多，占到总技能人员的 39. 90%；具有高技能的人员次之，占比为 23. 05%；初级、技师和高级技师的技能人员占比分别为 20. 59%、12. 11% 和 4. 35%。数据表明，在技能人才队伍中，中级、高级和初级技能人才占据着技能人才队伍的绝对地位，占到了总体的 83. 54%，而技师和高级技师仅占总体的 16. 46%。也就是说，我国技能人才队伍中，技师和高级技师这种高级人才存在严重的短缺，必然制约了我国企业的技能创新与发展。

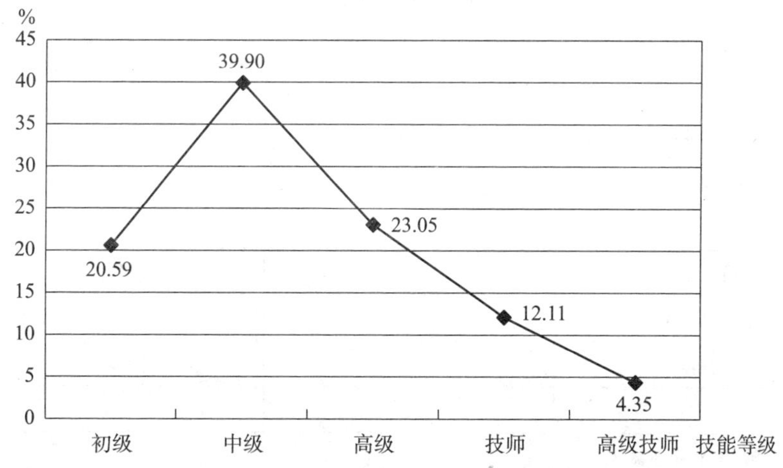

图 4－6　2017 年 6 月底企业技能人才的技能等级分布情况①

数据来源：由项目组根据问卷调查数据整理计算得出。

① 不具有技术等级职业资格的技能人员，本图中的数据没有计入。

四、2017年技能人才招聘情况分析

（一）招聘方式情况分析

招聘是企业招募人才的重要环节，招聘方式多种多样，根据招聘方式的适用性，本次调查选取了7种常用的招聘方式，全国接受调查的企业招聘技能人才方式的具体调查结果见表4－6和图4－7，分析发现其具有以下特点：一是从企业招聘方式的选择来看，这7种招聘方式的使用强度从强到弱为：职业院校（56.79%）、主动求职者（37.04%）、员工推荐（34.57%）、人才交流会（33.33%）、人才网站（33.33%）、职业中介（20.99%）、培训机构（7.41%），而除此之外在81家企业中有20.99%的选择其他招聘方式。二是企业招聘技能人才有一半以上选择了有关职业院校，说明企业和职业院校的接触情况比较好，主动求职者和员工推荐两种方式也受到企业的青睐，而培训机构的招聘方式被选择的概率最低。

表4－6　企业技能人才的招聘方式情况①

招聘方式选项	选项小计（家）	比例（%）
职业中介	17	20.99
人才交流会	27	33.33
有关职业院校	46	56.79
主动求职者	30	37.04
人才网站	27	33.33
员工推荐	28	34.57
培训机构	6	7.41
其他	17	20.99
（空）	1	1.23
参与调查企业数	81	—

数据来源：由项目组根据问卷调查数据整理计算得出。

① 注：表中“职业中介”的数据，“17”是指在接受调查的81家企业中，有17家选在职业中介的招聘方式，占81家企业的20.99%，其他数据类推。

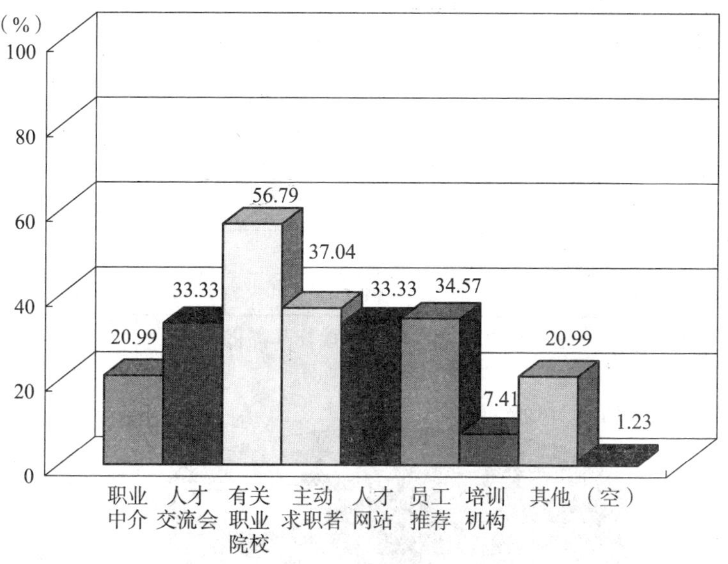

图4－7　企业技能人才的招聘方式分布情况

数据来源：由项目组根据问卷调查数据整理计算得出。

（二）职业院校毕业生满足企业需求情况分析

在企业招聘技能人才的过程中，除了上述招聘方式的选择外，如果企业和职业院校在技能人才培养方面有良好的合作，就可以解决职业院校学生的技能实践问题，在工作方面有良好的对接，就可以节约招聘成本，这样可以产生双赢的结果。目前有关职业院校技能人才的素质是否可以满足企业的需求，本次调查结果参见表4－7、图4－8。图表数据表明，认为相关职业院校的毕业生100%能满足企业需求的占7.41%，认为大约90%以上能满足企业需求的占16.05%，认为大约75%以上能满足企业需求的占16.05%，认为大约50%以上能满足企业需求的占27.16%。值得注意的是，还有13.58%的企业认为几乎无法满足企业的需求，这说明在校企合作培养技能人才方面还存在较大缺陷，也反映了职业院校培养的毕业生综合素质与企业实际需求还存在较大差距。

表4－7　职业院校毕业生满足企业技能人才需求情况

满足需求选项	企业数（个）	比例（%）
100%能满足	6	7.41
大约90%以上能满足	13	16.05

续表

满足需求选项	企业数（个）	比例（%）
大约75%以上能满足	13	16.05
大约50%以上能满足	22	27.16
大约25%以上能满足	14	17.28
几乎无法满足	11	13.58
（空）	2	2.47%
参与调查企业数	81	100

数据来源：由项目组根据问卷调查数据整理计算得出。

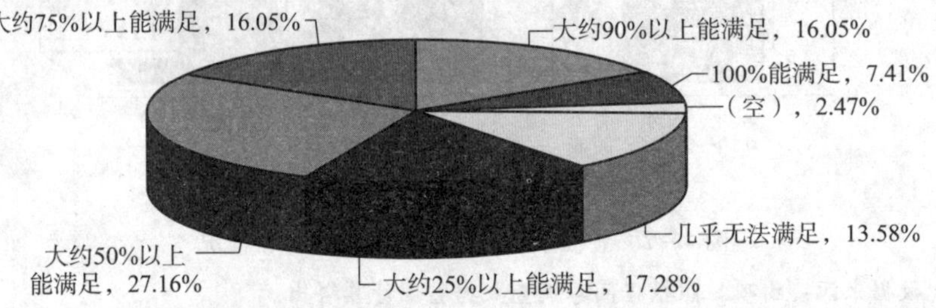

图4－8　职业院校毕业生满足企业技能人才需求的分布

数据来源：由项目组根据问卷调查数据整理计算得出。

（三）企业需求最旺盛的职业技能人才情况分析

为了解企业招聘过程对哪一类技能人才需求更加旺盛，项目组设计了“贵企业所需技能人才最旺盛的岗位是（请按需求旺盛从大到小排序，写出3个岗位名称）”题目，由于每个企业的工作类型不同，该题目的企业回答各种各样，反映了不同企业对技能人才需求的广泛差异性，但同时也出现了一些企业的共性。调查发现，用工量较大的岗位和技能人才紧缺的岗位是需求最为旺盛的，因此，需求旺盛的技能人才主要是一线要求技艺熟练的中级操作工和高技能人才，需求最旺盛的技能人才往往也是企业招聘最为困难的。例如，网络维护员、钻井工、采掘司机、矿井检修工、运维工程师等。这些技能人才的需求旺盛均体现为市场配置所凸显的短缺现象，这也说明，如果企业和职业技能学校在技能人才培养上进行广泛合作，并根据市场情况适时做出相应的调整，由于市场紧缺所带来的需求旺盛就会减少。

（四）2017 年计划招聘技能人才的数量情况

项目组对企业 2017 年计划招聘技能人才的数量进行了调查，如图 4－9 所示，按照企业计划招聘技能人才数量的分段统计，计划招聘 500 人以上的企业数量占接受调查企业总数的比例为 11.11%，计划招聘 101～500 人的企业所占比例是 16.05%，计划招聘 31～100 人的企业所占比例是 23.46%，计划招聘 30 人及以下的企业所占比例是 29.63%，没有任何招聘计划的企业所占比例是 19.75%。数据表明，接受调查的企业在 2017 年计划招聘技能人才在 30 人以下或不招聘的所占比例接近 50%，这一结果也许与接受调查的企业员工总规模较小有关。本次接受调查的企业中，员工总数在 500 人以内的企业占到了 39.51%，员工总数在 100 人以内的企业占到了 20.99%。

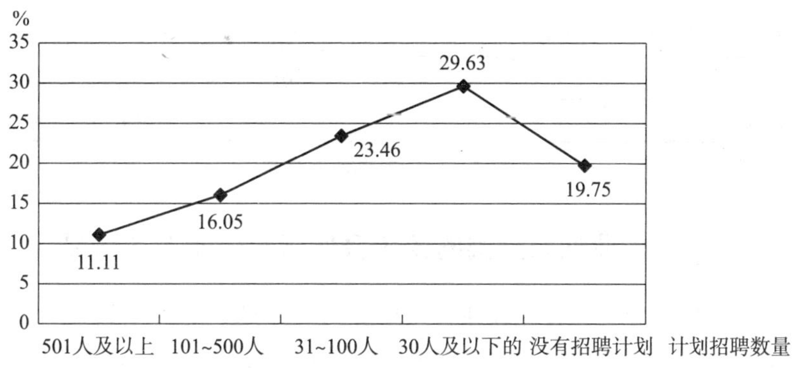

图 4－9　按计划招聘技能人才数量的企业分布情况

数据来源：由项目组根据问卷调查数据整理计算得出。

五、校企合作培养技能人才情况分析

（一）校企合作培养技能人才的总体状况

项目组对企业与相关职业院校或培训机构进行定向合作培养技能人才的情况进行了调查，希望通过这个调查，了解我国企业参与技能人才培养的状况及深度。调查结果发现，在技能人才培养方面，企业和职业院校的合作非常有限。参见表 4－8，在参与调查的 81 家企业中，没有与任何职业院校或培训机构合作培养技能人才的企业，所占比例高达49.38%，另外还有3.7%的企业不清楚合作情况而未填写。

表4-8 校企合作培养技能人才的情况

合作选项	企业数（个）	比例（%）
与5家以上职业院校或培训机构进行定向培养合作	12	14.81
与4家职业院校或培训机构进行定向培养合作	3	3.7
与3家职业院校或培训机构进行定向培养合作	6	7.41
与2家职业院校或培训机构进行定向培养合作	7	8.64
与1家职业院校或培训机构进行定向培养合作	10	12.35
没有与任何职业院校或培训机构合作	40	49.38
(空)	3	3.7
参与调查企业数	81	100%

数据来源：由项目组根据问卷调查数据整理计算得出。

（二）按企业性质分类的校企合作培养技能人才状况

按企业性质分类的技能人才合作培养情况参见表4-9、图4-10。调查结果表明，合作情况比较好的是参与调查的大集团公司，以国有企业为主，而参与调查的私营企业合作情况普遍相对薄弱。

国有企业参与调查的共43家，与5家以上职业院校或培训机构合作培养技能人才的占18.60%，与4家合作培养的占2.33%，与3家合作培养的占6.98%，与2家合作培养的占9.30%，与1家合作培养的占16.28%，没有任何合作培养的占46.51%。

私营企业参与调查的共25家，与5家以上职业院校或培训机构合作培养技能人才的占12.00%，与3家合作培养的占4.00%，与2家合作培养的占8.00%，与1家合作培养的占8.00%，没有任何合作培养的占64.00%。与国有企业合作培养技能人才情况相比相对较弱。其他性质的企业合作培养职业技能人才的情况均不乐观。

表 4－9　按企业性质与职业院校合作培养技能人才的情况

项目/合作	5 家以上	4 家	3 家	2 家	1 家	没有	（空）	小计
国有企业	8(18.60%)	1(2.33%)	3(6.98%)	4(9.30%)	7(16.28%)	20(46.51%)	0(0.00%)	43
集体企业	1(50.00%)	1(50.00%)	0(0.00%)	0(0.00%)	0(0.00%)	0(0.00%)	0(0.00%)	2
私营企业	3(12.00%)	0(0.00%)	1(4.00%)	2(8.00%)	2(8.00%)	16(64.00%)	1(4.00%)	25
外资企业	0(0.00%)	1(25.00%)	1(25.00%)	0(0.00%)	0(0.00%)	2(50.00%)	0(0.00%)	4
混合所有制	0(0.00%)	0(0.00%)	0(0.00%)	0(0.00%)	0(0.00%)	0(0.00%)	1(100.00%)	1
其他	0(0.00%)	0(0.00%)	1(16.67%)	1(16.67%)	1(16.67%)	2(33.33%)	1(16.67%)	6

数据来源：由项目组根据问卷调查数据整理计算得出。

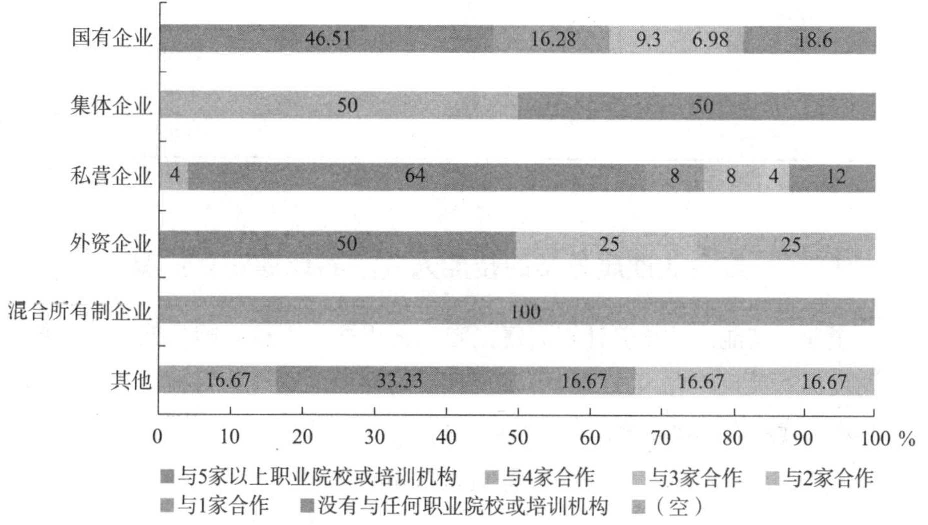

图 4－10　按企业性质分类的技能人才合作培养分布

数据来源：由项目组根据问卷调查数据整理计算得出。

六、企业技能培训情况分析

（一）企业建立系统性技能人才培养计划情况

关于企业开展技能培训的情况，其基础是建立系统有效的人才培养计划，如果没有系统性的技能人才培养计划，技能培训工作就很难有效开展。建立系统有效的技能人才培养计划，可以帮助企业合理地挖掘、开发、培养公司战略技能人才队伍，建立起适合企业发展的技能人才梯队，并为企业的可持续发展提供有力的保证和支持。

项目组对企业是否建立系统的技能人才培养计划进行了调查，参见表4-10，在所有接受调查的企业中，有58.02%的企业已经建立系统的技能人才培养计划，没有建立的企业占37.04%。一般而言，在私营企业中，由于员工规模较小，很少建立系统性技能人才培养计划，国有企业的技能人才培养计划一般相对比较完善。

表4-10　企业建立系统性技能人才培养计划情况

项目	企业数（个）	比例（%）
已经建立	47	58.02
没有建立	30	37.04
（空）	4	4.94
小计	81	100

数据来源：由项目组根据问卷调查数据整理计算得出。

（二）按企业性质分类的技能人才培养计划建立情况

企业对技能人才培养计划的建立与完善程度，直接影响技能人才的成长与发展。项目组在调查过程中发现，不同性质的企业，对技能人才培养计划的重视程度存在差异，参见表4-11、图4-11。在接受调查的国有企业中，有67.44%的企业已经建立了系统的技能人才培养计划，没有建立的企业占30.23%；接受调查的私营企业中，有40.00%的企业已经建立了系统的技能人才培养计划，没有建立的企业占56.00%；在接受调查的外资企业中，尽管样本数量较少，但全部已经建立了系统的技能人才培养计划。

表4-11　不同性质的企业建立系统技能人才培养计划的情况　单位：个

企业性质/培养计划	已经建立	没有建立	（空）	小计
国有企业	29（67.44%）	13（30.23%）	1（2.33%）	43
集体企业	1（50.00%）	1（50.00%）	0（0.00%）	2
私营企业	10（40.00%）	14（56.00%）	1（4.00%）	25
外资企业	4（100.00%）	0（0.00%）	0（0.00%）	4
混合所有制企业	0（0.00%）	0（0.00%）	1（100.00%）	1
其他	3（50.00%）	2（33.33%）	1（16.67%）	6

数据来源：由项目组根据问卷调查数据整理计算得出。

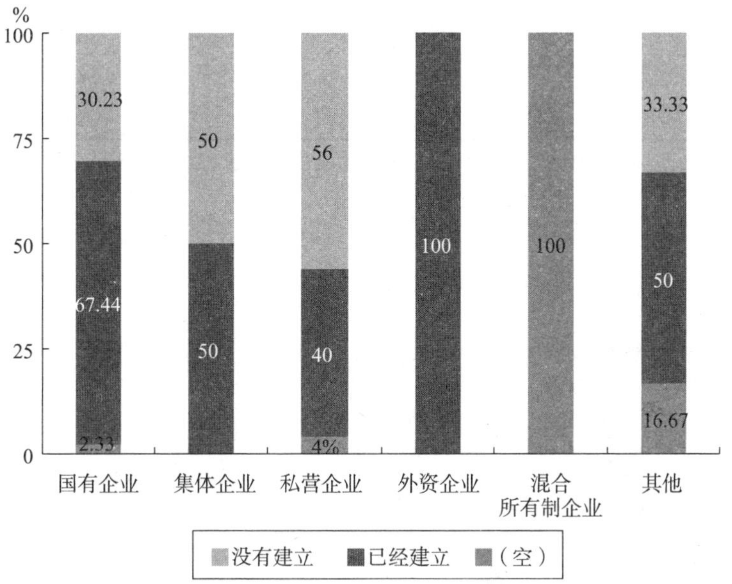

图4－11 不同性质的企业建立系统技能人才培养计划的示意

数据来源：由项目组根据问卷调查数据整理计算得出。

（三）企业技能人才参加培训的情况

企业技能人才参加培训的情况，可以反映企业在技能人才培训方面的重视程度。项目组本次对企业技能人才参加培训的“年人均次数”进行了调查，见表4－12和图4－12。对技能人才进行培训年人均3次及以上的企业占比37.04%；对技能人才进行培训年人均2次及以上的企业占比20.99%；对技能人才进行培训年人均1次及以上的企业占比28.40%；对技能人才进行培训年人均1次及以下的企业占比3.70%；从不开展技能培训的企业占比4.94%。调查数据表明，90%以上的企业对技能人才都开展了培训，培训工作普遍开展相对较好。

表4－12 企业技能人才年人均参加培训的企业情况

年人均参加培训次数	企业数（个）	比例（%）
3次及以上	30	37.04
2次及以上	17	20.99
1次及以上	23	28.40
1次及以下	3	3.70
从不开展技能培训	4	4.94

续表

年人均参加培训次数	企业数（个）	比例（%）
（空）	4	4.94
小计	81	100

数据来源：由项目组根据问卷调查数据整理计算得出。

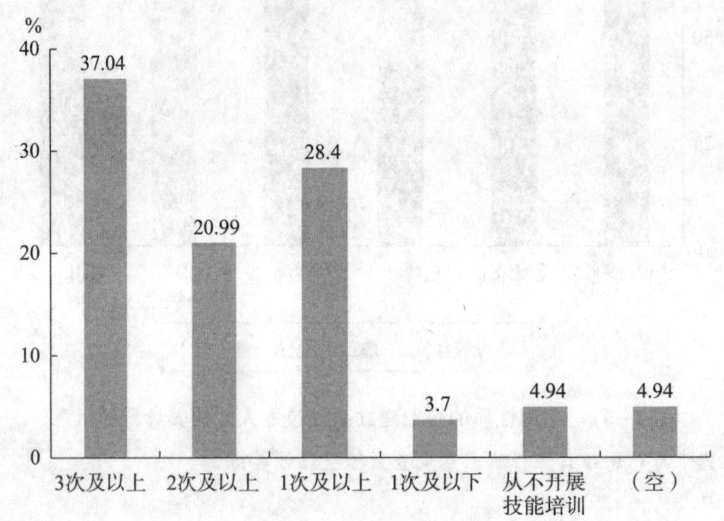

图4－12　技能人才年人均参加培训次数的企业数量分布

数据来源：由项目组根据问卷调查数据整理计算得出。

（四）按企业性质分类的技能人才参加培训情况

从企业性质分类看，技能人才参加培训的企业年人均次数情况，可以反映不同性质的企业对技能人才培训的重视程度。本次调查结果参见表4－13数据表明，国有企业技能人才参加培训的年人均次数最多，培训参与情况普遍较好，年人均次数参加培训3次以上占到44.19%；私营企业年人均次数参加培训3次以上占到36.00%；接受调查的外资企业年人均次数参加培训3次以上占到50.00%。可见，不同性质的企业，总体上开展技能培训的情况比较良好。作为可以直接影响企业产品质量的技能人才，对企业经营和市场销售的影响也是最为显性和直接的，这也是企业重视技能人才培训的根本原因之一。

表 4－13　按企业性质分类的企业技能人才参加培训年人均次数　单位：个

企业性质/培训次数	3 次及以上	2 次及以上	1 次及以上	1 次及以下	从没有培训	（空）	小计
国有企业	19(44.19%)	9(20.93%)	12(27.91%)	1(2.33%)	1(2.33%)	1(2.33%)	43
集体企业	0(0.00%)	2(100.00%)	0(0.00%)	0(0.00%)	0(0.00%)	0(0.00%)	2
私营企业	9(36.00%)	4(16.00%)	7(28.00%)	2(8.00%)	2(8.00%)	1(4.00%)	25
外资企业	2(50.00%)	1(25.00%)	1(25.00%)	0(0.00%)	0(0.00%)	0(0.00%)	4
混合所有制企业	0(0.00%)	0(0.00%)	0(0.00%)	0(0.00%)	0(0.00%)	1(100.00%)	1
其他	0(0.00%)	1(16.67%)	3(50.00%)	0(0.00%)	1(16.67%)	1(16.67%)	6

数据来源：由项目组根据问卷调查数据整理计算得出。

七、技能人才离职情况分析

企业技能人员的离职情况，可以通过离职率来进行衡量。离职率是企业用以衡量内部人力资源流动状况的一个重要指标，通过对离职率的考察，可以了解企业对员工的吸引力和员工的满意度情况。离职率过高，一般表明企业的员工情绪较为波动和劳资关系存在较严重的矛盾，企业的凝聚力下降，将直接导致人力资源成本增加、组织的效率下降。但并不是说员工的离职率越低越好，在市场竞争中，保持一定的员工流动，可以使企业利用优胜劣汰的人才竞争制度，保持企业的活力和创新意识。

（一）技能人才离职率总体状况分析

接受调查的企业员工离职率情况如图 4－13 所示。在被调查的企业中，有 58.11% 的企业，其全员离职率在 5% 及以下，而 47.30% 的企业，其技能人才离职率在 5% 及以下；有 29.73% 的企业，其全员离职率在 5% 到 10%（含）之间，而 17.57% 的企业，其技能人才离职率在 5% 到 10%（含）之间；有 10.81% 的企业，其全员离职率在 10% 到 15%（含）之间，而 8.11% 的企业，其技能人才离职率在 10% 到 15%（含）之间；有 14.86% 的企业，其全员离职率在 5% 以上，而 13.51% 的企业，其技能人才离职率在 15% 以上。从企业全员离职率和技能人才离职率综合来看，二者离职率均集中在 10% 以下的企业在 70% 以上。

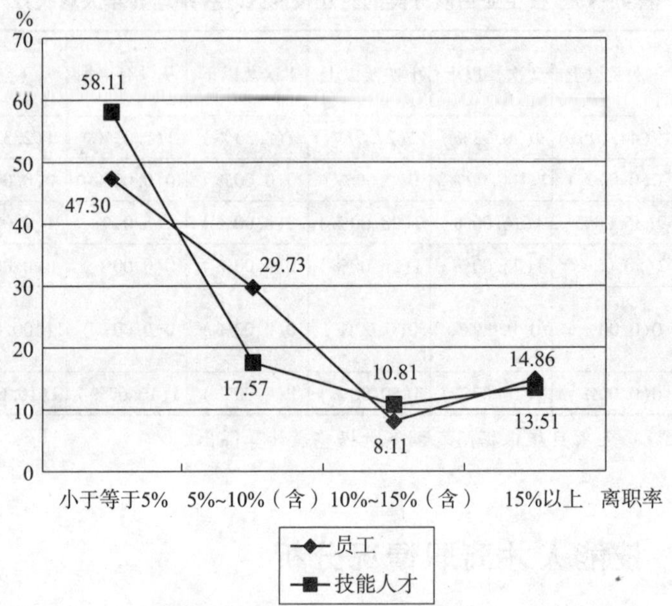

图4-13　全员离职率与技能人员离职率分段的企业分布情况

数据来源：由项目组根据问卷调查数据整理计算得出。

从接受调查的企业内部看，其全员离职率高于或等于其技能人才离职率的企业有66.67%，而其全员离职率低于其技能人才离职率的企业有33.33%。

（二）企业技能人才离职率最高的技能等级分布情况

国家职业资格证书分为五个等级，即初级、中级、高级、技师、高级技师。本次调查将企业技能人员分为五个等级，不在五个等级之列的计入“其他”项。调查结果见表4-14、图4-14。数据显示，有33.33%企业，离职率最高的是初级技能人才，这很可能与操作技能人员这一类岗位门槛低、简单而容易上手、技术水平低等工作特点有关系，因此其流动性相对较大。有20.99%的企业，离职率最高的是中级技能人才；而认为离职率最高的是高级技能人才、技师、高级技师的企业，分别占接受调查企业的11.11%、8.64%和4.94%。可见，技能人才离职率最高的技能等级由高到低排序是初级、中级、高级、技师和高级技师。越是技能等级低的，越容易离职。

表 4－14　离职率最高技能等级人才的企业数量情况

离职率最高选项	企业数（个）	比例（%）
初级	27	33.33
中级	17	20.99
高级	9	11.11
技师	7	8.64
高级技师	4	4.94
其他	14	17.28
（空）	3	3.70
合计	81	100

数据来源：由项目组根据问卷调查数据整理计算得出。

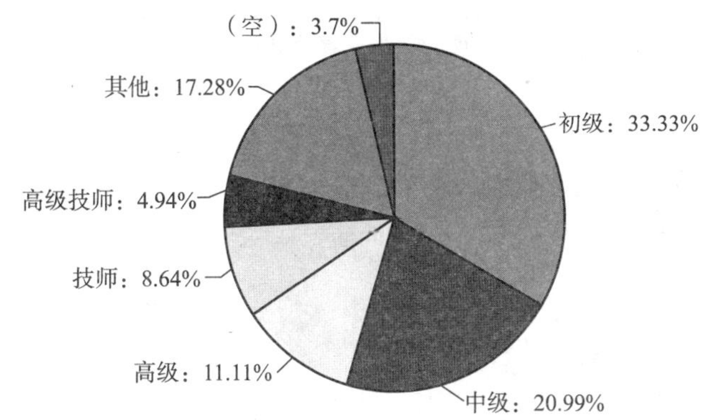

图 4－14　不同技能等级技能人才离职率最高的企业数量分布

数据来源：由项目组根据问卷调查数据整理计算得出。

（三）企业技能人才主动离职的原因分析

对企业技能人才主动离职原因的分析与了解，有助于企业做出针对性的反应，可以有效地预防技能人才离职率过高，并减少企业因技能人才流失可能带来的损失和重置成本的上升。项目组本次调查选择了 8 个类型的企业实践中主要离职原因指标，主要是收入待遇水平低、晋升空间狭小、学习与发展机会少、管理不规范、工作压力过大、不认同企业文化、人际关系不和谐和个人及家庭问题等，除 8 个指标之外的原因归入“其他”。本次调查结果参见表 4－15、图 4－15，数据表明，收入待遇水平低、工作压力过大和晋升空间狭小是企业技能人才主动离职的三个最重要的原

表 4－15　企业技能人才主动离职原因情况

离职原因选项	企业数（个）	比例（%）
收入待遇水平低	44	54.32
晋升空间狭小	31	38.27
学习和发展机会少	17	20.99
管理不规范	9	11.11
工作压力过大	33	40.74
不认同企业文化	9	11.11
人际关系不和谐	5	6.17
个人及家庭问题	24	29.63
其他	17	20.99
（空）	3	3.7

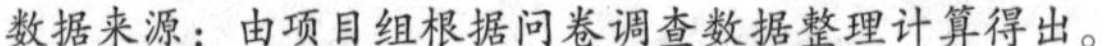

数据来源：由项目组根据问卷调查数据整理计算得出。

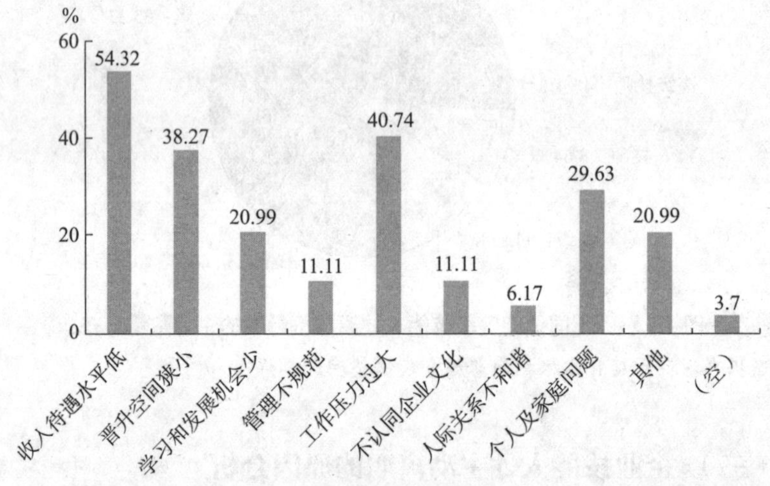

图 4－15　企业技能人才离职原因的分布情况

数据来源：由项目组根据问卷调查数据整理计算得出。

因。参与调查的 81 家企业中，有 54.32% 的企业认为收入水平过低是技能人才主动离职的第 1 位原因；而有 40.74%、38.27% 的企业认为工作压力过大、晋升空间狭小是技能人才离职的重要原因，排在第 2、3 位；有 29.63% 的企业把离职原因归为个人及家庭问题，排第 4 位；有 20.99%、11.11%、11.11% 和 6.17% 的企业认为，第 5～8 位的离职原因分别是学习与发展机会少、管理不规范、不认同企业文化、人际关系不和谐。另

外，认为技能人员离职是其他原因的企业占20.99%，而没有进行离职原因选择的企业占3.7%。

离职原因分析说明，在生活水平不是很高的情况下，技能人才非常看重收入待遇水平；当收入待遇水平达到一定情况下，技能人才会关注工作压力产生的影响和未来的晋升可能性等。因此，企业如果希望留住技能人才，就应该对本企业技能人才的实际需求情况进行调查，做出一系列政策安排，来满足企业技能人才的需求，例如创建良好的企业文化、和谐的人际关系、规范而公正的管理、有效的员工援助计划等。最好的方法是能够从技能人才最渴望的需求得到满足进行安排，以达到效用最大化。

八、企业吸引技能人才的状况分析

企业如何吸引并留住技能人才，是关系到企业产品市场竞争力的重要问题，那么，哪些因素会影响技能人才的去留选择呢？其实这是一个复杂的问题，技能人才在选择去留的时候，通常影响因素是综合性的，在这种复杂的综合因素处于平衡状态的时候，某一种或两种因素就会成为打破这种平衡的关键，技能人才会受这种关键因素的影响，做出去或者留的最终决策。

（一）企业吸引技能人才的优势状况分析

项目组为了摸清目前企业吸引技能人才的优势，对接受调查的81家企业进行了开放式的提问，接受调查的企业回答了“贵企业在吸引技能人才方面的优势是什么?”由于受自身管理能力、地域、性质、行业差异以及价值观等因素影响，企业吸引技能人才的优势也不尽相同。项目组对所有回答进行了整理，结果发现，“薪酬福利待遇好”被企业提及的频次最高，认为是吸引技能人才的优势，其次被提及吸引技能人才频次较高的是“发展空间”和“良好的事业平台”，其他被提及吸引技能人才优势按出现的频次排序，分别是大型国企性质（工作稳定）、行业优势、品牌和口碑优势、地域优势、工作压力小、企业文化、人际关系和谐等。可见，企业吸引技能人才的优势具体是什么，当下除搞好薪酬福利待遇之外，还需要根据企业具体情况具体分析，做出精心安排，在为职工提供发展空间、减轻压力、构建良好的企业文化等方面下功夫，切实做到以人为本，才能真正形成吸引技能人才的巨大优势。

（二）企业吸引技能人才的劣势状况分析

项目组为了找到目前企业在吸引技能人才方面存在的不足，设计了开放式问题："贵企业在吸引技能人才方面的劣势是什么？"企业在吸引技能人才的劣势方面回答差异比较大，但也存在一些共同之处。项目组对所有回答进行了整理，结果发现，"薪酬福利待遇低"被企业提及的频次最高，认为对吸引技能人才造成的障碍最大；其次被提及频次较高的劣势是"地域条件"和"工作环境差"；其他被提及吸引技能人才劣势按出现的频次排序，分别是缺乏晋升及发展机会、管理不规范、工作强度与压力大、企业发展后劲不足等。可见，企业吸引技能人才的劣势问题，反映出技能人才薪酬福利待遇偏低仍然是最为突出的普遍问题。同时，地域劣势问题，企业可能无法解决，但特定地域下技能人才工作的环境问题，实际上是我国大部分企业需要认真对待的，技能人才工作的环境及条件相对比较差在我国存在普遍性，只要企业肯动脑筋下功夫去思考对策，就一定能够缓解或彻底解决。另外，企业在技能人才的晋升及发展机会、工作强度与压力方面需要进行设计与规划，并强化管理的规范性，真正做到以人为本，开展丰富多彩的文化娱乐活动，就可以把劣势转化为吸引技能人才的优势。

（三）企业吸引技能人才的主要措施状况分析

目前企业吸引技能人才的主要措施有哪些？项目组设计了10个指标，外加1个"其他"，由企业根据其具体措施情况，在对应的指标中选出三项。在接受调查的81家企业中，其吸引职业技能人才的主要措施统计见表4-16、图4-16。从调查数据及图示可以看出，在81家接受调查的企业中，有46.91%的企业把"发展空间"作为吸引技能人才的主要措施，排第1位，这一选择属于内在激励因素，具有可持续激励及相对的合理性。有40.74%、35.80%的企业把"高福利待遇"和"高新"作为吸引技能人才的主要措施，排第2、3位，高福利待遇作为企业主要措施的选择，可以增强技能人才的公平感和自豪感，也是最容易实施和操作的措施，对提升技能人才的满意度，其效果也比较好。

表4－16　企业吸引技能人才的主要措施情况

主要措施选项	企业数（个）	比例（%）
发展空间	38	46.91
高福利待遇	33	40.74
高薪	29	35.80
企业文化	19	23.46
企业发展远景	19	23.46
公司工作环境	18	22.22
培训机会	17	20.99
行业吸引	17	20.99
精神奖励	13	16.05
其他	11	13.58
挑战性工作	9	11.11
（空）	4	4.94

数据来源：由项目组根据问卷调查数据整理计算得出。

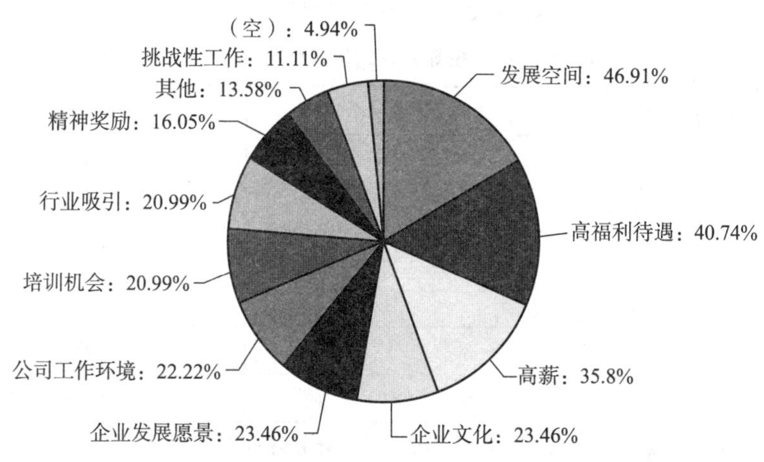

图4－16　企业吸引技能人才的主要措施分布情况

数据来源：由项目组根据问卷调查数据整理计算得出。

关于企业吸引技能人才的其他主要措施，我们可以看到，按照企业占比排序分别是：企业文化、企业发展愿景、公司工作环境、培训机会、行业吸引、精神激励、其他、挑战性工作，企业选择上述主要措施的占比分别为 23.46%、23.46%、22.22%、20.99%、20.99%、16.05%、

13.58%、11.11%。另外，还有4.94%的企业没有做出任何选择。可见，企业吸引技能人才的主要措施是多元的，具体选择怎样的措施来实施，还需要根据自身的实际情况做出最佳选择。项目组认为，在技能人才的发展空间、薪酬福利待遇、培训机会以及工作环境上下功夫，就会有事半功倍的效果。

九、技能人才的周工作时间分析

项目组对技能人才的周工作时间进行了调查，希望从时间维度上观测技能人才的工作压力和强度，调查结果参见表4-17、图4-17。图表数据表明，接受调查的81家企业中，有25.93%的企业，其技能人才的周工作时间在国家规定的40小时以内；有37.04%的企业，其职业技能人才的周工作时间在40~44小时之内，占比最高，说明技能人才加班现象非常普遍；有22.22%的企业，其技能人才的周工作时间在44~49小时之内；而13.58%的企业，其技能人才的周工作时间在49小时以上，这二者合计是35.80%，说明企业技能人才超时过度加班现象非常严重。

表4-17　技能人才的周工作时间情况

工作时间选项	企业数（个）	比例（%）
H≤40小时	21	25.93
40小时<H≤44小时	30	37.04
44小时<H≤49小时	18	22.22
H>49小时	11	13.58
（空）	1	1.23
合计	81	100

数据来源：由项目组根据问卷调查数据整理计算得出。

就加班问题而言，目前在很多企业非常普遍，除了上述调查的技能人才加班现象严重外，实际在不少企业员工都存在加班过度的问题，甚至连加班费都没有或者克扣，这一问题必须引起政府和企业的关注。企业管理者要树立良好的人力资源管理理念，向管理要效率，要通过流程优化、工艺改善、方法研究等获取企业效率的提升，而不是通过员工加班加点损害健康来获取企业效率的提升。

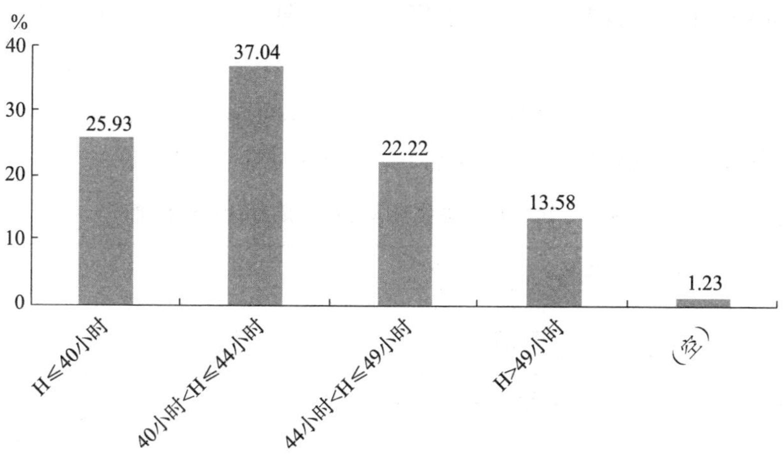

图 4－17　技能人才的周工作时间分布

数据来源：由项目组根据问卷调查数据整理计算得出。

十、技能人才的薪酬福利状况分析

对于企业技能人才而言，其薪酬状况能否反映出人力资本在企业中的价值水平及价值特征？是否可以从薪酬视角观察技能人才发展及变动状况？企业技能人才的薪酬状况是否会成为人才配置与流动的重要影响因素？针对这些问题展开调查分析，将会揭示当前技能人才布局的合理性及其特定的内在原因。一般而言，看一个企业当前状况及前景如何，从其技能人才的薪酬福利状况便可以看出端倪，薪酬福利这个本质的东西是最不容易被掩饰和隐藏的。因此，项目组考察企业职业技能人才的薪酬现状，也就预示着能够更加清晰、更加容易揭示未来技能人才的发展趋势，从而为企业有效配置技能人才及其相关政策的出台提供薪酬方面的参考依据。

项目组通过对企业进行问卷调查和访谈，取得了一手调查资料，基本上了解和掌握了企业技能人才的薪酬现状，所获取的相关薪酬数据，从侧面可以反映企业技能人才的价值性和相对重要性。

（一）对技能人才实行薪酬激励计划情况

薪酬激励是企业人才激励计划的一种重要机制。本次调查对企业技能人才是否实施了薪酬激励进行了提问，在回答该问题的企业中，有

81.58%的企业对技能人才实行了薪酬激励计划，而18.42%的企业没有实行，参见表4－18。这样的调查结果说明企业在对技能人才的激励措施上已经有一定的安排，在这种计划下，如果企业对技能人才能够在薪酬激励计划中采取多元激励，将会具有更好的激励效果。

表4－18　2017年企业技能人才薪酬激励计划实行情况

是否实行薪酬计划	比例（%）
是	81.58
否	18.42

数据来源：由项目组根据问卷调查数据整理计算得出。

（二）企业技能人才薪酬与全员薪酬对比分析

项目组对2016年技能人才薪酬进行了调查，对调查数据进行了处理，获得了所调查企业技能人才的最高年工资平均值、最低年工资平均值和年工资平均值，参见表4－19。

表4－19　2016年企业技能人才的年平均工资情况　单位：万元/年

员工类型＼项目	平均最高年工资	平均最低年工资	平均年工资
全员薪酬	72.70	4.42	9.57
技能人才薪酬	53.32	5.74	10.30
技能人员/全员（倍）	0.73	1.30	1.08

数据来源：由项目组问卷调查数据经过整理计算得出。

从企业技能人才的平均年工资看，2016年企业全员人均年工资是9.57万元，技能人才的人均年工资是10.30万元，技能人才人均年工资是全员人均年工资的1.08倍。从企业技能人才的最低年工资，是全员人均最低年工资的1.30倍。这两项可以反映薪酬整体状况的人均年工资情况表明，在技能人才出现市场短缺的情况下，企业对技能人才的薪酬上努力保持一定的竞争力和内部的激励措施，这种大方向在今后相当长一段时间内仍然会持续下去。

从企业平均最高年工资看，企业2016年全员人均最高年工资是72.70万元，而技能人才人均最高年工资是53.32万元，技能人才人均最高年工资仅为全员人均最高年工资的0.73倍。这一调查数据结果表明，平均最高

年工资远远小于全员平均最高年工资，一方面原因是高管年薪在企业中的不断超越，本次调查中出现了年薪1500万元的最高工资，拉高了全员人均最高年薪的数值；另一方面，企业技能人才人均年薪和最低年薪均比全员的高，说明整体重视技能人才的同时，对特高技能人才的重要性认识不到位，薪酬激励的力度上也许还远远不够，因此，最高年平均工资的过低，将直接影响企业对关键技能人才的吸引力。

（三）职业院校大学毕业生的起薪水平情况

学历与薪酬的关系，间接反映在技能人才步入市场的薪酬起点状况，一直是人们所关注的焦点问题。从劳动力市场比较而言，企业招聘应届职业院校的大学毕业生的起薪也可以反映出企业愿意为技能人才未来抱有多大信心，一定程度上说明企业对技能人才的重视程度。从表4－20可以看出，学历对技能人才薪酬的影响力日渐明显。数据表明，在企业职业院校毕业生中，高职/中专毕业生的平均起薪在2891.42元/月，大专毕业生的平均起薪为3581.34元/月，本科毕业生的平均起薪为4340.66元/月。这显示出高学历技能人员在企业薪酬市场上具有突出的优势，也反映了企业对高技能人才的迫切需求性。

表4－20　2017年企业职业院校应届大学毕业生的平均起薪情况

单位：元/月

学历	高职/中专	大专毕业生	本科毕业生
毕业生起薪	2891.42	3581.34	4340.66

数据来源：由项目组根据问卷调查数据整理计算得出。

（四）2017年技能人才的福利多元化情况

企业技能人才的福利水平及其多元性，也可以展现技能人才在企业中的地位及重要性，反过来讲，也说明企业对技能人才在吸引人、保留人、激励人和发展人才方面理念的先进性。项目组对企业技能人才的福利进行了调查，在调查的企业中，从选择福利项目的企业个数排序，可以反映出企业在福利多元化方面的现状，项目组列出了除“五险一金”外的几十个福利项目，所调查的企业不同程度都有涉及，说明企业技能人才的福利多元化已经形成。关于企业为技能人才提供的福利设施项目调查结果统计汇总参见表4－21。调查结果显示，接受调查的企业提供的福利设施相对比较丰富，提供食堂和宿舍是企业选择最多的福利，这两项事关职工的基本生活状况，也是技能人才最为关心的福利项目，特别是北京等住房租金及生活水平较高的城市，这两项福利的有无将直接影响技能人才的生活水平状况。在这两项福利中，分别有75.31%和49.38%的企业提供食堂和宿舍福利项目。企业提供的其他福利项目按频次高低排列分别是工会之家、体育健身设施、阅览室（图书馆）、班车、医院、托儿所（幼儿园）、代步车等，分别有46.91%、46.91%、41.98%、40.74%、20.99%、13.58%、3.70%的企业提供。另外，还有25.93%的企业提供其他福利项目，4.94%的企业没有做出任何选择。

表4－21　企业为技能人员提供的福利设施项目情况

福利项目	企业数（个）	比例（%）
食堂	61	75.31
医院	17	20.99
宿舍	40	49.38
托儿所（幼儿园）	11	13.58
工会之家	38	46.91
体育健身设施	38	46.91
阅览室（图书馆）	34	41.98
代步车	3	3.70
班车	33	40.74
其他	21	25.93
（空）	4	4.94
本次参与有效填写的企业	81	—

数据来源：由项目组根据问卷调查数据整理计算得出。

关于企业为技能人才提供的集体活动福利项目调查结果参见表4－22。调查结果显示，接受调查的企业为员工提供的集体活动福利项目也是多元化的，其中选择企业集体活动福利项目最高的前3项是内部培训、体育比赛（运动会、娱乐比赛等）和聚餐，分别有80.25%、59.26%和50.62%的企业提供。企业提供的集体活动福利项目还有年会、生日祝贺、亲子家庭活动等。

表 4-22　2017 年企业提供的集体活动福利项目情况

集体活动福利项目	企业数（个）	比例（%）
体育比赛（运动会、娱乐比赛等）	48	59.26
内部培训	65	80.25
年会	40	49.38
聚餐	41	50.62
亲子家庭活动	9	11.11
生日祝贺	33	40.74
其他	15	18.52
（空）	4	4.94
本次参与有效填写的企业	81	

数据来源：由项目组根据问卷调查数据整理计算得出。

在补充保险方面的调查结果参见表 4-23。

表 4-23　2017 年企业提供的补充保险情况

补充保险项目	企业数（个）	比例（%）
无	14	17.28
企业年金	31	38.27
补充医疗保险	41	50.62
人身意外伤害保险	31	38.27
财产保险	7	8.64
商业养老保险	9	11.11
其他补充保险	14	17.28
（空）	4	4.94
本次参与有效填写的企业	81	—

数据来源：由项目组根据问卷调查数据整理计算得出。

参与调查的企业为技能人才提供补充保险占比最高的是补充医疗保险、企业年金、人身意外伤害保险，分别有 50.62%、38.27% 和 38.27% 的企业提供。补充医疗保险和企业年金提供的企业占比较高，与本次参与调查的国有企业较多有关；人身意外伤害保险提供的企业占比较高，与本次参与调查的矿业企业较多有关。但从企业提供的补充保险的总体情况看，情况并不乐观，没有提供任何补充保险的企业占比也达到了 17.28%。

（五）2017年技能人才的“五险一金”情况

企业按照国家和省市的社会保险及住房公积金管理办法，应当自觉参加“五险一金”。项目组对企业技能人才参加“五险一金”的情况进行了调查，参见表4－24。调查数据表明，为技能人才缴纳“五险一金”的企业占绝大多数，提供医疗保险的企业最多，占参与调查企业的90.12%；其次是养老保险、失业保险、工伤保险和生育保险，分别有87.65%、87.65%、85.19%和81.48%的企业为技能人才缴纳；有76.54%的企业为技能人才提供了住房公积金。从整体情况看，有76%以上的企业参加了“五险一金”。在调查的企业中，之所以还有部分企业没有为技能人才提供“五险一金”，与本次参与的部分私营小企业管理不规范有关。

表4－24　2017年技能人才的“五险一金”情况

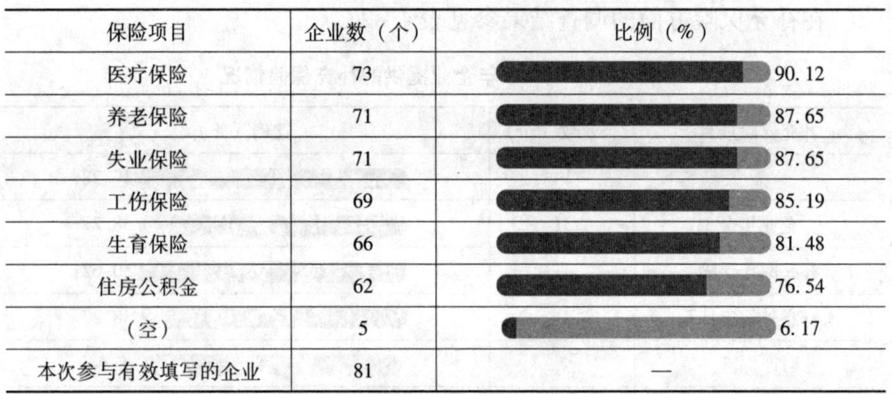

保险项目	企业数（个）	比例（%）
医疗保险	73	90.12
养老保险	71	87.65
失业保险	71	87.65
工伤保险	69	85.19
生育保险	66	81.48
住房公积金	62	76.54
（空）	5	6.17
本次参与有效填写的企业	81	—

数据来源：由项目组根据问卷调查数据整理计算得出。

（六）2017年技能人才的津贴补贴情况

津贴补贴是企业薪酬的构成内容，也可以成为技能人才引进、激励的重要辅助手段之一。企业津贴补贴调查数据参见表4－25，表中列出了企业津贴补贴项目发生频次的占比情况。调查数据表明，通信补贴、交通补贴、膳食补贴以及住房补贴，是企业津贴补贴的重要选项，分别有55.56%、49.38%、38.27%和32.1%的企业采用。另外，探亲补贴、教育津贴、家属医疗补助和子女教育津贴等，也分别有14.81%、13.58%、9.88%和8.64%的企业采用。有12.35%的企业没有任何津贴补贴。

表4－25　2017年技能人才的津贴补贴情况

津贴补贴项目	企业数（个）	比例（%）
无	10	12.35
住房补贴	26	32.1
交通补贴	40	49.38
教育津贴	11	13.58
子女教育津贴	7	8.64
家属医疗补助	8	9.88
通信补贴	45	55.56
膳食补贴	31	38.27
探亲补贴	12	14.81
其他补贴	18	22.22
（空）	4	4.94
本次参与有效填写的企业	81	—

数据来源：由项目组根据问卷调查数据整理计算得出。

十一、技能人才的职业生涯规划与管理状况分析

（一）2017年企业技能人才的职业生涯管理情况

职业生涯管理是企业帮助员工制定职业生涯规划和帮助其职业生涯发展的一系列活动，旨在留住人才、培养人才、发展人才。本次对企业是否重视职业技能人才的职业生涯管理进行了调查，从表4－26可以看出，在接受调查的81家企业中，有33.33%的企业对技能人才的职业生涯管理是非常重视的，比较重视的企业占30.86%，一般重视的企业占20.99%，不重视的企业占6.17%，非常不重视的企业占3.70%，有4.94%的企业没有回答。

在被调查的企业中，国企较多，其可能相对比较重视人的智慧、技艺、能力的提高与全面发展，而相对规模较小的和成立年限较短的企业对技能人才的职业生涯管理还没有提上议事日程。在新兴企业和私营企业中，正在逐步重视技能人才的职业生涯管理，但一些小的私营企业，由于经营管理不完善，仍然无法顾及技能人才的综合素质问题，对于职业生涯管理更是无暇顾及。以上几个方面，也许就是企业总体对技能人才职业生涯管理重视不够的原因。

表 4-26　2017 企业技能人才的职业生涯管理情况

重视程度	企业数（个）	比例（%）
非常重视	27	33.33
比较重视	25	30.86
一般重视	17	20.99
不重视	5	6.17
非常不重视	3	3.70
（空）	4	4.94
本次参与有效填写的企业	81	100%

数据来源：由项目组根据问卷调查数据整理计算得出。

（二）2017 年技能人才的职务晋升制度情况

企业职务晋升规定的规范在一定程度上体现了企业管理制度的完善程度。项目组对企业技能人才职务晋升情况进行了调查，见表 4-18。在接受调查的企业中，有 71.43% 的企业建立了技能人才的职务晋升制度，而有 28.57% 的企业尚没有建立正式的职务晋升制度。这一情况表明，企业对技能人才的职务晋升制度普遍重视。一般而言，职务晋升制度的完善程度直接影响技能人才的发展通道，间接影响技能人才的流动与否。一般小企业或初建企业对职务晋升制度的认识还存在不足，可能影响晋升制度的建立与完善。

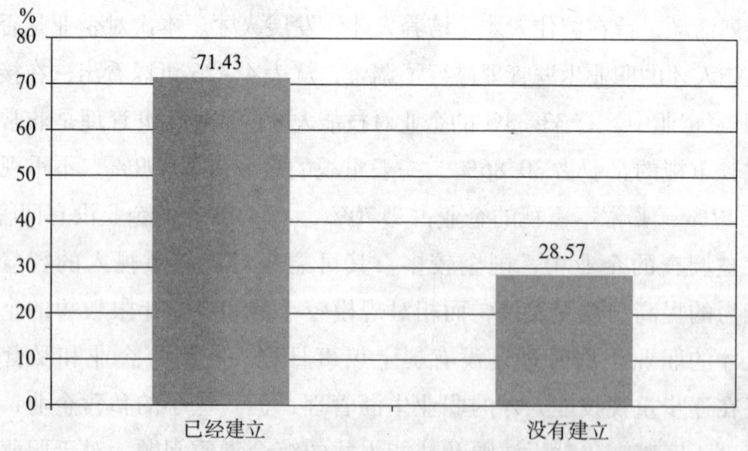

图 4-18　技能人才职务晋升制度建立的企业分布情况

数据来源：由项目组根据问卷调查数据整理计算得出。

十二、技能人才素质与企业发展要求的匹配程度分析

技能人才素质某种程度上决定了企业的竞争力，但对于技能人才的素质并没有统一的规范和标准。企业往往需要什么样素质的技能人才，不仅与企业的战略目标有关，还与企业的环境和岗位设置有关。技能人才除了应该具备基本的专业技能外，往往还需要具备一些关键能力，才可能与企业发展的要求相匹配。总体来讲，技能人才素质表现在思想、知识、才能等方面的基本条件及其表现出来的态度和行为，具体体现为思想价值观、知识、技能、工作态度、能力、健康状况等的综合反映。

企业技能人才的素质是否能够适应企业发展的要求，本次项目组对技能人才素质适应企业发展要求的情况进行了调查，调查结果如图 4 - 19 所示。项目组对接受调查的企业提出五个程度的选项：非常适应、比较适应、一般适应、不适应和非常不适应。调查数据结果表明，认为非常适应的企业占 9.09%，即绝大部分企业对技能人才非常适应企业发展要求不认同。而认为不适应和非常不适应的企业占比分别为 3.90% 和 2.60%，处于相对较低的状态。认为比较适应和一般适应的企业分别占 49.35% 和 35.06%，说明企业总体对技能人才的素质比较满意，但同时认为缺乏高端技能人才，要达到对技能人才整体非常满意的程度还相对较弱。未来在相当长一段时间内，培养高技能人才是职业院校和企业的共同责任和艰巨任务。

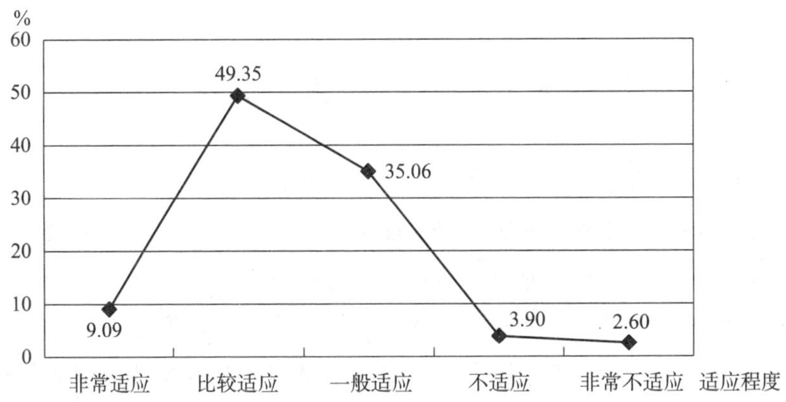

图 4 - 19　2017 技能人才素质适应发展要求的企业分布

数据来源：表中数据是项目组根据问卷调查数据计算得出。

第五章

国外技能人才发展的经验与启示

关于国外技能人才培养的研究和探索，在我国已经非常广泛，研究和探讨最多的是职业教育和企业技能人才培训，实际上这两个方面是分不开的。职业教育除初次进入工作岗位之前的劳动者接受教育外，还有更多的非初次就业者的情况，包括在岗人员以及由企业或组织自己主办的各类职业技能培训，也可能企业委托职业院校来开展培训，更多时候二者是交织在一起进行的。因此，提到技能人才培养，不论哪一种情况，可以统称为“职业教育”，可以是职业学校教育，也可以是非职业学校教育，或者企业或组织举办的各类技能培训。国外职业教育对技能人才培养的模式以及制度上的做法，的确具有可借鉴性，把所有探讨国外职业教育方面的内容归纳起来看，国外职业教育的技能人才培养模式具有很多优势和经验，下面就德国、美国、英国三个典型国家的职业教育进行分析，并探讨对我国技能人才培养的启迪。

一、德国技能人才培养的经验与启示①

德国职业教育是享有国际盛誉的一流水平，处于世界领先地位，为德国经济腾飞与发展培养了一流的职业技能人才，而“双元制”是其著名的一种技能培训模式，充分显示了其职业教育的特色，并展现了符合德国自身规律的职业教育模式。之所以能够找到如此符合德国实际的职业教育模式，其成功背后所隐藏的支撑力量是德国雄厚的职业教育师资团队与相应

① 本部分内容主要参考：https：//baike. baidu. com/item/德国职业教育/6475901？fr = aladdin。

的高水平研究机构。德国将职业教育学作为大学的一门独立学科，集中了大批专门从事职业教育学研究的专家学者，建立了高水平的研究机构，在包括著名的德累斯顿工业大学、亚琛工业大学、柏林技术大学、达姆施答特技术大学、慕尼黑大学、汉堡大学、洪堡大学等研究型大学里，建立了职业教育师资培养机构及相应的职业教育研究所，为德国职业学校和企业职业教育的发展与创新，提供了强有力的理论支撑。

（一）德国“双元制”职业教育

德国“双元制”被称为“二战”后德国经济腾飞的“秘密武器”。一元为职业学校，另一元为培训企业，意指学生既在职业学校学习基础理论与专业知识，又同时在企业接受技术技能培训。受训者因此也具有双重身份，既是职业学校的学生，又是培训企业的学徒。“双元制”职业教育以“职业技能培养”为本位，以“高技能人才培养”为目标，以“开展职业活动”为核心，主张以企业的技能培训为主，职业学校的理论教学为辅，将理论与实践紧密结合，使学生所学理论知识能迅速而有效地应用到实践中去，并在实践中得到强化与提升。基于“双元制”职业教育的独特优势，德国法律明确规定，“凡初中毕业后不再升学的学生，就业前必须接受二年半至三年的双元制职业培训”。企业不得接收未经过培训的员工，未经培训的员工不能上岗，这已成为雇主、雇员的共识和行为规范。据统计，全德2/3以上的员工接受过“双元制”职业教育，从而为德国新产品、新工艺在激烈的全球竞争中占据世界领先地位，占领全球市场高地创造了有利条件。

（二）德国职业教育的特点

职业教育在实践中，有两种形式的“双元制”：一是一段式“双元制”职业教育体系，它继承了学徒培训及师傅授徒传统的综合性技能人才培养观念，瑞士、德国、奥地利和丹麦等国均拥有高度发达的一段式“双元制”职业教育体系；二是两段式“双元制”职业教育体系，主要是在职业学校、专科学校或高等学校的中等或高等教育阶段之后衔接一个熟悉职业的实践阶段。

在德国，2/3的专业人才经历了技术工人、技师或工匠师傅级别的“双元制”职业教育。经济合作与发展组织（OECD）的一项关于就业体系中高校毕业生和作为高水平人才就业之间关系的研究显示，教育体制学术化在许多国家都被证明是一种错误的倾向。在德国，可以通过参加“双元制”职业教育来获得报考高校的资格并开始相关学业的学习。在一些学习方向中甚至可以将职业教育的某些学分算作高等学校学业的学分。在瑞士、美国等国家也有这种学分计算制度。在瑞士约有 3/4 的高等学校学生参加过“双元制”职业教育。因此，“双元制”职业教育在德国具有非常高的吸引力，而且企业对这种职业道路也非常认可。这一特点使得德国高水平人才比例一直在提高，德国可以被称作一个现代工业社会，企业竞争力主要建立在由“双元制”职业教育培养出来的专业人才的基础上，这些人才使得建立现代企业结构成为可能。现代企业的扁平化组织结构的使用，主要是建立在高级人才有能力直接创造新价值的基础上，“双元制”职业教育提供的人才对此具有很强的有效性。这方面的情况，在中国也能够感受到，那些具有深度而广泛实践经历的毕业生，或者毕业后不辞辛苦打拼在一线的工作者，最容易成长为高水平的出类拔萃的专业人才。国际研究普遍认为，“双元制”职业教育体系提升了职业技能人才的能力，而德国的工程师们常常在接受学术性教育之前先完成技术工人的培训，这对专业技术人才能力的提升起到了传递作用。

德国的“双元制”职业教育对于家长和学生都具有吸引力，主要原因之一是受训者在其参加“双元制”职业教育期间，还可以获得高校报考资格。德国正在考虑为工匠师傅和高等专科学校毕业生设立在职硕士课程，在内容上明显区别于传统的学术性硕士课程。为工匠师傅和技师提供的在职——双元制——硕士课程有着能够发展职业能力的巨大好处（Rauner，2010）。

一般认为，一个先进的教育体系应该是职业教育和学术教育具有同等价值，在 20 世纪六七十年代，中国就曾提出过“半工半读”的职业教育主导思想，这对中国今天的“双元制”职业教育发展产生了重要影响，和德国的“双元制”职业教育非常相似。

（三）德国“双元制”职业教育的成功经验

纵观德国“双元制”职业教育，其成功经验如下：一是学员入学前，必须先找到培训企业，再找对口的职业学校，使学生能根据企业要求学习知识技能，更符合生产实际需要，企业也会多方面支持与资助职业教育；

二是学员每周只有1～2天到职业学校学习，其余时间在培训企业实习和实践，因此强化了技术技能培训的主导地位；三是学生在职业学校学习以专业课为主，约占60%，而以普通文化课为辅，这就既能有效提高全体国民的基本文化素质，又能满足企业对学生技术技能的要求；四是企业实训教师多于学校教师，因此学生可以了解技能需求前沿及操作的关键点；五是职业教育经费来源具有保障性，经费由培训企业、国家与州及镇政府承担；六是“双元制”体现了国家、私人经济、学校及企业等各方面的通力合作。既可以及时预测到职业结构的变动和劳动力市场的需要，又可以在教学内容及训练环节做出快速反应；七是学徒在训练过程中可以直接参加生产过程并创造财富，因此会得到一定的劳动收入而受到学员的青睐。

（四）德国职业教育的管理体制

根据德国《基本法》的规定，各州拥有包括教育在内的文化主权，所以德国职业教育体制的基本特点是：各级各类学校属于州一级的国家设施，学校形式的职业教育由各州负责，按州《州学校法》的规定实施；校外特别是企业形式的职业教育，则由联邦政府负责，按联邦《联邦职业教育法》（手工业企业按《手工业条例》）的规定实施。

德国职业教育最重要的法律有：《联邦职业教育法》（1969年）、《联邦职业教育促进法》（1981年）、《手工业条例》（1965年）、《联邦劳动促进法》（1969年）、《企业宪法》（1972年）、《联邦青年劳动保护法》（1976年）。2005年4月1日将《联邦职业教育法》与《联邦职业教育促进法》合并，经修订后颁布并实施新的《联邦职业教育法》。

（五）德国职业教育管理机构

职业教育的管理机构有：

联邦一级：联邦教育研究部和相关的联邦专业部，如联邦经济与劳动部，是职业教育立法与协调的主管部门。1970年成立的联邦职业教育研究所，则是协助联邦教育与研究部解决关于职业教育根本性与全局性问题而设立的联邦级职业教育的决策咨询与科学研究机构。

州一级：州文教部以及由雇主、雇员及州政府代表组成的州职业教育委员会。各州教育的协调机构为各州文教部长联席会议，该委员会下设职业教育委员会。

地区一级：行业协会，包括工商行业协会、手工业行业协会、农业协会、律师协会、医生协会等经济组织，是德国职业教育最重要自我管理机构，有八项重要职责：认定教育企业资质、审查管理教育合同、组织实施结业考试、修订审批教育期限、建立专业决策机构、调解仲裁教育纠纷、咨询监督教育过程、制定颁布教育规章。

（六）德国职业教育体系结构

根据2005年4月1日颁布并生效的新《联邦职业教育法》，职业教育包括职业准备教育、职业教育、职业进修教育以及职业改行教育。①职业准备教育的目标，是通过传授获取职业行动能力的基础内容，从而具备接受国家认可的教育职业的职业教育的资格。②职业教育旨在针对不断变化的劳动环境，通过规范的教育过程传授从事合格的职业活动所必需的职业技能、知识和能力（职业行动能力），并获得必要的职业经验。③职业进修教育应提供保持、适应或扩展职业行动能力及职业升迁的可能性。④职业改行教育应传授从事另一种职业的能力。

德国《联邦职业教育法》仅规范相当于高中阶段的"双元制"职业教育的企业部分。从层次上看，德国职业教育以中等职业教育为主，16～19岁年龄组的青年接受职业教育者超过70%。但20世纪70年代以来，"双元制"职业教育逐渐向高等教育延伸，出现了采用"双元制"模式的"职业学院"及部分"专科大学"，可纳入高等职业教育范畴。从内容上看，德国职业教育既包括职前的职业教育（职业教育的预备教育、职业教育），又包括职后的职业教育（职业进修教育、职业改行教育）。

（七）德国职业教育对我国职业教育发展的启示

德国职业教育体系对我国职业教育体系建立与完善的启示和借鉴作用：一是主动根据企业实际的市场需求调整职业技术教育体系构成，注重多元的（包括在职、转职、晋职）、多层次的（包括初、中、高）、多形式的（包括全日制、半日制、业余等）、多功能的（包括技术服务、经济创收等）、多学制的（短、中、长的教育培训等）职业教育体系的开发与建立。二是加强与完善职业技术教育立法工作，为职业教育健康发展提供法律保障。德国诸多法律法规，都对高技能人才培养过程中各个社会实体的

职责做了充分规定，以实现高技能人才培养的制度化和法治化。20 世纪 50 年代以来，德国颁布的与高技能人才培养相关的立法有 20 多项，如德国《联邦德国基本法》《企业法》《青年劳动保护法》《职业教育法》《职业培训条例》《职业教育促进法》《实训教师资格条例》《2001 年职业教育报告》《教育制度结构计划》《终身学习的新基础：继续扩展继续教育为第四教育领域》等，已形成了一整套周密的法规体系，使德国高技能人才培养有法可依。例如，按法规，德国十人以上职工的企业有义务进行职业培训，且每年提供的培训位置不得少于当年在职员工人数的 7%，等等。三是要引导形成尊重技能人才的社会文化。德国社会具有尊重技能的文化传统，这是高技能人才产生的重要社会环境。德国企业界认为，只有录用受过良好培训的人，才能保持产品的质量与竞争优势。因此，在德国找一份工作，除必备的文凭外，还必须具有专业职业教育的经历，而且尊重高技能人才，还需要从收入待遇等方面得到体现。总体而言，在德国技工的月平均收入略高于德国的平均收入水平，晋升为师傅级别的高级技工收入明显增加。四是把注重员工培训看成是高技能人才培养的重要途径。培训可以根据实际情况采用多种多样的形式，可以是企业内部技术学习讨论，也可以是实际操作训练，还可以是脱产技能学习，甚至可以是企业主导的技术创新小组活动等。企业应该相信，员工培训的巨额经费投入是可以提升职工素质的重要措施。

二、美国技能人才培养的经验与启示

美国以追求自由开放的市场经济思想为主导，对技能人才的需求也带有明显的市场竞争特色。因此，对技能人才培养的职业教育，也是从市场主体的需求开始的，最早殖民地时期的传统学徒制，就体现了个人对技能提升的需要。独立战争后，农业与技工教育得到快速发展，到后来南北战争以后及工业革命的蓬勃发展，技术与服务的市场需求迅猛，带动劳动者个人与企业寻求职业技能提升与发展的兴趣，这种兴趣主要来自本人追求升职、提薪、良好的工作环境以及企业经济与技术发展需要，出现了很多在职人员利用业余时间，自主参加专业学校、企业或社会举办的各种专业、文化技术培训，以适应和提高自身在人才市场中的竞争能力。另外，企业为职工组织的培训形式多种多样，完全是从提高职工岗位技能、满足本企业总目标需要、提高竞争能力出发而开展的。美国高速的经济发展和极少的人力闲置，很大程度上归功于美国发展职业教育的巨大贡献。

在技能人才培养与发展过程中，最耀眼的是其职业教育的实效性。美国各种职业技术培训都是先进的实用性技术，而且十分重视职业道德教育，特别是强调职工的工作态度，甚至认为训练职业道德和工作态度比训练技能更重要。企业特别关注教育职工的顾客中心思想，并在人才选拔中加以考虑。

（一）美国职业教育的特点[①]

美国技能人才的培养与成长，都伴随着美国自由市场经济为主导的思想，主要体现了以下几个方面的特点。

1. 把技能人才培养与发展的实效性放在首位。不论是专业学校，还是企业办的职业技术培训、职业技能短训等，其教学计划和教学内容都紧密结合本专业的生产和工作实际，有的放矢，目标性非常强，学习内容和实际应用结合紧密，实践环节比重超过六成，立足于基本技能和应变能力的培养，重点培养学员的综合素质、解决实际问题和动手能力，而很少在教学计划中装进空洞无物的艰涩理论，对学员和企业均具有强大的吸引力，效果非常好。例如，工程技术人员的培训除掌握尖端技术的应用外，还要求可以从事信息搜集处理、电子器件的研制、设备制造方面的工作。低层次岗位培训重视操作能力，而高层次岗位培训更重视综合决策、管理和创新能力。

2. 把“市场与竞争”作为技能人才培养的目标。美国职业教育突出对市场需求与参与竞争的服务功能，根据不同层次的职业教育确立“市场与竞争”培养的核心目标，实用技术、职业道德、顾客中心的价值理念、工作态度等，作为职业教育的一体内容，根据需要来强化。例如，成人教育突出市场急需的高新技术培训，在培训效果的考核上，对技术和管理人员主要从其实际工作能力与业绩进行考核，对工人则以实际操作技能、完成产品的质量数量为主要考核内容。培训、考核、晋升一体化的目的是适应

① 参考来源：https：//zhidao. baidu. com/question/260398473. html。

市场竞争的需要，适应岗位工作的需要。同时在待遇方面也体现市场与竞争的思想，高、中、低级别的技工和技术管理人员，工薪的级差也较大，通过物质利益来激励员工提升自己职业技能学习的热情。

3. 不同层次教育之间相互贯通，为学员提供更多选择“鱼跃”的发展空间。大规模的职业教育向普教渗透，美国的普通中学就开设职业技术课程、职业基础知识和基本技能训练等，培养中学生具有初步的专业技能，以利分流以及学员自我选择。学历性质的工艺院校，又是成人职业技术培训学校，一校两用，一师两教，师资设备可充分利用。各州政府都有法律规定，初次就业前必须经过职业教育，职业教育成为各类专业技术人才上岗前的必由之路。职后教育（即成人在职教育）是职工争取自我发展的必经阶梯，也是取得晋升的必备条件，又为提高职工技术素质发挥作用。美国高等职业教育的实施机构广泛多样，绝大多数中学后教育机构以及几乎所有的两年制和低于两年制教育机构，都有资格直接参与职业生涯与技术教育，这为中学后阶段学生接受职业教育或培训提供了多种机会和可能性。这些广泛而多样的高等职业教育机构分别有着不同的职业教育目标，“美国高等职业教育主要通过如下教育机构来实现：一是非传统大学的高中后教育，包括社区学院、初级技术学院，该类机构的主要培养目标是技术员；二是普通高校附设的职业技术学院，其提供的是本科学制的高职，培养目标是技术师；三是地区职业学校，以非学历教育为主，学生毕业后发给职业证书或结业证书，该类学校承担了部分成人高等职业技术培训的任务”。另外，学历教育课程的修分在各高等学校教育之间可以互认打通，因此，选择职业教育、本科教育、研究生教育等之间可以根据实际情况和条件互相转换，为每个学员的发展提升了很大的空间。

4. 注重公平性对职业教育质量的促进作用。美国教育对教师高标准、严管理、高待遇，职业教育亦如此，美国的职业技术教育和其他教育一样，教师任职资格的标准都很高。职工教育的教师必须是大学本科毕业生或硕士研究生，并经过教育学院和实践环节的专业培训。教师每两年半还要参加一次教师资格考核，并取得任教合格证书。对教师的管理考核非常严格，教学不负责任或教学质量差，不能担任教学工作的教师要解除聘约。教师的社会地位和工薪待遇也较高，经济收入仅次于医生。如此对职业教育质量提升的作用是显而易见的。

5. 强化社区学院与企业在职业教育中的核心地位。（1）社区学院地位。美国已有100多年历史的社区学院，为美国社会培养了一大批职业技能人才。企业通过与社区学院订立合同制技能培养或定向训练，为学员制定的课程内容紧跟企业产业发展需要，并实时调整教学内容以适应社区经济发展的需要。社区学院还可以为特定的雇主及其雇员提供符合他们需求的训练与技能。（2）企业职业技术培训地位。企业创办的职业技术培训具有非常大的自主权，其教学计划与内容都紧密结合自身生产和工作实际开展，对企业技能人才培养与发展、使用具有主导地位。（3）企业的合作推动地位。企业与教育部门、工业部门、商业组织、就业部门的横向合作繁多。特别是工商企业在职业教育改革与实施过程中，除直接向学校提供资金外，还通过建立职业教育理事会、职业教育咨询委员会等机构来参与教育的管理和决策。他们与学校的合作从招生到课程设置，从安排学生实习到录用毕业生，贯穿了职业教育的始终。美国许多职业高中和社区学院都和企业界有合作，学生在校学习基本理论知识，然后每周有一段时间到企业部门实地工作，实习操作，企业付给学生一定工作报酬。

（二）美国职业教育发展的经验

美国的职业教育经历了150余年的发展变迁，从1862年《莫雷尔法案》颁布至今，从过去对农业技能人才、制造业技能人才培养的关注，到今天对服务业、商业、教育、医疗保健、信息、物流技术人才培养的关注，随着美国经济发展与技术需求变化，几经变迁，如今在规模、层次、质量和效益等方面都走在了世界前列。翻开美国第一项关于职业教育经费的《史密斯—休斯法案》，就会清楚地看到，美国把财政拨款作为国家干预职业教育的重要形式，显示了国家在市场经济中干预职业教育的主导思想。《史密斯—休斯法案》强调联邦政府和各州在职业教育发展中的责任，同时高度重视专业教师的培养和培训，由此推动了美国职业教育的制度化和职业教育的快速发展。其成功的经验如下。

1. 注重职业教育的实效性、市场性、公平性以及法治化。实效性是美国职业教育发展的动力，市场性是美国职业教育发展的指导原则，公平性是美国职业教育发展的价值导向，法治化是美国职业教育发展的坚强保障。这些职业教育特点构成了美国职业教育成功经验的基础。

2. 多样化的办学形式。办学形式包括：职业教育中心、社区学院、联合办学以及国际合作与交流等形式。一是服务范围较大的职业教育中心与

立足于社区的社区学院齐头并举。职业教育中心一般面向一个学区甚至整个州，组织多种专业工种的教学与实习，组织课程的开发、教材的编写和开展教育研究。职教中心提供就业咨询和就业信息，立足于人才市场的需要，为毕业生拓展就业渠道。社区学院则立足于社区，致力于社区服务，布局分散，入学条件宽松，收费低廉，教学内容实用性更强、更灵活，能适应各种类型学生的不同需要。二是联合办学或者某环节的联合也是办学形式的一种。教育部门与工业部门、商业组织、就业部门、雇主组织的横向合作增多，多方共赢的职业教育实用性得到提升。三是职业教育的国际合作与交流。美国职业教育的发展走出国界，与其他国家的交流与合作逐渐增多。跨国合作形式多种多样，有合资办学、合作办学、联合考核、职业资格国际认可等。国际合作优化了教育资源的国际配置，促进了国际之间优势效应扩散。

3. 技能教育周期灵活。美国职业教育既有时间短至几周、几天的短期培训，也有时间较长、周期固定2～3年的正规学历职业教育，而面向一生的终身教育更为普遍。短期培训一直是美国职业教育的重要形式。正规学历职业教育主要针对具有普通高中基本知识的年轻人。除此以外，美国职业教育的终身学习也是其发展的一个新趋势，反映出美国职业教育跟随社会市场需求快速反应的灵活性和敏锐性。

4. 加强职业教育内容的融合性。不论是在普通高中还是职业学校学习，综合性的课程在加强，它融合了普遍性、职业性与学术性，表现出对未来个人发展转型的综合能力及基本素养的关注。这种培养思路在于强化不同知识之间对理解的相互促进，加强了职业教育中的学术内容，可以使职业学校的学生有足够的理论基础以应对技术变化，为解决问题和革新技术做好准备；同时加强了普通教育的学术性和职业性，既可以使学生为进入大学做准备，又加强了学校教育与未来工作的联系。

（三）美国职业教育对我国职业教育发展的启示

1. 加大我国职业教育发展的力度，扩大高等职业教育比重，强化职业教育发展的多样化。多年来，我国中等职业教育占据主要份额，为我国经济发展与职业技能人才的培养做出了巨大贡献。但是，我国职业教育与普通教育之间不够平衡，职业教育仍然处于相对劣势，特别是高等职业教育的发展不能满足经济发展与产业结构调整对技能人才的需求。因此，要从根本上实现职业教育发展的多样化，特别是从办学主体、人才培养目标、人才培养模式、人才质量标准、学制类型等方面实现多样化，分类分层次设置职业教育的入门标准，让不同社会成员具有同等机会、具有更多选择、更加方便地获得提升职业技能的可能性。

2. 以技能实效为牵引，以社会服务为导向，加强职业教育内容与市场需求的契合度。随着我国经济和社会发展及人口结构的变化，社会对技能人才的需求会出现结构性的增长或减少，因此，紧跟市场需求变化，学习美国注重职业教育实效性的经验，加强职业教育与市场需求的契合度，才能更好地为社会经济发展服务。

3. 加强地方院校职业教育的比重，提高对本地社会职业技能人才培养的积极性。美国的社区学院培养技能人才的力度、精准和服务社区意识，都是我国在职业教育方面值得学习的，依靠地方院校的地理位置优势，加强职业教育功能，对当地社会经济发展及人才培养会起到事半功倍的作用。

4. 加强职业教育的经费保障，克服对职业教育的歧视和偏见。美国的技能人才培养属于非义务教育，但职业教育办学却以政府为主，学校不以营利为目的，办学经费非常充足，以财政投入为主，各种办学主体公平对待，一视同仁。而且美国以立法的形式对联邦政府及州政府对职业教育的经费投入做了明确规定。这些经费保障是职业教育人才培养质量提升和克服社会歧视与偏见的重要措施，也为职业技能人才走向工作岗位的公平待遇提供了价值标准。

三、英国技能人才培养的经验与启示

英国的现代职业教育体系为国际职业教育界所推崇，它为英国技术创新能力和国际竞争力提升发挥了重要作用。英国现代职业教育体系中最为耀眼的是国家职业认证制和现代学徒制，被各国职业教育领域广泛学习和借鉴。

（一）英国职业教育的特点

英国职业教育形成体系是从丘吉尔政府颁布的《1944 年教育法案》开

始的，它确立了英国三轨制的教育体系，将中学教育分为文法中学、技术中学和现代中学三类，这是英国政府第一次以法律的形式明确职业教育是教育体系的重要构成部分。20 世纪 70 年代，英国就进行了深刻的职业教育改革，持续关注培养实用技术型人才，因此，英国政府在《1988 年教育法》中提出建立“城市技术学院”，主要为当地工商企业培养应用型技术人才。这些法律的实施和调整，奠定了职业教育在教育中的重要地位，促进了英国职业教育的改革与发展。其主要特点如下。

1. 英国的现代职业教育体系完善，规范与指导职业教育实践的综合水平高。[①] 英国现代职业教育体系由四个模块构成：现代学徒制体系、国家职业资格认证体系、职业教育中心体系和法律保障体系。现代学徒制体系和国家职业资格认证体系是英国现代职业教育体系的核心和基础，职业教育中心体系和法律保障体系是英国现代职业教育体系实施和运行的重要通道与保障。英国现代学徒制经过长期的摸索与总结，于 1993 年制订了现代学徒计划，这是一种工读交替的教学模式，既获得职业资格等级证书，又获得一定工作报酬的学习方式。整个学徒期一般有 4 ~ 5 年，第一年脱产到继续教育学院或“产业训练委员会”的训练中心学习，在后面的几年里，培训主要在企业内进行。获得证书的学员可以直接就业，也可以通过招生考试重新回到普通高等院校完成学位教育。这一教学方式为年轻人提供了多样化的学习选择，是以能力培养和就业为导向的职业教育方式。

为了加强青年人职业教育的理论学习，英国政府在《1988 年教育法》中提出了建立“城市技术学院”的设想。2001 年后，在英国前首相布莱尔“第三条路”的国家创新能力发展思路影响下，英国教育和技术部提出了整合“城市技术学院”，设立地方职业教育中心的构想，由职业教育中心为当地青年提供职业理论学习服务。

英国的国家职业教育认证体系被联合国教科文组织评价为最成功、最具特色的职业资格证书体系。它根据接受职业教育的不同层次分为六个等级，英国政府通过教育法案明确职业教育资格证书与相应等级的普通学历证书具有同等地位和价值，可以互相通用。任何获得 NVQ3 以上职业资格认证的青年都可以参加普通高等院校的招生考试，从而继续完成高等学历教育。这为职业教育和普通高等教育建立了联结的纽带，为青年人成长成

① 参考《浅谈英国职业教育》，http://blog.sina.com.cn/s/blog_5b29e6b60100bhtd.html。

材提供了更加广泛、灵活的选择。考取 NVQ3 以上职业资格证书都可以顺利就业，并受到企业界的普遍欢迎。

2. 行业企业广泛参与职业教育。[①] 英国的企业从多个方面积极参与职业教育。企业主在职业教育行政管理组织机构中任职，参与职业教育的宏观管理和领导决策；企业支持学校的职业教育教学，积极参与职业院校的课程设计、课程教学及专业设置；企业参与制定职业资格能力标准：参与对学校的评估；以各种方式对学校提供资助，与政府合作创办城市技术学院；积极参与由政府推动的各种职业培训项目；等等。这种参与有一定的保障措施，英国政府认识到职业教育对就业和促进经济发展的重要性，经过多次变革，政府强调市场力量对职业教育的支配作用，致力于“用强制的手段，达到自由市场化的结果”。于是，英国政府在促使行业企业参与职业教育方面，主要采取了以下措施：一是立法。1964 年，英国政府颁布《产业训练法》，依据该法规定成立了由劳资双方代表与教育专家按一定比例组成的产业训练委员会，该委员会有权在部门系统中集资或拨款以资助企业外职业教育与培训，凸显企业在职业教育中的地位。后来。英国政府又颁布了《职业培训法》，要求由企业、教育部门和工会三方组成“企业培训委员会”，从企业工资总额中征收一定百分比的税。1973 年颁布了《就业与培训法》，规定设立由劳资双方、地方教育代表和教育专家组成的人力服务委员会，其成员由政府大臣任命，在该委员会下设立就业服务处和培训服务处。人力服务委员会的成立，使职业培训与劳动力供求紧密联系起来，可以更好地说服企业主参与职业教育。1988 年的《90 年代的就业状况》白皮书提出应该将培训的领导权交给企业主，明确了企业在能力标准的制定过程中具有决定作用，能力标准必须由企业制定。同年颁布的《教育改革法》规定，由企业与政府共同创办城市技术学院，实行联合办学，学校成为企业的一部分。这样就从法理层面上确保了企业参与职业教育的可能性，明确了企业自身的责任与义务，将企业内的职业培训纳入国家干预的范围内，提高了企业在职业教育中的话语权，逐步形成了以企业主为主导的职业教育体系。二是政策支持。企业参与职业教育，英国政府还出台了一系列政策，对企业参与职业教育加以引导和规范。为了使企业

---

① 参考《英国企业参与职业培训教育的保障措施》，http: //3y. uu456. com/bp _ 14f554n3ad1jxus0i33f_ 1. html。

更积极地参与构建国家职业资格制度，政府推行职业准入制度，规定新就业或重新就业人员必须具有相应的国家职业资格证书或普通国家职业资格证书，政府对录用证书持有者和实施职业教育制度有成效的企业予以奖励，并在税收政策上提供一定的优惠。政府在推行由企业主导的培训计划时提供资助。1993 年，英国政府计划在三年内拨款 1.5 亿英镑，以支持企业推行现代学徒计划。2002 年 9 月，在学习与技能委员会的资助下推行了雇主培训计划。雇主培训计划以雇主需求主导培训，为各类雇主提供多种培训。这种培训力求在工作时间内提高雇员的技能，把培训项目设计成灵活的组块，供雇主和雇员选择。在政府的资助下，雇主培训计划大获成功，2006 年，英国正式推行国家雇主培训项目。另外，政府推行训练信用卡制度，提高企业参与职业教育的积极性，训练信用卡是一种有价凭证，在 16～17 岁的青年离校后交给他们。他们可以使用信用卡“购买”接受职业教育的机会。训练信用卡的特别之处在于，政府拨款是通过受教育者，将选择权交给受教育者，他们根据自己的兴趣和需要在开放的职业教育体系内，选择培训计划和课程。英国政府还推出了推行工读交替的“三明治”课程模式，把企业培训纳入学校职业教育体系内，由企业负责一年的实践课程，并规定学生在企业实践期间可以获得一定的报酬，由企业支付。而且，学校的专业建设与课程开发工作交由企业负责。学校的教学评估也交给企业负责。同时，为确保职业院校教学内容及时反映企业需求，要根据行业企业制定的职业能力标准进行教学质量评估。三是给予平台保障。让企业参与职业教育行政机构管理，给予企业参与职业教育的平台保障，英国的职业教育行政管理机构中均有来自企业的代表。1988 年，英国政府成立了培训与企业委员会，其中有 2/3 的委员是来自工商业界的代表，体现了将培训的领导权交给雇主的精神。部门技能委员会是英国企业在政府的代言人，是由雇主主导的独立机构，覆盖英国各个行业，这个委员会为雇主提供一个平台表达他们的需求，赋予雇主制定某些策略的职责。雇主拥有更多的机会与政府管理机构对话，对职业教育政策的制定施加影响，寻求与其他教育机构的合作，争取国家的投资。《97 教育法案》规定建立资格与课程署，它是由国家职业资格委员会、学校课程与评估委员会合并而成的。其任务是维护和开发国家课程，组织各种考试。企业代表有较大的权力，企业参与国家职业教育课程体系的开发与维护，参与构建国家职业资格认证体系，组织学校考试。

3. 从国家战略的高度规划高技能人才的培养。① 为加快培养高技能人才，英国政府连续出台相关规划、政策与法律法规，其中有2009年11月国会通过的《为发展的技能：国家技能战略》及同时发布的《技能投资战略2010—2011》和同年12月通过的《学徒制、技能、儿童与学习法案》等。这反映了英国政府对培养高技能人才的高度重视，也充分体现了英国迫切希望实现技能立国的战略意图。

4. 建立“关键能力”的培养目标。1974年，梅腾斯（Mertens）首次提出“关键能力”概念。梅腾斯认为，关键能力是一种“普遍的、可迁移的、对劳动者的未来发展起关键性作用的能力”。“关键能力是指与纯粹的专业性职业技能和职业知识无直接关系、超越职业技能和职业知识范畴的能力，如独立学习、终身学习、独立计划与实施、独立控制与评价的能力等。”英国职业教育特别强调“关键能力”训练，从根本上讲，关键能力是一种经过各类训练以后所形成的综合能力，非专业化的“关键能力”训练使学生在市场竞争中学会生存，同时培养了应对市场转型和产业结构调整而引起职业流动的适应“迁徙”能力、学习能力、选择能力以及创业精神等。关键能力内容发生了多次变化，从最初强调交流、数字运用、自我提高和管理，到20世纪末强调信息技术的运用、学习和业绩提高及合作能力等。广泛关键能力则被包括在英国现代学徒制（ModemApprenticeships）和国家受训制（NationalTraineeships）中。英国职业教育中对关键能力的获得，已经成为英国职业教育追求的目标。

（二）英国职业教育发展的经验

1. 政府持续大力推动不同层次职业教育，并以立法的方式加以保障。

2. 建立完善的职业教育体系，确保职业教育体系各个构成部分完整而且相互协调一致。英国现代职业教育体系的现代学徒制体系、国家职业资格认证体系、职业教育中心体系和法律保障体系，四部分之间相互支撑，互为促进，确保英国职业教育成功地培养了大量社会需要的高技能人才。

3. 集国家政府之力推动企业参与职业教育。一般而言，企业自发参与职业教育即使有热情，效果也不会很满意，但英国政府从立法、政策优惠、宏观管理到具体参与细节的规划部署，环环相扣，使得英国企业参与

① 参考：阳立高等．国外高技能人才培养经验与启示［J］．中国科技论坛，2014，7：123.

职业教育取得良好效果，成为国际典范，同时也为英国经济发展与技术创新能力提升培养了大量的高技能人才。

4. 职业资格考评的精准定位，确保了职业资格证书制度价值性。英国的国家职业资格体系是一个综合性的、分层次的资格体系。执行职业资格考评的基本要求是加大工作现场考核的比重，以实际工作成果为主要的考核依据。尽管不同职业资格评定现场考评占有的比重各不相同，但英国职业资格制度规定，现场考评是任何职业资格评定的必需环节。这种以工作现场考评为主的综合评定方式，可以从理论素质与实际技能水平等不同角度来考察被考核者，并对于职业能力本身的职业教育具有重要的导向作用。另外，英国国家职业资格体系的每个资格条件都有明确的能力要素与操作标准，这样就给学员发出一个明确的信息，所有标准对任何人都是公开透明而且公平的，只有那些勤奋学习具备了职业能力的人，才会获得级别更高的职业资格，这样的规范运作就具有非常强的激励性。

（三）英国职业教育对我国职业教育发展的启示

1. 英国职业教育的指导思想是与企业实际职业需求紧密联系的，注重整体素质培养，关注培养学生的“关键能力”，即在市场变化中的适应和迁移的职业能力。所以，职业教育除关注实际技能外，更要关注职业获得成功的关键能力因素，否则，单纯的高超技能也不一定就能成功。

2. 英国职业教育体系始终把实训放在重要的地位。工读交替的“三明治”课程与现代学徒制培养模式，将职业教育与技术培训融为一体，旨在培养学生的实际工作和动手实践能力。围绕市场和企业需要设置课程，并根据社会发展变化不断对课程或专业设置进行动态调整，保证职业教育的动态有效性和实用性。国家职业资格证书制度意味着国家层面上的教育质量标准要求，资格标准与评价突出现场考核比重，也是重视实训的考虑。

3. 职业教育的国家干预倾向明显。国家干预最主要的体现在立法方面，同时还通过优惠扶持、政策鼓励引导等方式，从宏观上由国家设计、通盘规划是英国职业教育成功的重要原因之一。

4. 打通职业教育与普通教育之间的隔阂，建立职业资格证书制度，使学历与资格证书具有等值效用，并融合通识教育、文化教育、职业教育的相互促进价值，并加以规范化。

5. 强化企业参与是英国职业教育的重要成功因素。根据英国成功的经验，我国也应该在企业参与职业教育政策方面下功夫，出台促使企业参与职业教育的优惠政策。一般而言，在企业利益与社会利益的博弈中，企业的行为需要政府加以引导。为了激励企业更积极、更有效地参与职业教育，政府应出台相关优惠政策，制定投资配比制度，在企业投资的职业教育项目中提供政府资助等。

6. 要严格执行职业准入制度。在英国，原则上不允许任何青年不经培训就开始其职业生涯，已经就业的青年学徒必须在一定的时间内通过国家职业资格认证。英国的“职业准入制度”不仅规范了职前教育，对职业培训也起到了影响作用。目前，我国推行职业准入制度的最大困难是缺乏统一的国家职业资格制度。一些经济部门在利益的驱动下，纷纷组织证书培训与考核，导致市面上证书种类繁多。因此，只有加强资格证书制度的统一管理和规范运作，才能够体现资格证书的价值和有效性。

四、西方发达国家职业教育人才培养的总体启示与借鉴

从西方发达国家职业技能人才培养的不同经历中，我们可以领悟到其本质上具有一些共同的成功因素和启示，那就是“从实践中来，到实践中去”。这句曾在我国教育界耳熟能详的、体现教育理念的名句，可惜在近年来几乎被有意无意地“淡忘”了，导致我国职业教育走了一些偏路。再看看西方发达国家职业技能人才培养的各种模式和具体措施，日本的“产学合作”，美国的“合作教育”，德国的“双元制”，英国的“学徒制”和职业资格证书制度，被世界公认为是当今职业技术教育成功的范例，其核心点就是“企业参与”，这里企业参与的核心要义与“从实践中来，到实践中去”是一脉相承的。在这种背景下，形成各国的职业教育制度都在充分发挥企业的主体作用，学校主要为学生提供理论课程的学习，在职业教育培养过程中发挥辅助性作用，学生大部分时间是在企业进行实践操作和技能训练，在教育阶段就充分了解并接触企业的生产过程、设备和技术等，完全以技能和实践能力的培养为职业教育的核心，有效实现了学校与企业、理论与实训的融合。因此，在推动职业技能人才培养过程中，始终要坚持“企业参与”这个核心，职业教育的任何策略，都要坚定不移地贯彻这个核心理念，这就是西方国家职业教育人才培养给我们最大的启示和

借鉴。按照这一理念，职业院校确定职业教育人才培养目标、专业课程设置、师资队伍建设、普通教育与职业教育之间的有效融通等，都应该把“企业参与”放在第一位，这是提高职业教育的人才培养质量、提升职业教育的教育能力和社会经济服务能力的关键。在此理念的基础上，发达国家职业技能人才培养的经验及启示如下。

（一）健全而完善的职业教育立法是培养高质量技能人才的根本保障

西方发达国家都非常重视高质量技能人才的培养，首先是建立健全法律法规体系来保障职业技能人才的培养，然后通过实施技能人才培养战略规划，出台一系列的配套政策，制定具体的技能人才培养方案。如德国法律规定，未经培训的员工不能上岗；英国政府将培养高质量技能人才上升为国家战略，并出台系列规划与法规政策扶持高质量技能人才培养；韩国建立了一整套法律体系，对技能培训进行全方位、立体化的立法与管理；日本法律将培养与提升劳动者技能规定为企业的责任与义务。因此，在当前我国职业技能教育立法与配套措施尚不完善的情况下，应该加大力度健全完善的法律体系，为培养高质量技能人才提供法律政策的保障。

（二）加强技能人才培养经费的充足投入保障

职业教育成功的西方发达国家，在技能人才培养的经费投入方面都是很充足的，值得我们学习。美国职业技术教育办学经费很充足，且财政拨款占比很高，达75%以上；德国职业教育经费基本由培训企业和各级政府承担；日本的技能培训经费则以企业投入为主，且投入力度很大。但我国技术教育经费投入总体严重不足，且存在财政投入比重过低，学生学费过高等问题。因此，我国应该根据实际情况，在国家财政、企业投入等方面下功夫，找到技能人才培养经费投入的科学合理机制，从经费上确保职业技能人才培养战略的实施。

（三）市场需求是培养技能人才的根本导向

市场需求是技能人才培养体现有效性的根本，西方发达国家培养技能人才无一例外地都坚持与国家产业结构调整升级及其经济社会发展相联系，追求以市场需求为根本导向。例如，德国“双元制”职业教育将企业需求与学校培训有机结合，以在企业实习实践为主，以学校学习为辅，课程以专业课为主，以理论课为辅；美国的社区学院突出了教学设置的实用性，始终保持与社区发展需求相一致；英国的学徒制则采取工读交替的模式，使理论与实践深度融合；日本以企业为主体，以企业需求引导技能人才的培养。在这一方面，我国技能人才培养和市场需求有一定的脱节，原因是多方面的，“企业参与”不足是主因。

（四）建立与完善技能人才的科学评价与激励机制

建立与完善技能人才的科学评价与激励机制。需要注意的是，这个科学评价与激励机制不仅是对职业院校、社会机构和企业培训的人才培养过程而言，还要包括培养后的职业公平待遇确定与引导，以及社会声誉评价的引导。需要改变人才能力评价的综合机制，改变我国对职业技能人才的偏见与歧视，改变偏见歧视下的待遇不公与权利不平等，否则，在未来一定会对国家经济发展造成不可估量的损失。当前，我国技能人才的评价与激励普遍存在重知识、轻技能的问题，技能人才待遇低、晋升渠道少，而且相对受到很大限制。因此，要建立健全技能人才的科学评价与激励机制，把技术职称评定与职业等级的资格证制度进一步建立等值转换机制，建立层级合理、公平公正、公开透明、奖励到位的能力实效机制，从根本上解决我国实践中的偏见与歧视问题。

（五）强化技能人才培养与产业企业对接的力度

技能人才要实用有效，就必须有精准的人才培养定位，精准的定位需要与产业企业进行有效的对接，这是保证职业教育人才培养质量和社会服务水平的基础。职业教育人才培养目标要及时随着社会经济和产业的发展变化而调整，社会发展是常态，那么，产业结构优化调整、转型升级就必然成为常态，各产业之间就一定会出现交互作用与融合，技术创新与职业模式也会随时调整。于是，对人才结构要求的变化更加复杂、迅速，某种特定的职业技能不足以使劳动者应付风云变幻的就业市场。关键能力使劳动者在变化剧烈的职场获得了良好的适应、开拓能力，最大限度地减少了因职业变迁带来的负面影响。这就要求培养的职业技能人才能有效适应不断变化的要求，并及时调整深度，最好的方法就是强化与产业企业的对接力度，缩短调整适应的时间差。因此，这种对接在技能人才培养的组织

上，就需要体现综合素质的职业关键能力。例如，德、美、英等发达国家，都非常注重培养学生职业通用技能与能力的职业人才培养目标，就是增强这种产业企业对接适应能力的体现。我国应该对今后社会经济和产业发展的技能人才需求做出科学规划，确定所应培养的关键职业能力，将其作为职业教育人才培养的基本通用目标，以培养更加具有适应能力的技能人才，为适应职业转换和终身学习打下良好基础。

第六章

技能人才发展存在的问题、对策及建议

要成长与发展为一个高技能人才，是多种因素共同作用与促进的结果，这些因素最关键的有哪些？如何发挥作用就会成为社会经济发展与企业所需要的高技能人才？这是我们提出对策和建议的依据和基础。高技能人才是在生产、运输与服务等一线岗位中，掌握专门知识与技术，具有丰富的实践经验与精湛的操作技能，能在实际工作中解决关键技术与工艺性操作难题的人才，主要包括技术技能劳动者中取得高级技工、技师、高级技师及以上职业资格证及具备相应资质与水平的人才。但这些人才都有一个从学生时代的学习培养，到企业工作岗位实际操作的经验积累，并通过解决实际问题而终身学习的过程。在这一过程中，往往伴随着社会经济发展、产业结构转型升级和高新技术创新及应用，技能人员要保持在每一次变革中的适应性而不掉队，这还需要具有学习新技能的能力，在这样一个复杂的过程中，最后实际上只有部分人员会成为真正优秀的高技能人才。大家所希望和努力的目标是，如何把这个过程优化，并最终提升高技能人才的整体比例。在英、美、德、日等发达国家，高技能人才占比大约40%以上，而我国高技能人才与这一比例还存在一定差距。根据中组部、人社部发布的《高技能人才队伍建设中长期规划（2010—2020）》，要求加快高技能人才培养，使我国高级工以上的高技能人才总量到2020年达到3900万人。而根据中国人力资源市场信息监测中心对全国城市的劳动力市场供求信息进行的统计分析，我国技能人才供应总体不足，高技能人才缺口更大，“技工荒”曾屡屡出现。中国人力资源市场信息监测中心2017年第一季度，对105个城市公共就业服务机构的市场供求信息进行了统计分析，发现市场对具有技术等级劳动者的用人需求均大于供给。与2016年同期和上季度相比，对具有各类技术等级劳动者的用人需求均有所增长。从需求

侧看，对技术等级有要求的占32%；从供给侧看，具有一定技术等级的占31.9%。从供求对比看，高级技师、高级技能岗位空缺与求职人数的比率较大，分别为2.18、2.08。与2016年同期相比，从需求侧看，市场对具有各类技术等级劳动者的用人需求均有所增长。其中，增长幅度较大的有高级技师（+21.4%）、技师（+16.7%）、高级技能（+12%）。从供给侧看，除具有初级技能（-3.8%）、中级技能（-3.8%）的求职人数有所减少外，市场中具有各类技术等级的求职人数均有所增长。其中，增长幅度较大的有技师（+65.2%）、高级技师（+19.5%）。[①] 从上述数据我们欣喜地看到，高级技能人才培养与发展的数量增幅明显。同时，从各年度对高技能人才需求情况看，均表现出整体旺盛的需求。因此，项目组通过调查研究，指出我国职业技能人才发展中的关键问题，并提出对策及建议，希望能够为我国培养更多高层次、高素质、创新型的技能人才，提升我国的国际竞争力，为社会经济发展做出应有的贡献。

一、技能人才发展存在的主要问题

我国受传统观念影响比较深，在技能人才培养、企业用人机制等环节，都存在对技能人才的歧视偏见，加上职业教育体系不够完善，导致对技能人才培养的重视程度不够，引发了一系列问题，具体表现为。

（一）“技能人才非人才”与“轻视技能劳动”的陈旧观念仍具有很大的市场

在我国招聘过程中，到处可以看到用人单位唯学历、名校、学位的现象，反映了劳动力市场上严重错误的价值观，对职业教育的技能劳动者存在普遍的偏见和歧视。在国民心目中把职业教育作为无奈的选项，家长观念如此，学生观念如此，国家教育体制实际上隐藏的价值观更是如此，加深了人们根深蒂固的“职业教育”地位低下的观念，说明我国教育体制隐藏着对职业教育认识上的错误价值观，存在不同教育以及不同层次教育之

---

① 数据来源：人力资源和社会保障官网，2017年第一季度部分城市公共就业服务机构市场供求状况分析，http：//www.mohrss.gov.cn/SYrlzyhshbzb/jiuye/gzdt/201704/t20170414_269460.html。

间融通融合的障碍，也说明还没有真正把职业教育提升到国家战略的高度。我国传统的“劳动光荣”历史并没有随着社会经济发展的进步，升华为促进高技能人才发展与进步的力量，而是成为考不上本科才“被迫”读职业技术学院或职业中专的“偏见与歧视”现象，于是，形成了全社会共同的“偏见与歧视”，出现了技能人员本身也不得不歧视自己的怪象。因此，在这样的观念氛围下，要想真正为国家培养出优秀的高技能人才，该有多么困难与不易，那些即使成功爬上高技能人才塔顶的人，也会想方设法去办公室实现白领梦。

陈旧观念实践带来两方面的严重问题：一是社会“偏见与歧视”带来优秀人员“流入”受阻而“流出”通畅；二是用人单位对技能人员劳动价值的轻视与“低估”，导致不公平的待遇，反过来又加深了人们对技能工作的“偏见与歧视”。所以，人们对职业教育的认同度普遍较低，一定程度上制约了我国职业教育的发展，进而对国家社会经济发展产生重要的制约作用。

（二）技能人才培养对市场缺乏快速响应机制

技能人才培养与市场需求存在一定的脱节，缺乏快速响应机制，主要表现在以下几个方面。

1. 职业院校课程设置过程不够科学严谨，与企业实际联系不足，也未能随着社会经济结构与产业结构的调整而快速做出调整。随着一个国家经济的不断发展变化，一般来讲，第三产业占比会逐渐提高，同时第一、第二产业会不断出现新的技术和应用，市场对技能人才的需求结构会随之发生变化和调整。原有职业院校的专业、课程设置的适应性调整会成为常态，专业及课程设置的前瞻性变得尤为重要，而这一点正是职业院校所缺乏的，因此，造成了一些专业的学生就业难和新兴产业招工难的矛盾现象。

2. 技能实践能力培养在职业教育中占比相对较小。一般职业院校理论课程相对较多，实践课程相对占比较小，这样就减弱了对市场需求的敏感度，职业教育变相成为普通教育，与原有教育目标产生偏离，使其技能人才培养难以满足市场需求。

3. 师资队伍存在严重的结构性问题和综合素质不能满足教学要求的问题。我国职业院校教师中来自企业一线专家的比例过少，加上师资数量不

足，综合素质欠缺，对市场变化无力做出应有的快速反应。

4. 企业参与职业院校技能人才培养的投入不足，制约了技术技能人才培养的有效性。企业参与培养技能人才越多越深入，意味着对市场快速反应的力量越强，但由于缺乏政策和相应机制，企业无利可图，也就没有参与的积极性。

（三）企业对内部职业培训缺乏信心

随着市场经济的完善与发展，劳动力流动常态化，劳动力在地区之间、企业之间、企业内部的流动更是家常便饭，职业与岗位变动比以前大为增加，加上员工对未来职业生涯规划意识的增强，都需要企业注重员工培训问题。但是很多企业缺乏整体的战略规划，更不想在员工培训方面投入经费，对培训认识上存在误区，导致企业大多是重使用而轻培养，生怕培养后员工跳槽，因此，情愿不断挖别人墙脚，也不愿意在培训上投入，即使进行培训也缺乏针对性，效果达不到所需要的技能要求，由此加大了高技能人才的短缺。

（四）经费投入不足是影响技能人才培养的重要因素

与西方发达国家相比，我国财政与社会对职业院校的经费投入严重不足，与普通教育相比，存在严重的不公平性。世界各国都把职业教育作为提高产品竞争力、国家竞争力的关键，纷纷颁布职业教育发展国家战略。我们看到，职业教育已经成为发达国家推动经济发展的重要驱动力。他们的做法是：一方面把职业教育提升到国家战略，同时健全职业教育的质量保障体系；另一方面不断完善职业教育体系，强化校企合作模式与企业参与。这样就大大提升了职业教育的经济贡献率。然而，成功的背后都离不开国家巨大的经费投入和政府强大的优惠扶持政策作为后盾，这一点，我国存在很大差距，近年来国家已经意识到问题的严重性，不断在调整国家投入，并鼓励企业的广泛投入与合作，形成了一系列的优惠扶持政策。如果经费投入不足，职业教育提升质量就是一句空话，高技能人才培养就永远看不到希望。

（五）职业教育没有很好地上升为国家战略

尽管国家提出了把职业教育上升到国家战略的高度去认识，但这需要一个持之以恒的过程，国家战略高度往往需要一系列完善的职业教育及相关法律体制，目前我国的职业教育及相关法律法规却存在很多漏洞与问题。宏观调控能力还比较弱，职业教育的体系化与企业培训的体系化都缺乏从制度层面来进行全面的规范与制约，无法满足构建现代产业体系的技能人才需求。

《教育规划纲要》确立了职业教育发展目标："到 2020 年，基本实现教育现代化，基本形成学习型社会，进入人力资源强国行列。"《纲要》提出了到 2020 年，形成适应经济发展方式转变和产业结构调整要求，体现终身教育理念、中等和高等职业教育协调发展的现代职业教育体系，满足人民群众接受职业教育的需求，满足经济社会对高素质劳动者和技能型人才的需要。上述目标要求的实现，需要完善的职业教育法律体系做保障，才能真正实现职业教育上升为国家战略，并发挥巨大的重要战略价值。

二、技能人才发展的对策及建议

技能人才的培养与发展，需要从职业学校教育和企业内部培训两个方面下功夫。国家"十三五"规划纲要对职业教育也提出了积极的愿景："围绕深化产教融合、校企合作、工学结合主线，支持 100 所左右高等职业学校和 1000 所左右中等职业学校建设，改善基本办学和实习实训条件，强化国家重点领域产业和区域支柱产业相关专业建设，重点提升学校服务学历教育、社区教育、职工教育培训等能力，建成一批人才培养、科技创新、专业建设与产业融合发展的高水平职业学校。"在服务经济社会发展能力方面提出"职业学校每年输送 1000 万名技术技能人才，开展培训上亿人次"的目标，为我国职业教育发展起到了的强有力的推动与引导作用。下面就我国职业技能人才发展出现的问题，提出相关的一些对策和建议。

（一）强化技能人才培养与发展理念

无论是职业院校的人才培养，还是企业的职业培训，如果要做好技能人才培养工作，就必须树立良好的技能人才培养与发展理念。

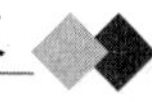

1. 营造良好的技能人才培养与发展的社会氛围，加大宣传力度，树立“劳动光荣”的社会风尚，抛弃职业偏见与歧视，引导企业在技能人才使用上建立公平待遇的考核评价机制。

2. 建立政府主导、行业指导、学校主体、企业参与的多方共同创办职业教育的机制，通过联合办学、委托管理、集团化办学等形式，提升专业建设、课程开发、学校管理水平，促进“利益链”“产业链”和“教学链”融合，改革运行机制，完善管理制度。

3. 以区域产业发展对技能人才需求的变化为依据，建立快速反应的市场技能人才培养机制，加大企业参与职业教育的力度，强化工学结合、校企合作、顶岗实习的人才培养模式。完善职业技能人才培养与行业企业的对接机制，推行“双证书”制度，实现专业课程内容与职业标准对接，尽快打通职业教育人才培养通道，让职业学校学生的技术技能可以通过不断深造得到发展。

（二） 注重技能与职业精神的综合素质培养

技能与职业精神的高度融合，是技能发挥作用的重要前提。在西方发达国家，除对技能高度重视之外，通常对职业态度、职业道德、敬业守信、精益求精、敢于创新、工作积极性等方面的品质非常看重。一个优秀的高技能人才，在职业精神方面一定具有特别与众不同之处而值得学习。因此，在职业教育和企业培训过程中，对职业精神的培养是必不可少的，甚至会成为事业成功的“关键能力”。建议从国家层面将职业精神的培养归入国家教育的基本教育之中，任何人工作之前，都必须接受初步通用职业技能与职业精神的培养。将技能和职业精神的综合素质，作为推动高级人才培养的重要的品质之一。

（三） 坚持以问题为导向的高端技能人才培养机制

我国要从“制造”强国转变为“创造”强国，就必须实现产业链从低端向高端的推进，既需要创新型人才进行尖端的研发设计，同时更需要大量的技能型和高端技能型人才将好的理念和设计转化为市场所需的高质量产品。因此，高端技能人才的培养是我国现阶段面临的高端技能人才紧缺而采取的重要举措。

高端技能人才的培养往往已经在职业技能领域获得较好发展，需要在技能人才培养的系统化、专业化、高端化上再上一个台阶，获得具有卓越技能的创造能力。高端技能人才除职业院校的特殊性培养外，如果能够选择职业技能有所成就和发展的在岗人员，以企业定制为主，开展以问题为导向的系统理论学习，在企业广泛参与下，以解决企业具体问题为牵引，把理论与实训有机地结合起来，就能更有效地培养出卓越的高端技能人才。

坚持以问题为导向培养高端技能人才，符合技能人才“高端”层次的特点要求，需要注意与解决问题的理念、知识结构、“高端”的能力标准等要求联系起来，紧密与企业问题及研究相联系，形成各具特色的不同职业类别、不同实际问题处理方式的高端人才培养体系与机制。

（四）准确定位不同层次职业教育之间的人才培养关系

国家规划纲要提出：“各级职业教育要科学定位、科学分工、科学布局，增强人才培养的针对性、系统性和多样化。中等职业学校应发挥基础作用，重点培养技能型人才；高等职业学校要发挥引领作用，重点培养高端技能型人才。探索本科层次职业教育人才培养途径，重点培养复合型、应用型人才；探索高端技能型专业学位研究生的培养制度，系统提升职业教育服务经济社会发展的能力和支撑国家产业竞争力的能力。”但实践中如何预防技能人才重复性培养所产生的资源浪费问题，这就需要准确定位不同层次职业教育之间的人才培养关系，理清职业教育院校和企业在不同层次职业教育中所扮演的角色，创建可以在不同层次职业教育之间的转换与相互促进关系，为职业技能人才多元发展提供制度保障。

（五）完善职业教育立法以促进技能人才培养的体系化

我国在完善职业教育立法中应突出立法的确定性原则，体现职业教育立法的连续性和系统性特征。确保职业教育立法能够提高职业教育地位，为职业教育顺利开展提供物质保障，为国家经济发展与促进技术进步发挥全面系统性的综合保障功能。职业教育立法的体系化至少应包含以下几方面内容：职业教育的基本性质与定位；职业教育与其他教育的平等地位定性及其之间的相互衔接与贯通关系；职业教育实施过程中的扶持政策与引导方向；从事职业教育者及技能人才的公平权利与待遇；职业教育的经费投入机制；多渠道创办职业教育的主体关系的规范与引导；等等。

附录一

中华人民共和国职业教育法

1996年5月15日第八届全国人民代表大会常务委员会第十九次会议通过。

1996年5月15日中华人民共和国主席令第六十九号公布，自1996年9月1日起施行。

第一章　总　则

第一条　为了实施科教兴国战略，发展职业教育，提高劳动者素质，促进社会主义现代化建设，根据教育法和劳动法，制定本法。

第二条　本法适用于各级各类职业学校教育和各种形式的职业培训。国家机关实施的对国家机关工作人员的专门培训由法律、行政法规另行规定。

第三条　职业教育是国家教育事业的重要组成部分，是促进经济、社会发展和劳动就业的重要途径。

国家发展职业教育，推进职业教育改革，提高职业教育质量，建立、健全适应社会主义市场经济和社会进步需要的职业教育制度。

第四条　实施职业教育必须贯彻国家教育方针，对受教育者进行思想政治教育和职业道德教育，传授职业知识，培养职业技能，进行职业指导，全面提高受教育者的素质。

第五条　公民有依法接受职业教育的权利。

第六条　各级人民政府应当将发展职业教育纳入国民经济和社会发展规划。

行业组织和企业、事业组织应当依法履行实施职业教育的义务。

第七条　国家采取措施，发展农村职业教育，扶持少数民族地区、边远贫困地区职业教育的发展。

国家采取措施，帮助妇女接受职业教育，组织失业人员接受各种形式的职业教育，扶持残疾人职业教育的发展。

第八条 实施职业教育应当根据实际需要，同国家制定的职业分类和职业等级标准相适应，实行学历证书、培训证书和职业资格证书制度。

国家实行劳动者在就业前或者上岗前接受必要的职业教育的制度。

第九条 国家鼓励并组织职业教育的科学研究。

第十条 国家对在职业教育中作出显著成绩的单位和个人给予奖励。

第十一条 国务院教育行政部门负责职业教育工作的统筹规划、综合协调、宏观管理。

国务院教育行政部门、劳动行政部门和其他有关部门在国务院规定的职责范围内，分别负责有关的职业教育工作。

县级以上地方各级人民政府应当加强对本行政区域内职业教育工作的领导、统筹协调和督导评估。

第二章 职业教育体系

第十二条 国家根据不同地区的经济发展水平和教育普及程度，实施以初中后为重点的不同阶段的教育分流，建立、健全职业学校教育与职业培训并举，并与其他教育相互沟通、协调发展的职业教育体系。

第十三条 职业学校教育分为初等、中等、高等职业学校教育。

初等、中等职业学校教育分别由初等、中等职业学校实施；高等职业学校教育根据需要和条件由高等职业学校实施，或者由普通高等学校实施。其他学校按照教育行政部门的统筹规划，可以实施同层次的职业学校教育。

第十四条 职业培训包括从业前培训、转业培训、学徒培训、在岗培训、转岗培训及其他职业性培训，可以根据实际情况分为初级、中级、高级职业培训。

职业培训分别由相应的职业培训机构、职业学校实施。

其他学校或者教育机构可以根据办学能力，开展面向社会的、多种形式的职业培训。

第十五条 残疾人职业教育除由残疾人教育机构实施外，各级各类职业学校和职业培训机构及其他教育机构应当按照国家有关规定接纳残疾

学生。

第十六条　普通中学可以因地制宜地开设职业教育的课程，或者根据实际需要适当增加职业教育的教学内容。

第三章　职业教育的实施

第十七条　县级以上地方各级人民政府应当举办发挥骨干和示范作用的职业学校、职业培训机构，对农村、企业、事业组织、社会团体、其他社会组织及公民个人依法举办的职业学校和职业培训机构给予指导和扶持。

第十八条　县级人民政府应当适应农村经济、科学技术、教育统筹发展的需要，举办多种形式的职业教育，开展实用技术的培训，促进农村职业教育的发展。

第十九条　政府主管部门、行业组织应当举办或者联合举办职业学校、职业培训机构，组织、协调、指导本行业的企业、事业组织举办职业学校、职业培训机构。

国家鼓励运用现代化教学手段，发展职业教育。

第二十条　企业应当根据本单位的实际，有计划地对本单位的职工和准备录用的人员实施职业教育。

企业可以单独举办或者联合举办职业学校、职业培训机构，也可以委托学校、职业培训机构对本单位的职工和准备录用的人员实施职业教育。

从事技术工种的职工，上岗前必须经过培训；从事特种作业的职工必须经过培训，并取得特种作业资格。

第二十一条　国家鼓励事业组织、社会团体、其他社会组织及公民个人按照国家有关规定举办职业学校、职业培训机构。

境外的组织和个人在中国境内举办职业学校、职业培训机构的办法，由国务院规定。

第二十二条　联合举办职业学校、职业培训机构，举办者应当签订联合办学合同。

政府主管部门、行业组织、企业、事业组织委托学校、职业培训机构实施职业教育的，应当签订委托合同。

第二十三条　职业学校、职业培训机构实施职业教育应当实行产教结合，为本地区经济建设服务，与企业密切联系，培养实用人才和熟练劳动者。

职业学校、职业培训机构可以举办与职业教育有关的企业或者实习场所。

第二十四条 职业学校的设立，必须符合下列基本条件：

（一）有组织机构和章程；

（二）有合格的教师；

（三）有符合规定标准的教学场所、与职业教育相适应的设施、设备；

（四）有必备的办学资金和稳定的经费来源。

职业培训机构的设立，必须符合下列基本条件：

（一）有组织机构和管理制度；

（二）有与培训任务相适应的教师和管理人员；

（三）有与进行培训相适应的场所、设施、设备；

（四）有相应的经费。

职业学校和职业培训机构的设立、变更和终止，应当按照国家有关规定执行。

第二十五条 接受职业学校教育的学生，经学校考核合格，按照国家有关规定，发给学历证书。接受职业培训的学生，经培训的职业学校或者职业培训机构考核合格，按照国家有关规定，发给培训证书。

学历证书、培训证书按照国家有关规定，作为职业学校、职业培训机构的毕业生、结业生从业的凭证。

第四章 职业教育的保障条件

第二十六条 国家鼓励通过多种渠道依法筹集发展职业教育的资金。

第二十七条 省、自治区、直辖市人民政府应当制定本地区职业学校学生人数平均经费标准；国务院有关部门应当会同国务院财政部门制定本部门职业学校学生人数平均经费标准。职业学校举办者应当按照学生人数平均经费标准足额拨付职业教育经费。

各级人民政府、国务院有关部门用于举办职业学校和职业培训机构的财政性经费应当逐步增长。

任何组织和个人不得挪用、克扣职业教育的经费。

第二十八条 企业应当承担对本单位的职工和准备录用的人员进行职业教育的费用，具体办法由国务院有关部门会同国务院财政部门或者由

省、自治区、直辖市人民政府依法规定。

第二十九条　企业未按本法第二十条的规定实施职业教育的，县级以上地方人民政府应当责令改正；拒不改正的，可以收取企业应当承担的职业教育经费，用于本地区的职业教育。

第三十条　省、自治区、直辖市人民政府按照教育法的有关规定决定开征的用于教育的地方附加费，可以专项或者安排一定比例用于职业教育。

第三十一条　各级人民政府可以将农村科学技术开发、技术推广的经费，适当用于农村职业培训。

第三十二条　职业学校、职业培训机构可以对接受中等、高等职业学校教育和职业培训的学生适当收取学费，对经济困难的学生和残疾学生应当酌情减免。收费办法由省、自治区、直辖市人民政府规定。

国家支持企业、事业组织、社会团体、其他社会组织及公民个人按照国家有关规定设立职业教育奖学金、贷学金，奖励学习成绩优秀的学生或者资助经济困难的学生。

第三十三条　职业学校、职业培训机构举办企业和从事社会服务的收入应当主要用于发展职业教育。

第三十四条　国家鼓励金融机构运用信贷手段，扶持发展职业教育。

第三十五条　国家鼓励企业、事业组织、社会团体、其他社会组织及公民个人对职业教育捐资助学，鼓励境外的组织和个人对职业教育提供资助和捐赠。提供的资助和捐赠，必须用于职业教育。

第三十六条　县级以上各级人民政府和有关部门应当将职业教育教师的培养和培训工作纳入教师队伍建设规划，保证职业教育教师队伍适应职业教育发展的需要。

职业学校和职业培训机构可以聘请专业技术人员、有特殊技能的人员和其他教育机构的教师担任兼职教师。有关部门和单位应当提供方便。

第三十七条　国务院有关部门、县级以上地方各级人民政府以及举办职业学校、职业培训机构的组织、公民个人，应当加强职业教育生产实习基地的建设。

企业、事业组织应当接纳职业学校和职业培训机构的学生和教师实习；对上岗实习的，应当给予适当的劳动报酬。

第三十八条　县级以上各级人民政府和有关部门应当建立、健全职业教育服务体系，加强职业教育教材的编辑、出版和发行工作。

第五章　附　则

第三十九条　在职业教育活动中违反教育法规定的，应当依照教育法的有关规定给予处罚。

第四十条　本法自1996年9月1日起施行。

附录二

国务院关于职业教育改革与发展情况的报告（2009）

十一届全国人大常委会第八次会议四月二十二日下午听取了教育部部长周济所作的《国务院关于职业教育改革与发展情况的报告》，全文如下：

委员长、各位副委员长、秘书长、各位委员：

按照《全国人大常委会2009年监督工作计划》的安排和相关要求，受国务院委托，我向全国人大常委会报告我国职业教育改革与发展情况，请予审议。

一、近年来我国职业教育改革与发展的基本情况

党和国家一直高度重视职业教育工作。进入新世纪，特别是党的十六大以来，国务院先后三次召开或批准召开全国职业教育工作会议，并于2002年和2005年两次作出关于大力发展职业教育的决定，明确把职业教育作为我国经济社会发展的重要基础和教育工作的战略重点，坚持“以服务为宗旨、以就业为导向”的职业教育办学方针，面向人人、面向全社会，推动我国职业教育的改革发展取得了重大进展，实现了历史性突破。职业教育发展的政策环境、舆论环境和社会环境得到了明显改善。

1. 职业教育特别是中等职业教育规模迅速扩大，具备了大规模培养高素质劳动者和技能型人才的能力。2008年，全国中等职业学校（包括普通中专、职业高中、成人中专和技工学校，下同）共有14767所；年招生规模达到810万人，比2001年增加了410多万人；在校生达到2056万人；实现了中等职业教育与普通高中教育招生规模大体相当的规划目标。高等职业院校共有1184所，年招生规模达到310多万人，在校生达到900多万人；高等职业院校招生规模占到了普通高等院校招生规模的一半。面向城

乡劳动者的各种形式的培训广泛开展。

2. 职业教育办学思想更加明确，改革发展思路更加清晰。职业教育认真贯彻党和国家的教育方针，坚持育人为本、德育为先，全面实施素质教育，以服务为宗旨、以就业为导向，培养高素质劳动者和技能型、应用型人才；坚持面向市场、面向社会、面向企业、面向农村办学，深化教育教学改革，大力推行工学结合、校企合作、顶岗实习，积极推进集团化办学；坚持以政府办学为主，充分发挥行业企业作用，积极发展民办职业教育，大力推动中外合作与交流；坚持学历教育和短期培训并举，职前教育和继续教育结合，积极推进终身教育体系建设和学习型社会建设。2005 年以来，先后在天津、四川、河南、广西和三峡库区设立省部共建国家职业教育改革试验区，对新时期新阶段职业教育改革与发展的若干重大政策进行先试先行。经过多年的探索和实践，职业教育初步实现了从计划培养向市场驱动转变，从政府直接管理向宏观引导转变，从学科本位向能力本位转变，质量逐步提高，发展充满了生机与活力。近年来，中等职业学校毕业生就业率保持在 95% 以上，高等职业院校毕业生首次就业率达到 68%，职业院校毕业生的质量得到行业企业和社会的广泛认同。

3. 加大投入，职业教育基础能力建设得到加强。“十一五”期间，中央财政决定安排 100 亿元专项资金，用于加强职业教育基础能力建设。据统计，从 2003 年到 2008 年，中央财政已累计投入专项资金约 100 亿元，重点支持了 1396 个职业教育实训基地、2200 个县级职教中心和示范性中等职业学校、100 所国家示范性高等职业技术学院的建设；组织实施了“中等职业学校教师素质提高计划”，培训骨干专业教师近 10 万人。各地也加大了对职业教育的投入。在各方面的关心支持下，职业院校办学条件得到很大改善，覆盖城乡的职业教育培训网络基本形成。

4. 建立健全职业教育学生资助政策体系，有效促进了教育发展和社会公平。2005 年印发的《国务院关于大力发展职业教育的决定》提出，要建立职业教育贫困家庭学生助学制度。2007 年出台的《国务院关于建立健全普通本科高校、高等职业学校和中等职业学校家庭经济困难学生资助政策体系的意见》，就职业教育学生资助政策体系的框架和内容作出具体规定。据统计，从 2006 年到目前，各级财政共安排资金约 400 亿元用于资助家庭经济困难学生接受中等职业教育。其中，中央财政安排专项资金 180 多亿元，地方财政安排专项资金约 220 亿元。中等职业学校学生受资助面达到

90%。高等职业院校学生享受国家奖学金、助学金和助学贷款，受资助面超过20%。职业院校家庭经济困难学生资助政策体系的建立，对于增强职业教育的吸引力，促进教育发展、改善民生，起到了重要作用。

职业教育的发展，为我国各行各业输送了大批高素质技能型、应用型人才，改善了从业人员的技术结构，促进了产业结构的调整和升级，有力地支撑了我国经济社会的持续快速发展，为社会主义现代化建设做出了重要贡献。在充分肯定成绩的同时，我们也清醒地看到，我国职业教育改革与发展中还存在一些亟待研究解决的问题。主要是：一些地方和部门还没有把发展职业教育放在突出的位置，推进职业教育改革发展的措施不够有力；职业教育的吸引力还不强，社会上有些人不把职业教育当作正规教育，存在鄙薄职业教育的观念，生产服务一线劳动者和技能型人才社会地位和收入还比较低；职业教育管理体制有待进一步完善，行业、企业和学校兴办职业教育的积极性还没有得到充分发挥；职业教育投入不足，基础能力和教师队伍建设亟待加强，特别是农村职业教育发展滞后。职业教育仍然是我国教育事业的薄弱环节，与经济社会发展和人民群众的需要还有差距。

二、在研究制订《国家中长期教育改革和发展规划纲要》过程中，进一步明确职业教育改革发展的指导思想和目标任务

党的十七大作出了“优先发展教育，建设人力资源强国”的战略决策，强调要大力发展职业教育。按照中央的要求，国务院正在组织制订中长期教育改革和发展规划纲要，这是进入二十一世纪以来我国第一个教育中长期规划纲要，是指导到2020年教育改革发展的纲领性文件。职业教育在实施科教兴国战略和人才强国战略中具有重要地位，是《国家中长期教育改革和发展规划纲要》的重要内容。目前，《规划纲要》的制订工作正在进一步征求意见阶段，社会各界特别是人大代表和政协委员十分关心职业教育，提出了许多很好的意见和建议，指出了职业教育发展中存在的突出问题，集中体现在以下几个方面：一是职业教育发展不足，技能型人才的培养还不能很好地适应我国经济社会发展的需要；二是职业教育管理体制还不完善；三是中等职业教育与高等职业教育之间、职业教育与普通教育之间的沟通和衔接不够；四是专业设置和教学内容与实际需求和就业联系不够紧密，职业教育质量有待进一步提高；五是职业教育教师数量不

足、水平有待提高；六是经费投入不足，学校办学条件难以满足教育教学的需要，职业教育基础能力有待进一步加强。

社会各界对职业教育寄予很高的期望，希望在制订《规划纲要》过程中把职业教育放在更加突出更加重要的位置，认真把握处理好以下五个方面的关系：一是处理好职业教育发展和经济社会发展的关系，促进职业教育与我国经济社会发展紧密结合；二是处理好职业教育和普通教育的关系，促进职业教育与普通教育协调发展；三是处理好政府办学和社会力量办学的关系，发挥各方面举办职业教育的积极性；四是处理好东中西部地区以及城镇和农村职业教育发展的关系，促进区域、城乡职业教育的协调发展；五是处理好职业教育质量、结构、规模和效益之间的关系，实现职业教育的科学发展。

这些问题和建议对于《规划纲要》的制订很重要，我们一定认真研究、积极吸收。

全面建设小康社会和构建社会主义和谐社会，对职业教育提出了新的更高的要求。加快转变经济发展方式、推动产业结构升级、走新型工业化道路，迫切需要培养大批技能型、应用型人才；统筹城乡发展、加快推进社会主义新农村建设，迫切需要加快培养有文化、懂技术、会经营的新型农民；提升我国参与全球经济合作和竞争能力，迫切需要大力提高劳动者特别是生产、服务和管理一线的劳动者的素质；实施扩大就业的发展战略，促进以创业带动就业，进一步改善民生，迫切需要加快健全覆盖城乡的职业教育培训网络，为建立全民学习、终身学习的学习型社会服务。特别是去年以来，国际金融危机对我国经济社会发展产生了很大冲击，一些地方出现了经济发展放缓、企业经营困难、就业岗位减少等现象，特别是农民工的就业和生活受到较大影响。应对金融危机，落实中央“保增长、保民生、保稳定”的重大决策，要求我们进一步加强职业教育工作。发展职业教育既是长远大计，更是当务之急。

目前，我国已经进入到从人力资源大国迈向建设人力资源强国的历史新阶段，教育发展站在了新的历史起点上。新时期新阶段发展教育事业，要求把职业教育摆到更加突出、更加重要的位置，作为经济社会发展的重要基础和教育工作的战略重点，作为优化教育结构、促进各级各类教育协调发展的关键环节。当前和今后一个时期改革与发展职业教育必须以邓小平理论和“三个代表”重要思想为指导，深入贯彻落实科学发展观，实施

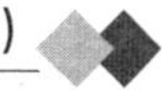

科教兴国战略和人才强国战略，认真贯彻党的教育方针，全面实施素质教育，以服务为宗旨、以就业为导向、以提高质量为核心，大力发展职业教育特别是中等职业教育，进一步深化体制机制改革，创新职业教育发展模式，大力提高职业教育的办学质量，全面提高人才培养的能力和服务产业升级的水平，边试点、边试验、边实行，加快职业教育改革创新的步伐，实现职业教育质量、结构、规模、效益的协调发展，为建设人力资源强国、全面实现小康社会的奋斗目标提供强有力的支持。

今后一个时期内，我国职业教育改革发展的总体目标是：大力发展职业教育，中等职业教育年招生规模超过普通高中教育招生规模；高等职业教育招生规模占普通高等教育招生规模的一半左右；面向城乡劳动者的各种形式的教育培训广泛开展。职业院校办学条件显著改善，职业教育基础能力得到增强，优质资源进一步扩大，教师队伍建设取得明显成效；职业院校学生资助政策体系更加完备，逐步实行中等职业教育免费。探索和健全职业教育与高等教育相衔接的机制。中国特色职业教育体系更加完善，人才培养模式更加符合经济社会实际和技能型人才成长规律。职业教育改革进一步深化，办学质量明显提高，职业教育服务我国经济发展方式转变、产业结构升级、走新型工业化道路的整体能力明显提高，职业教育吸引力进一步增强，更加适应经济社会发展和人民群众多样化的学习需求。

三、进一步推进职业教育改革与发展的主要政策措施

1. 进一步落实职业教育的战略地位，把职业教育摆到更加突出更加重要的位置。要求各级政府必须把职业教育纳入经济社会发展总体规划，与开发人力资源、繁荣经济、促进就业、改善民生、构建和谐社会密切联系起来，使职业教育与经济社会协调发展，与其他各类教育协调发展。

2. 大力发展职业教育特别是中等职业教育，重点加快发展农村中等职业教育。中等职业教育年招生规模达到并保持在 860 万人左右，在校生规模达到 2400 万人左右；高等职业教育年招生规模超过 300 万人，在校生规模达到 1000 万人左右；面向城乡劳动者的各种形式的教育培训广泛开展，每年培训人数超过 1.5 亿人次。加强县域职业教育培训网络的建设，大力推进“一网两工程”，依托县级职教中心、县域职业学校、乡村中小学和其他农村职业教育培训机构，继续推进农村劳动力职业技能培训，促进农村劳动力转移培训，实施农村实用技术培训。加强统筹规划，充分利用农

业、教育、人力资源社会保障、科技、扶贫等部门的资源和渠道，加快培养社会主义新农村建设需要的有文化、懂技术、会经营的新型农民。加强城乡统筹，继续推进“三教”统筹和“农科教”结合。加大城市和高等院校、科研院所支援农村职业教育的力度。加大对少数民族地区、边远山区和人口稀少农村地区职业教育的支持力度。进一步落实职业院校学生资助政策，逐步实行中等职业教育免费，2009年先从农村家庭经济困难学生和涉农专业做起。

3. 深化职业教育体制改革。进一步完善在国务院领导下，分级管理、地方为主、政府统筹、社会参与的职业教育管理体制。发挥国务院职业教育工作部际联席会议制度的作用，统筹协调全国职业教育工作，研究解决重大问题。进一步强化省级政府对职业教育发展规划、体制机制改革、资源配置、条件保障等方面的统筹责任。统筹各类职业院校投入、建设和管理政策，促进学校协调发展。完善政府主导、依靠企业、充分发挥行业作用、社会力量积极参与、公办与民办共同发展的多元办学格局。支持行业、企业继续办好已有的职业院校，鼓励有条件的企业单独举办或与其他企业、职业院校联合举办职业教育，切实保障产学结合、校企合作的实施。明确中等职业学校和高等职业院校的合理定位，鼓励其在各自的层次上提高质量、办出特色。

4. 进一步推进职业教育改革试验工作，通过试点完善政策。正在制订中的《国家中长期教育改革和发展规划纲要》，将对到2020年职业教育的改革发展作出全面规划。对于其中一些重大政策措施，要坚持“边制订、边试验、边实行”，使《规划纲要》的制订过程成为推动职业教育事业改革发展的过程。要继续做好省部共建、城乡统筹的国家职业教育改革试验区工作，在加快发展农村中等职业教育、改革人才培养模式和课程体系、完善管理体制、创新投入机制、加强基础能力建设、加快“双师型”教师队伍建设、逐步实行免费中等职业教育、实行就业准入、探索和健全职业教育与高等教育相衔接的机制以及人才成长的“立交桥”等若干重大领域加大改革试验力度。通过试验区的先试先行，进一步密切职业教育与区域经济社会发展的联系，形成适应不同区域实际的职业教育发展模式，推动有中国特色的现代职业教育体系建设。

5. 认真贯彻党的教育方针，全面实施素质教育，改革人才培养模式，努力提高职业教育质量。加强职业院校德育工作，坚持育人为本、德育为

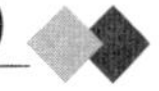

先，培养学生具有良好的思想品德、必要的文化知识、熟练的职业技能、健康的身心素质，成为中国特色社会主义事业的建设者和接班人。以就业为导向，深化职业教育教学改革，推动职业院校面向市场、面向社会办学；普遍推行工学结合、校企合作、顶岗实习的人才培养模式，全面落实中等职业学校学生顶岗实习一年、高等职业院校学生顶岗实习半年的制度。根据经济社会发展的需要，适应就业市场职业岗位变化，及时调整专业和课程，更新教学内容，改革教学方法。改进评价标准和方式。进一步完善弹性学习制度，积极推行学分制、选修制等，方便学生分阶段完成学业。积极推行职业院校“双证书”制度，创造条件，使职业院校毕业生在取得学历证书的同时获得相应的职业资格证书。加强职业指导和就业服务，积极开展创业教育，拓宽学生就业渠道。建立健全有社会参与的职业教育教学质量评估监测体系。

6. 以政府投入为主，多渠道筹措职业教育经费。建立健全职业教育发展的保障机制，省级政府制订本地区职业院校生均经费标准。中央和地方财政进一步加大职业教育投入，继续加强职业教育基础能力建设，改善职业院校办学条件。进一步提高城市教育费附加用于发展职业教育的比例，完善企业职工教育培训经费保障制度，落实好按职工工资总额的 1.5% ~ 2.5% 提取职工教育培训经费的规定。统筹安排农村劳动力转移技能培训和农民实用技术培训的资源和经费。有关职业教育扶持政策、贫困学生接受职业教育资助政策和农村劳动力培训政策向农村贫困地区和贫困人群倾斜。鼓励行业企业、社会团体和公民个人捐资助学。

7. 进一步加强职业教育师资队伍建设。加快职业院校合格教师的培养，多种形式吸引优秀人才到职业院校任教，扩大“双师型”教师比例，研究制定鼓励企事业单位专业技术人员、高技能人才和能工巧匠到职业院校专兼职任教的有关政策。加强教师培训工作，进一步增加教师培训经费。完善和落实职业院校教师到企业实践的制度。改进和完善职业院校教师职称制度，建立职业院校教师专业技术职务系列和评审制度。

8. 加强执法检查和教育督导工作。严格实行就业准入制度和职业资格证书制度，规范企业用人行为。把职业能力作为人才培养、使用和管理的重要依据，用人单位优先录用取得职业院校毕业证书、职业资格证书和职业培训合格证书的人员。加大就业准入和劳动用工执法监察力度，建立健全职业教育督导检查制度，优化职业教育的发展环境。

9. 进一步增强职业教育吸引力。大力宣传职业教育的重要地位和作用，弘扬“三百六十行，行行出状元”的社会风尚，形成全社会关心、重视和支持职业教育的良好氛围。逐步提高生产服务一线技能型人才的社会地位和经济收入，实行优秀技能人才特殊奖励政策和激励办法，对做出特殊贡献的技能型人才给予重奖并授予荣誉称号。加强职业教育与其他教育的衔接，搭建有利于职业院校毕业生继续深造和再培训的“立交桥”。完善职业院校技能竞赛制度，形成“普通教育有高考、职业教育有技能大赛”的局面。

四、关于修改《职业教育法》工作

我国现行《职业教育法》于1996年颁布实施，十三年来，对我国职业教育改革和发展产生了重大的影响。《职业教育法》从法律上确立了职业教育在经济社会发展中的重要地位和作用；明确提出职业教育是我国教育事业的重要组成部分，是促进经济、社会发展和劳动就业的重要途径；规定了政府、行业企业和社会各方面兴办职业教育的职责和义务，以及建立职业教育体系、完善职业教育体制和保障条件等内容，有力地调动了各级政府和社会各界发展职业教育的积极性，推动职业教育事业在法治轨道上不断改革发展。

《职业教育法》实施十三年来，各地认真贯彻落实《职业教育法》，结合地方实际，制定了《职业教育法》实施条例或办法。2001年，全国人大教科文卫委员会组织了《职业教育法》的执法检查。2004年，国家教育督导团组织了职业教育专项督导检查。各地也开展了形式多样的职业教育执法和督导检查工作，有力地促进了职业教育的健康发展。

当前职业教育发展的外部环境发生了深刻变化，经济社会对职业教育的发展提出了新的要求，出现了许多新的情况，职业教育在改革发展中积累和创造了许多新鲜的经验和做法，需要对《职业教育法》作必要的补充和完善。全国人大常委会已经明确将修订《职业教育法》作为本届人大立法重点工作之一。去年下半年起，教育部等部门围绕《职业教育法》的修订，开展了调研工作，召开了相关研讨会，提出了《职业教育法》修订的初步建议：

一是进一步明确职业教育在建设人力资源强国和构建终身教育体系、建设学习型社会中的地位和作用。

二是进一步明确现代职业教育体系框架和基本内容，规范中等职业教育和高等职业教育的定位，扩大职业院校面向社会、面向人人办学的自主权，保障校长、教师和学生在教育教学中的权利。

三是进一步明确各级政府及其职能部门、行业组织、企业、事业单位、社会团体以及其他社会组织和公民个人依法履行实施职业教育的责任和义务。

四是进一步完善职业教育管理体制和工作机制，加强部门协调联系。进一步发挥行业企业等社会各方面在发展职业教育中的作用，完善相关制度和机制。

五是进一步完善职业教育保障机制，增加经费投入，加强基础能力和教师队伍建设，改善办学条件，增强职业教育的吸引力。

六是进一步明确《职业教育法》的行政执法主体和法律责任，加强职业教育执法检查和督导工作的制度建设，促进职业教育依法行政、依法管理、依法办学。

根据全国人大立法工作的整体要求和部署，国务院将积极组织相关部门进一步加大调查研究工作力度，广泛听取意见，抓紧做好《职业教育法》修订的有关工作，争取尽快提出一个修订草案。

附录三

国家中长期教育改革和发展规划纲要（2010—2020年）

根据党的十七大关于“优先发展教育，建设人力资源强国”的战略部署，为促进教育事业科学发展，全面提高国民素质，加快社会主义现代化进程，制定本《教育规划纲要》。

序　言

百年大计，教育为本。教育是民族振兴、社会进步的基石，是提高国民素质、促进人的全面发展的根本途径，寄托着亿万家庭对美好生活的期盼。强国必先强教。优先发展教育、提高教育现代化水平，对实现全面建设小康社会奋斗目标、建设富强民主文明和谐的社会主义现代化国家具有决定性意义。

党和国家历来高度重视教育。新中国成立以来，在以毛泽东同志、邓小平同志、江泽民同志为核心的党的三代中央领导集体和以胡锦涛同志为总书记的党中央领导下，全党全社会同心同德，艰苦奋斗，开辟了中国特色社会主义教育发展道路，建成了世界最大规模的教育体系，保障了亿万人民群众受教育的权利。教育投入大幅增长，办学条件显著改善，教育改革逐步深化，办学水平不断提高。进入本世纪以来，城乡免费义务教育全面实现，职业教育快速发展，高等教育进入大众化阶段，农村教育得到加强，教育公平迈出重大步伐。教育的发展极大地提高了全民族素质，推进了科技创新、文化繁荣，为经济发展、社会进步和民生改善作出了不可替代的重大贡献。我国实现了从人口大国向人力资源大国的转变。

当今世界正处在大发展大变革大调整时期。世界多极化、经济全球化

深入发展，科技进步日新月异，人才竞争日趋激烈。我国正处在改革发展的关键阶段，经济建设、政治建设、文化建设、社会建设以及生态文明建设全面推进，工业化、信息化、城镇化、市场化、国际化深入发展，人口、资源、环境压力日益加大，经济发展方式加快转变，都凸显了提高国民素质、培养创新人才的重要性和紧迫性。中国未来发展、中华民族伟大复兴，关键靠人才，基础在教育。

面对前所未有的机遇和挑战，必须清醒认识到，我国教育还不完全适应国家经济社会发展和人民群众接受良好教育的要求。教育观念相对落后，内容方法比较陈旧，中小学生课业负担过重，素质教育推进困难；学生适应社会和就业创业能力不强，创新型、实用型、复合型人才紧缺；教育体制机制不完善，学校办学活力不足；教育结构和布局不尽合理，城乡、区域教育发展不平衡，贫困地区、民族地区教育发展滞后；教育投入不足，教育优先发展的战略地位尚未得到完全落实。接受良好教育成为人民群众强烈期盼，深化教育改革成为全社会共同心声。

国运兴衰，系于教育；教育振兴，全民有责。在党和国家工作全局中，必须始终坚持把教育摆在优先发展的位置。按照面向现代化、面向世界、面向未来的要求，适应全面建设小康社会、建设创新型国家的需要，坚持育人为本，以改革创新为动力，以促进公平为重点，以提高质量为核心，全面实施素质教育，推动教育事业在新的历史起点上科学发展，加快从教育大国向教育强国、从人力资源大国向人力资源强国迈进，为中华民族伟大复兴和人类文明进步作出更大贡献。

第一部分　总体战略

第一章　指导思想和工作方针

（一）指导思想。高举中国特色社会主义伟大旗帜，以邓小平理论和“三个代表”重要思想为指导，深入贯彻落实科学发展观，实施科教兴国战略和人才强国战略，优先发展教育，完善中国特色社会主义现代教育体系，办好人民满意的教育，建设人力资源强国。

全面贯彻党的教育方针，坚持教育为社会主义现代化建设服务，为人民服务，与生产劳动和社会实践相结合，培养德智体美全面发展的社会主义建设者和接班人。

全面推进教育事业科学发展，立足社会主义初级阶段基本国情，把握教育发展阶段性特征，坚持以人为本，遵循教育规律，面向社会需求，优化结构布局，提高教育现代化水平。

（二）工作方针。优先发展、育人为本、改革创新、促进公平、提高质量。

把教育摆在优先发展的战略地位。教育优先发展是党和国家提出并长期坚持的一项重大方针。各级党委和政府要把优先发展教育作为贯彻落实科学发展观的一项基本要求，切实保证经济社会发展规划优先安排教育发展，财政资金优先保障教育投入，公共资源优先满足教育和人力资源开发需要。充分调动全社会关心支持教育的积极性，共同担负起培育下一代的责任，为青少年健康成长创造良好环境。完善体制和政策，鼓励社会力量兴办教育，不断扩大社会资源对教育的投入。

把育人为本作为教育工作的根本要求。人力资源是我国经济社会发展的第一资源，教育是开发人力资源的主要途径。要以学生为主体，以教师为主导，充分发挥学生的主动性，把促进学生健康成长作为学校一切工作的出发点和落脚点。关心每个学生，促进每个学生主动地、生动活泼地发展，尊重教育规律和学生身心发展规律，为每个学生提供适合的教育。努力培养造就数以亿计的高素质劳动者、数以千万计的专门人才和一大批拔尖创新人才。

把改革创新作为教育发展的强大动力。教育要发展，根本靠改革。要以体制机制改革为重点，鼓励地方和学校大胆探索和试验，加快重要领域和关键环节改革步伐。创新人才培养体制、办学体制、教育管理体制，改革质量评价和考试招生制度，改革教学内容、方法、手段，建设现代学校制度。加快解决经济社会发展对高质量多样化人才需要与教育培养能力不足的矛盾、人民群众期盼良好教育与资源相对短缺的矛盾、增强教育活力与体制机制约束的矛盾，为教育事业持续健康发展提供强大动力。

把促进公平作为国家基本教育政策。教育公平是社会公平的重要基础。教育公平的关键是机会公平，基本要求是保障公民依法享有受教育的权利，重点是促进义务教育均衡发展和扶持困难群体，根本措施是合理配置教育资源，向农村地区、边远贫困地区和民族地区倾斜，加快缩小教育

差距。教育公平的主要责任在政府，全社会要共同促进教育公平。

把提高质量作为教育改革发展的核心任务。树立科学的质量观，把促进人的全面发展、适应社会需要作为衡量教育质量的根本标准。树立以提高质量为核心的教育发展观，注重教育内涵发展，鼓励学校办出特色、办出水平，出名师，育英才。建立以提高教育质量为导向的管理制度和工作机制，把教育资源配置和学校工作重点集中到强化教学环节、提高教育质量上来。制定教育质量国家标准，建立健全教育质量保障体系。加强教师队伍建设，提高教师整体素质。

第二章 战略目标和战略主题

（三）战略目标。到2020年，基本实现教育现代化，基本形成学习型社会，进入人力资源强国行列。

实现更高水平的普及教育。基本普及学前教育；巩固提高九年义务教育水平；普及高中阶段教育，毛入学率达到90%；高等教育大众化水平进一步提高，毛入学率达到40%；扫除青壮年文盲。新增劳动力平均受教育年限从12.4年提高到13.5年；主要劳动年龄人口平均受教育年限从9.5年提高到11.2年，其中受过高等教育的比例达到20%，具有高等教育文化程度的人数比2009年翻一番。

形成惠及全民的公平教育。坚持教育的公益性和普惠性，保障公民依法享有接受良好教育的机会。建成覆盖城乡的基本公共教育服务体系，逐步实现基本公共教育服务均等化，缩小区域差距。努力办好每一所学校，教好每一个学生，不让一个学生因家庭经济困难而失学。切实解决进城务工人员子女平等接受义务教育问题。保障残疾人受教育权利。

提供更加丰富的优质教育。教育质量整体提升，教育现代化水平明显提高。优质教育资源总量不断扩大，更好满足人民群众接受高质量教育的需求。学生思想道德素质、科学文化素质和健康素质明显提高。各类人才服务国家、服务人民和参与国际竞争能力显著增强。

构建体系完备的终身教育。学历教育和非学历教育协调发展，职业教育和普通教育相互沟通，职前教育和职后教育有效衔接。继续教育参与率大幅提升，从业人员继续教育年参与率达到50%。现代国民教育体系更加完善，终身教育体系基本形成，促进全体人民学有所教、学有所成、学有所用。

健全充满活力的教育体制。进一步解放思想，更新观念，深化改革，提高教育开放水平，全面形成与社会主义市场经济体制和全面建设小康社会目标相适应的充满活力、富有效率、更加开放、有利于科学发展的教育体制机制，办出具有中国特色、世界水平的现代教育。

（四）战略主题。坚持以人为本、全面实施素质教育是教育改革发展的战略主题，是贯彻党的教育方针的时代要求，其核心是解决好培养什么人、怎样培养人的重大问题，重点是面向全体学生、促进学生全面发展，着力提高学生服务国家服务人民的社会责任感、勇于探索的创新精神和善于解决问题的实践能力。

坚持德育为先。立德树人，把社会主义核心价值体系融入国民教育全过程。加强马克思主义中国化最新成果教育，引导学生形成正确的世界观、人生观、价值观；加强理想信念教育和道德教育，坚定学生对中国共产党领导、社会主义制度的信念和信心；加强以爱国主义为核心的民族精神和以改革创新为核心的时代精神教育；加强社会主义荣辱观教育，培养学生团结互助、诚实守信、遵纪守法、艰苦奋斗的良好品质。加强公民意识教育，树立社会主义民主法治、自由平等、公平正义理念，培养社会主义合格公民。加强中华民族优秀文化传统教育和革命传统教育。把德育渗透于教育教学的各个环节，贯穿于学校教育、家庭教育和社会教育的各个方面。切实加强和改进未成年人思想道德建设和大学生思想政治教育工作。构建大中小学有效衔接的德育体系，创新德育形式，丰富德育内容，不断提高德育工作的吸引力和感染力，增强德育工作的针对性和实效性。加强辅导员、班主任队伍建设。

坚持能力为重。优化知识结构，丰富社会实践，强化能力培养。着力提高学生的学习能力、实践能力、创新能力，教育学生学会知识技能，学会动手动脑，学会生存生活，学会做人做事，促进学生主动适应社会，开创美好未来。

坚持全面发展。全面加强和改进德育、智育、体育、美育。坚持文化知识学习与思想品德修养的统一、理论学习与社会实践的统一、全面发展与个性发展的统一。加强体育，牢固树立健康第一的思想，确保学生体育课程和课余活动时间，提高体育教学质量，加强心理健康教育，促进学生身心健康、体魄强健、意志坚强；加强美育，培养学生良好的审美情趣和人文素养。加强劳动教育，培养学生热爱劳动、热爱劳动人民的情感。重

视安全教育、生命教育、国防教育、可持续发展教育。促进德育、智育、体育、美育有机融合，提高学生综合素质，使学生成为德智体美全面发展的社会主义建设者和接班人。

专栏1　教育事业发展主目标

指标	单位	2009 年	2015 年	2020 年
学前教育				
幼儿在园人数	万人	2658	3400	4000
学前一年毛入园率	%	74	85	95
学前两年毛入园率	%	65	70	80
学前三年毛入园率	%	50.9	60	70
九年义务教育				
在校生	万人	15772	16100	16500
巩固率	%	90.8	93	95
高中阶段教育*				
在校生	万人	4624	4500	4700
毛入学率	%	79.2	87	90
职业教育				
中等职业教育在校生	万人	2179	2250	2350
高等职业教育在校生	万人	1280	1390	1480
高等教育**				
在学总规模	万人	2979	3350	3550
在校生	万人	2826	3080	3300
其中：研究生	万人	140	170	200
毛入学率	%	24.2	36	40
继续教育				
从业人员继续教育	万人次	16600	29000	35000

注：*含中等职业教育学生数；**含高等职业教育学生数。

专栏2　人力资源开发主要目标

指标	单位	2009 年	2015 年	2020 年
具有高等教育文化程度的人数	万人	9830	14500	19500
主要劳动年龄人口平均受教育年限	年	9.5	10.5	11.2
其中：受过高等教育的比例	%	9.9	15	20
新增劳动力平均受教育年限	年	12.4	13.3	13.5
其中：受过高中阶段及以上教育的比例	%	67	87	90

第二部分　发展任务

第三章　学前教育

（五）基本普及学前教育。学前教育对幼儿身心健康、习惯养成、智力发展具有重要意义。遵循幼儿身心发展规律，坚持科学保教方法，保障幼儿快乐健康成长。积极发展学前教育，到2020年，普及学前一年教育，基本普及学前两年教育，有条件的地区普及学前三年教育。重视0至3岁婴幼儿教育。

（六）明确政府职责。把发展学前教育纳入城镇、社会主义新农村建设规划。建立政府主导、社会参与、公办民办并举的办园体制。大力发展公办幼儿园，积极扶持民办幼儿园。加大政府投入，完善成本合理分担机制，对家庭经济困难幼儿入园给予补助。加强学前教育管理，规范办园行为。制定学前教育办园标准，建立幼儿园准入制度。完善幼儿园收费管理办法。严格执行幼儿教师资格标准，切实加强幼儿教师培养培训，提高幼儿教师队伍整体素质，依法落实幼儿教师地位和待遇。教育行政部门加强对学前教育的宏观指导和管理，相关部门履行各自职责，充分调动各方面力量发展学前教育。

（七）重点发展农村学前教育。努力提高农村学前教育普及程度。着力保证留守儿童入园。采取多种形式扩大农村学前教育资源，改扩建、新建幼儿园，充分利用中小学布局调整富余的校舍和教师举办幼儿园（班）。发挥乡镇中心幼儿园对村幼儿园的示范指导作用。支持贫困地区发展学前教育。

第四章　义务教育

（八）巩固提高九年义务教育水平。义务教育是国家依法统一实施、所有适龄儿童少年必须接受的教育，具有强制性、免费性和普及性，是教育工作的重中之重。注重品行培养，激发学习兴趣，培育健康体魄，养成良好习惯。到2020年，全面提高普及水平，全面提高教育质量，基本实现区域内均衡发展，确保适龄儿童少年接受良好义务教育。

巩固义务教育普及成果。适应城乡发展需要，合理规划学校布局，办好必要的教学点，方便学生就近入学。坚持以输入地政府管理为主、以全日制公办中小学为主，确保进城务工人员随迁子女平等接受义务教育，研究制定进城务工人员随迁子女接受义务教育后在当地参加升学考试的办法。建立健全政府主导、社会参与的农村留守儿童关爱服务体系和动态监测机制。加快农村寄宿制学校建设，优先满足留守儿童住宿需求。采取必要措施，确保适龄儿童少年不因家庭经济困难、就学困难、学习困难等原因而失学，努力消除辍学现象。

提高义务教育质量。建立国家义务教育质量基本标准和监测制度。严格执行义务教育国家课程标准、教师资格标准。深化课程与教学方法改革，推行小班教学。配齐音乐、体育、美术等学科教师，开足开好规定课程。大力推广普通话教学，使用规范汉字。

增强学生体质。科学安排学习、生活、锻炼，保证学生睡眠时间。大力开展“阳光体育”运动，保证学生每天锻炼一小时，不断提高学生体质健康水平。提倡合理膳食，改善学生营养状况，提高贫困地区农村学生营养水平。保护学生视力。

（九）推进义务教育均衡发展。均衡发展是义务教育的战略性任务。建立健全义务教育均衡发展保障机制。推进义务教育学校标准化建设，均衡配置教师、设备、图书、校舍等资源。

切实缩小校际差距，着力解决择校问题。加快薄弱学校改造，着力提高师资水平。实行县（区）域内教师、校长交流制度。实行优质普通高中和优质中等职业学校招生名额合理分配到区域内初中的办法。义务教育阶段不得设置重点学校和重点班。在保障适龄儿童少年就近进入公办学校的前提下，发展民办教育，提供选择机会。

加快缩小城乡差距。建立城乡一体化义务教育发展机制，在财政拨款、学校建设、教师配置等方面向农村倾斜。率先在县（区）域内实现城乡均衡发展，逐步在更大范围内推进。

努力缩小区域差距。加大对革命老区、民族地区、边疆地区、贫困地区义务教育的转移支付力度。鼓励发达地区支援欠发达地区。

（十）减轻中小学生课业负担。过重的课业负担严重损害儿童少年身心健康。减轻学生课业负担是全社会的共同责任，政府、学校、家庭、社会必须共同努力，标本兼治，综合治理。把减负落实到中小学教育全过程，促进学生生动活泼学习、健康快乐成长。率先实现小学生减负。

各级政府要把减负作为教育工作的重要任务，统筹规划，整体推进。调整教材内容，科学设计课程难度。改革考试评价制度和学校考核办法。规范办学行为，建立学生课业负担监测和公告制度。不得以升学率对地区和学校进行排名，不得下达升学指标。规范各种社会补习机构和教辅市场。加强校外活动场所建设和管理，丰富学生课外及校外活动。

学校要把减负落实到教育教学各个环节，给学生留下了解社会、深入思考、动手实践、健身娱乐的时间。提高教师业务素质，改进教学方法，增强课堂教学效果，减少作业量和考试次数。培养学生学习兴趣和爱好。严格执行课程方案，不得增加课时和提高难度。各种等级考试和竞赛成绩不得作为义务教育阶段入学与升学的依据。

充分发挥家庭教育在儿童少年成长过程中的重要作用。家长要树立正确的教育观念，掌握科学的教育方法，尊重子女的健康情趣，培养子女的良好习惯，加强与学校的沟通配合，共同减轻学生课业负担。

第五章　高中阶段教育

（十一）加快普及高中阶段教育。高中阶段教育是学生个性形成、自主发展的关键时期，对提高国民素质和培养创新人才具有特殊意义。注重培养学生自主学习、自强自立和适应社会的能力，克服应试教育倾向。到2020年，普及高中阶段教育，满足初中毕业生接受高中阶段教育需求。

根据经济社会发展需要，合理确定普通高中和中等职业学校招生比例，今后一个时期总体保持普通高中和中等职业学校招生规模大体相当。加大对中西部贫困地区高中阶段教育的扶持力度。

（十二）全面提高普通高中学生综合素质。深入推进课程改革，全面落实课程方案，保证学生全面完成国家规定的文理等各门课程的学习。创造条件开设丰富多彩的选修课，为学生提供更多选择，促进学生全面而有个性的发展。逐步消除大班额现象。积极开展研究性学习、社区服务和社会实践。建立科学的教育质量评价体系，全面实施高中学业水平考试和综合素质评价。建立学生发展指导制度，加强对学生的理想、心理、学业等多方面指导。

（十三）推动普通高中多样化发展。促进办学体制多样化，扩大优质资源。推进培养模式多样化，满足不同潜质学生的发展需要。探索发现和

培养创新人才的途径。鼓励普通高中办出特色。鼓励有条件的普通高中根据需要适当增加职业教育的教学内容。探索综合高中发展模式。采取多种方式，为在校生和未升学毕业生提供职业教育。

第六章　职业教育

（十四）大力发展职业教育。发展职业教育是推动经济发展、促进就业、改善民生、解决“三农”问题的重要途径，是缓解劳动力供求结构矛盾的关键环节，必须摆在更加突出的位置。职业教育要面向人人、面向社会，着力培养学生的职业道德、职业技能和就业创业能力。到2020年，形成适应经济发展方式转变和产业结构调整要求、体现终身教育理念、中等和高等职业教育协调发展的现代职业教育体系，满足人民群众接受职业教育的需求，满足经济社会对高素质劳动者和技能型人才的需要。

政府切实履行发展职业教育的职责。把职业教育纳入经济社会发展和产业发展规划，促使职业教育规模、专业设置与经济社会发展需求相适应。统筹中等职业教育与高等职业教育发展。健全多渠道投入机制，加大职业教育投入。

把提高质量作为重点。以服务为宗旨，以就业为导向，推进教育教学改革。实行工学结合、校企合作、顶岗实习的人才培养模式。坚持学校教育与职业培训并举，全日制与非全日制并重。制定职业学校基本办学标准。加强“双师型”教师队伍和实训基地建设，提升职业教育基础能力。建立健全技能型人才到职业学校从教的制度。完善符合职业教育特点的教师资格标准和专业技术职务（职称）评聘办法。建立健全职业教育质量保障体系，吸收企业参加教育质量评估。开展职业技能竞赛。

（十五）调动行业企业的积极性。建立健全政府主导、行业指导、企业参与的办学机制，制定促进校企合作办学法规，推进校企合作制度化。鼓励行业组织、企业举办职业学校，鼓励委托职业学校进行职工培训。制定优惠政策，鼓励企业接收学生实习实训和教师实践，鼓励企业加大对职业教育的投入。

（十六）加快发展面向农村的职业教育。把加强职业教育作为服务社会主义新农村建设的重要内容。加强基础教育、职业教育和成人教育统筹，促进农科教结合。强化省、市（地）级政府发展农村职业教育的责任，扩大农村职业教育培训覆盖面，根据需要办好县级职教中心。强化职业教育资源的统筹协调和综合利用，推进城乡、区域合作，增强服务“三农”能力。加强涉农专业建设，加大培养适应农业和农村发展需要的专业人才力度。支持各级各类学校积极参与培养有文化、懂技术、会经营的新型农民，开展进城务工人员、农村劳动力转移培训。逐步实施农村新成长劳动力免费劳动预备制培训。

（十七）增强职业教育吸引力。完善职业教育支持政策。逐步实行中等职业教育免费制度，完善家庭经济困难学生资助政策。改革招生和教学模式。积极推进学历证书和职业资格证书“双证书”制度，推进职业学校专业课程内容和职业标准相衔接。完善就业准入制度，执行“先培训、后就业”“先培训、后上岗”的规定。制定退役士兵接受职业教育培训的办法。建立健全职业教育课程衔接体系。鼓励毕业生在职继续学习，完善职业学校毕业生直接升学制度，拓宽毕业生继续学习渠道。提高技能型人才的社会地位和待遇。加大对有突出贡献高技能人才的宣传表彰力度，形成行行出状元的良好社会氛围。

第七章　高等教育

（十八）全面提高高等教育质量。高等教育承担着培养高级专门人才、发展科学技术文化、促进社会主义现代化建设的重大任务。提高质量是高等教育发展的核心任务，是建设高等教育强国的基本要求。到2020年，高等教育结构更加合理，特色更加鲜明，人才培养、科学研究和社会服务整体水平全面提升，建成一批国际知名、有特色、高水平的高等学校，若干所大学达到或接近世界一流大学水平，高等教育国际竞争力显著增强。

（十九）提高人才培养质量。牢固确立人才培养在高校工作中的中心地位，着力培养信念执着、品德优良、知识丰富、本领过硬的高素质专门人才和拔尖创新人才。加大教学投入。把教学作为教师考核的首要内容，把教授为低年级学生授课作为重要制度。加强实验室、校内外实习基地、课程教材等基本建设。深化教学改革。推进和完善学分制，实行弹性学制，促进文理交融。支持学生参与科学研究，强化实践教学环节。加强就业创业教育和就业指导服务。创立高校与科研院所、行业、企业联合培养人才的新机制。全面实施“高等学校本科教学质量与教学改革工程”。严格教学管理。健全教学质量保障体系，改进高校教学评估。充分调动学生学习积极性和主动性，激励学生刻苦学习，增强诚信意识，养成良好

学风。

大力推进研究生培养机制改革。建立以科学与工程技术研究为主导的导师责任制和导师项目资助制，推行产学研联合培养研究生的“双导师制”。实施“研究生教育创新计划”。加强管理，不断提高研究生特别是博士生培养质量。

（二十）提升科学研究水平。充分发挥高校在国家创新体系中的重要作用，鼓励高校在知识创新、技术创新、国防科技创新和区域创新中作出贡献。大力开展自然科学、技术科学、哲学社会科学研究。坚持服务国家目标与鼓励自由探索相结合，加强基础研究；以重大现实问题为主攻方向，加强应用研究。促进高校、科研院所、企业科技教育资源共享，推动高校创新组织模式，培育跨学科、跨领域的科研与教学相结合的团队。促进科研与教学互动、与创新人才培养相结合。充分发挥研究生在科学研究中的作用。加强高校重点科研创新基地与科技创新平台建设。完善以创新和质量为导向的科研评价机制。积极参与马克思主义理论研究和建设工程。深入实施“高等学校哲学社会科学繁荣计划”。

（二十一）增强社会服务能力。高校要牢固树立主动为社会服务的意识，全方位开展服务。推进产学研用结合，加快科技成果转化，规范校办产业发展。为社会成员提供继续教育服务。开展科学普及工作，提高公众科学素质和人文素质。积极推进文化传播，弘扬优秀传统文化，发展先进文化。积极参与决策咨询，主动开展前瞻性、对策性研究，充分发挥智囊团、思想库作用。鼓励师生开展志愿服务。

（二十二）优化结构办出特色。适应国家和区域经济社会发展需要，建立动态调整机制，不断优化高等教育结构。优化学科专业、类型、层次结构，促进多学科交叉和融合。重点扩大应用型、复合型、技能型人才培养规模。加快发展专业学位研究生教育。优化区域布局结构。设立支持地方高等教育专项资金，实施中西部高等教育振兴计划。新增招生计划向中西部高等教育资源短缺地区倾斜，扩大东部高校在中西部地区招生规模，加大东部高校对西部高校对口支援力度。鼓励东部地区高等教育率先发展。建立完善军民结合、寓军于民的军队人才培养体系。

促进高校办出特色。建立高校分类体系，实行分类管理。发挥政策指导和资源配置的作用，引导高校合理定位，克服同质化倾向，形成各自的办学理念和风格，在不同层次、不同领域办出特色，争创一流。

加快建设一流大学和一流学科。以重点学科建设为基础，继续实施“985工程”和优势学科创新平台建设，继续实施“211工程”和启动特色重点学科项目。改进管理模式，引入竞争机制，实行绩效评估，进行动态管理。鼓励学校优势学科面向世界，支持参与和设立国际学术合作组织、国际科学计划，支持与境外高水平教育、科研机构建立联合研发基地。加快创建世界一流大学和高水平大学的步伐，培养一批拔尖创新人才，形成一批世界一流学科，产生一批国际领先的原创性成果，为提升我国综合国力贡献力量。

第八章　继续教育

（二十三）加快发展继续教育。继续教育是面向学校教育之后所有社会成员的教育活动，特别是成人教育活动，是终身学习体系的重要组成部分。更新继续教育观念，加大投入力度，以加强人力资源能力建设为核心，大力发展非学历继续教育，稳步发展学历继续教育。重视老年教育。倡导全民阅读。广泛开展城乡社区教育，加快各类学习型组织建设，基本形成全民学习、终身学习的学习型社会。

（二十四）建立健全继续教育体制机制。政府成立跨部门继续教育协调机构，统筹指导继续教育发展。将继续教育纳入区域、行业总体发展规划。行业主管部门或协会负责制定行业继续教育规划和组织实施办法。加快继续教育法治建设。健全继续教育激励机制，推进继续教育与工作考核、岗位聘任（聘用）、职务（职称）评聘、职业注册等人事管理制度的衔接。鼓励个人多种形式接受继续教育，支持用人单位为从业人员接受继续教育提供条件。加强继续教育监管和评估。

（二十五）构建灵活开放的终身教育体系。发展和规范教育培训服务，统筹扩大继续教育资源。鼓励学校、科研院所、企业等相关组织开展继续教育。加强城乡社区教育机构和网络建设，开发社区教育资源。大力发展现代远程教育，建设以卫星、电视和互联网等为载体的远程开放继续教育及公共服务平台，为学习者提供方便、灵活、个性化的学习条件。

搭建终身学习“立交桥”。促进各级各类教育纵向衔接、横向沟通，提供多次选择机会，满足个人多样化的学习和发展需要。健全宽进严出的学习制度，办好开放大学，改革和完善高等教育自学考试制度。建立继续教育学分积累与转换制度，实现不同类型学习成果的互认和衔接。

第九章　民族教育

（二十六）重视和支持民族教育事业。加快民族教育事业发展，对于推动少数民族和民族地区经济社会发展，促进各民族共同团结奋斗、共同繁荣发展，具有重大而深远的意义。要加强对民族教育工作的领导，全面贯彻党的民族政策，切实解决少数民族和民族地区教育事业发展面临的特殊困难和突出问题。

在各级各类学校广泛开展民族团结教育。推动党的民族理论和民族政策、国家法律法规进教材、进课堂、进头脑，引导广大师生牢固树立马克思主义祖国观、民族观、宗教观，不断夯实各民族大团结的基础，增强中华民族自豪感和凝聚力。

（二十七）全面提高少数民族和民族地区教育发展水平。公共教育资源要向民族地区倾斜。中央和地方政府要进一步加大对民族教育支持力度。

促进民族地区各级各类教育协调发展。巩固民族地区义务教育普及成果，确保适龄儿童少年依法接受义务教育，全面提高普及水平，全面提高教育教学质量。支持边境县和民族自治地方贫困县义务教育学校标准化建设，加强民族地区寄宿制学校建设。加快民族地区高中阶段教育发展。支持教育基础薄弱地区改扩建、新建一批高中阶段学校。大力发展民族地区职业教育。加大对民族地区中等职业教育的支持力度。积极发展民族地区高等教育。支持民族院校加强学科和人才队伍建设，提高办学质量和管理水平。进一步办好高校民族预科班。加大对人口较少民族教育事业的扶持力度。

大力推进双语教学。全面开设汉语文课程，全面推广国家通用语言文字。尊重和保障少数民族使用本民族语言文字接受教育的权利。全面加强学前双语教育。国家对双语教学的师资培养培训、教学研究、教材开发和出版给予支持。

加强教育对口支援。认真组织落实内地省市对民族地区教育支援工作。充分利用内地优质教育资源，探索多种形式，吸引更多民族地区少数民族学生到内地接受教育。办好面向民族地区的职业学校。加大对民族地区师资培养培训力度，提高教师的政治素质和业务素质。国家制定优惠政策，鼓励支持高等学校毕业生到民族地区基层任教。支持民族地区发展现代远程教育，扩大优质教育资源覆盖面。

第十章　特殊教育

（二十八）关心和支持特殊教育。特殊教育是促进残疾人全面发展、帮助残疾人更好地融入社会的基本途径。各级政府要加快发展特殊教育，把特殊教育事业纳入当地经济社会发展规划，列入议事日程。全社会要关心支持特殊教育。

提高残疾学生的综合素质。注重潜能开发和缺陷补偿，培养残疾学生积极面对人生、全面融入社会的意识和自尊、自信、自立、自强的精神。加强残疾学生职业技能和就业能力培养。

（二十九）完善特殊教育体系。到2020年，基本实现市（地）和30万人口以上、残疾儿童少年较多的县（市）都有一所特殊教育学校。各级各类学校要积极创造条件接收残疾人入学，不断扩大随班就读和普通学校特教班规模。全面提高残疾儿童少年义务教育普及水平，加快发展残疾人高中阶段教育，大力推进残疾人职业教育，重视发展残疾人高等教育。因地制宜发展残疾儿童学前教育。

（三十）健全特殊教育保障机制。国家制定特殊教育学校基本办学标准，地方政府制定学生人均公用经费标准。加大对特殊教育的投入力度。鼓励和支持接收残疾学生的普通学校为残疾学生创造学习生活条件。加强特殊教育师资队伍建设，采取措施落实特殊教育教师待遇。在优秀教师表彰中提高特殊教育教师比例。加大对家庭经济困难残疾学生的资助力度。逐步实施残疾学生高中阶段免费教育。

第三部分　体制改革

第十一章　人才培养体制改革

（三十一）更新人才培养观念。深化教育体制改革，关键是更新教育观念，核心是改革人才培养体制，目的是提高人才培养水平。树立全面发展观念，努力造就德智体美全面发展的高素质人才。树立人人成才观念，面向全体学生，促进学生成长成才。树立多样化人才观念，尊重个人选

择，鼓励个性发展，不拘一格培养人才。树立终身学习观念，为持续发展奠定基础。树立系统培养观念，推进小学、中学、大学有机衔接，教学、科研、实践紧密结合，学校、家庭、社会密切配合，加强学校之间、校企之间、学校与科研机构之间合作以及中外合作等多种联合培养方式，形成体系开放、机制灵活、渠道互通、选择多样的人才培养体制。

（三十二）创新人才培养模式。适应国家和社会发展需要，遵循教育规律和人才成长规律，深化教育教学改革，创新教育教学方法，探索多种培养方式，形成各类人才辈出、拔尖创新人才不断涌现的局面。

注重学思结合。倡导启发式、探究式、讨论式、参与式教学，帮助学生学会学习。激发学生的好奇心，培养学生的兴趣爱好，营造独立思考、自由探索、勇于创新的良好环境。适应经济社会发展和科技进步的要求，推进课程改革，加强教材建设，建立健全教材质量监管制度。深入研究、确定不同教育阶段学生必须掌握的核心内容，形成教学内容更新机制。充分发挥现代信息技术作用，促进优质教学资源共享。

注重知行统一。坚持教育教学与生产劳动、社会实践相结合。开发实践课程和活动课程，增强学生科学实验、生产实习和技能实训的成效。充分利用社会教育资源，开展各种课外及校外活动。加强中小学校外活动场所建设。加强学生社团组织指导，鼓励学生积极参与志愿服务和公益事业。

注重因材施教。关注学生不同特点和个性差异，发展每一个学生的优势潜能。推进分层教学、走班制、学分制、导师制等教学管理制度改革。建立学习困难学生的帮助机制。改进优异学生培养方式，在跳级、转学、转换专业以及选修更高学段课程等方面给予支持和指导。健全公开、平等、竞争、择优的选拔方式，改进中学生升学推荐办法，创新研究生培养方法。探索高中阶段、高等学校拔尖学生培养模式。

（三十三）改革教育质量评价和人才评价制度。改进教育教学评价。根据培养目标和人才理念，建立科学、多样的评价标准。开展由政府、学校、家长及社会各方面参与的教育质量评价活动。做好学生成长记录，完善综合素质评价。探索促进学生发展的多种评价方式，激励学生乐观向上、自主自立、努力成才。

改进人才评价及选用制度，为人才培养创造良好环境。树立科学人才观，建立以岗位职责为基础，以品德、能力和业绩为导向的科学化、社会化人才评价发现机制。强化人才选拔使用中对实践能力的考查，克服社会用人单纯追求学历的倾向。

第十二章　考试招生制度改革

（三十四）推进考试招生制度改革。以考试招生制度改革为突破口，克服一考定终身的弊端，推进素质教育实施和创新人才培养。按照有利于科学选拔人才、促进学生健康发展、维护社会公平的原则，探索招生与考试相对分离的办法，政府宏观管理，专业机构组织实施，学校依法自主招生，学生多次选择，逐步形成分类考试、综合评价、多元录取的考试招生制度。加强考试管理，完善专业考试机构功能，提高服务能力和水平。成立国家教育考试指导委员会，研究制定考试改革方案，指导考试改革试点。

（三十五）完善中等学校考试招生制度。完善初中就近免试入学的具体办法。完善学业水平考试和综合素质评价，为高中阶段学校招生录取提供更加科学的依据。改进高中阶段学校考试招生方式，发挥优质普通高中和优质中等职业学校招生名额合理分配的导向作用。规范优秀特长生录取程序与办法。中等职业学校实行自主招生或注册入学。

（三十六）完善高等学校考试招生制度。深化考试内容和形式改革，着重考查综合素质和能力。以高等学校人才选拔要求和国家课程标准为依据，完善国家考试科目试题库，保证国家考试的科学性、导向性和规范性。探索有的科目一年多次考试的办法，探索实行社会化考试。

逐步实施高等学校分类入学考试。普通高等学校本科入学考试由全国统一组织；高等职业教育入学考试由各省、自治区、直辖市组织。成人高等教育招生办法由各省、自治区、直辖市确定。深入推进研究生入学考试制度改革，加强创新能力考查，发挥和规范导师在选拔录取中的作用。

完善高等学校招生名额分配方式和招生录取办法，建立健全有利于促进入学机会公平、有利于优秀人才选拔的多元录取机制。普通高等学校本科招生以统一入学考试为基本方式，结合学业水平考试和综合素质评价，择优录取。对特长显著、符合学校培养要求的，依据面试或者测试结果自主录取；高中阶段全面发展、表现优异的，推荐录取；符合条件、自愿到国家需要的行业、地区就业的，签订协议实行定向录取；对在实践岗位上作出突出贡献或具有特殊才能的人才，建立专门程序，破格录取。

（三十七）加强信息公开和社会监督。完善考试招生信息发布制度，实现信息公开透明，保障考生权益，加强政府和社会监督。公开高等学校招生名额分配原则和办法，公开招生章程和政策、招生程序和结果，公开自主招生办法、程序和结果。加强考试招生法规建设，规范学校招生录取程序，清理并规范升学加分政策。强化考试安全责任，加强诚信制度建设，坚决防范和严肃查处考试招生舞弊行为。

第十三章 建设现代学校制度

（三十八）推进政校分开、管办分离。适应中国国情和时代要求，建设依法办学、自主管理、民主监督、社会参与的现代学校制度，构建政府、学校、社会之间新型关系。适应国家行政管理体制改革要求，明确政府管理权限和职责，明确各级各类学校办学权利和责任。探索适应不同类型教育和人才成长的学校管理体制与办学模式，避免千校一面。完善学校目标管理和绩效管理机制。健全校务公开制度，接受师生员工和社会的监督。随着国家事业单位分类改革推进，探索建立符合学校特点的管理制度和配套政策，克服行政化倾向，取消实际存在的行政级别和行政化管理模式。

（三十九）落实和扩大学校办学自主权。政府及其部门要树立服务意识，改进管理方式，完善监管机制，减少和规范对学校的行政审批事项，依法保障学校充分行使办学自主权和承担相应责任。高等学校按照国家法律法规和宏观政策，自主开展教学活动、科学研究、技术开发和社会服务，自主设置和调整学科、专业，自主制定学校规划并组织实施，自主设置教学、科研、行政管理机构，自主确定内部收入分配，自主管理和使用人才，自主管理和使用学校财产和经费。扩大普通高中及中等职业学校在办学模式、育人方式、资源配置、人事管理、合作办学、社区服务等方面的自主权。

（四十）完善中国特色现代大学制度。完善治理结构。公办高等学校要坚持和完善党委领导下的校长负责制。健全议事规则与决策程序，依法落实党委、校长职权。完善大学校长选拔任用办法。充分发挥学术委员会在学科建设、学术评价、学术发展中的重要作用。探索教授治学的有效途径，充分发挥教授在教学、学术研究和学校管理中的作用。加强教职工代表大会、学生代表大会建设，发挥群众团体的作用。

加强章程建设。各类高校应依法制定章程，依照章程规定管理学校。尊重学术自由，营造宽松的学术环境。全面实行聘任制度和岗位管理制度。确立科学的考核评价和激励机制。

扩大社会合作。探索建立高等学校理事会或董事会，健全社会支持和监督学校发展的长效机制。探索高等学校与行业、企业密切合作共建的模式，推进高等学校与科研院所、社会团体的资源共享，形成协调合作的有效机制，提高服务经济建设和社会发展的能力。推进高校后勤社会化改革。

推进专业评价。鼓励专门机构和社会中介机构对高等学校学科、专业、课程等水平和质量进行评估。建立科学、规范的评估制度。探索与国际高水平教育评价机构合作，形成中国特色学校评价模式。建立高等学校质量年度报告发布制度。

（四十一）完善中小学学校管理制度。完善普通中小学和中等职业学校校长负责制。完善校长任职条件和任用办法。实行校务会议等管理制度，建立健全教职工代表大会制度，不断完善科学民主决策机制。扩大中等职业学校专业设置自主权。建立中小学家长委员会。引导社区和有关专业人士参与学校管理和监督。发挥企业参与中等职业学校发展的作用。建立中等职业学校与行业、企业合作机制。

第十四章　办学体制改革

（四十二）深化办学体制改革。坚持教育公益性原则，健全政府主导、社会参与、办学主体多元、办学形式多样、充满生机活力的办学体制，形成以政府办学为主体、全社会积极参与、公办教育和民办教育共同发展的格局。调动全社会参与的积极性，进一步激发教育活力，满足人民群众多层次、多样化的教育需求。

深化公办学校办学体制改革，积极鼓励行业、企业等社会力量参与公办学校办学，扶持薄弱学校发展，扩大优质教育资源，增强办学活力，提高办学效益。各地可从实际出发，开展公办学校联合办学、委托管理等试验，探索多种形式，提高办学水平。

改进非义务教育公共服务提供方式，完善优惠政策，鼓励公平竞争，引导社会资金以多种方式进入教育领域。

（四十三）大力支持民办教育。民办教育是教育事业发展的重要增长

点和促进教育改革的重要力量。各级政府要把发展民办教育作为重要工作职责，鼓励出资、捐资办学，促进社会力量以独立举办、共同举办等多种形式兴办教育。完善独立学院管理和运行机制。支持民办学校创新体制机制和育人模式，提高质量，办出特色，办好一批高水平民办学校。

依法落实民办学校、学生、教师与公办学校、学生、教师平等的法律地位，保障民办学校办学自主权。清理并纠正对民办学校的各类歧视政策。制定完善促进民办教育发展的优惠政策。对具备学士、硕士和博士学位授予单位条件的民办学校，按规定程序予以审批。建立完善民办学校教师社会保险制度。

健全公共财政对民办教育的扶持政策。政府委托民办学校承担有关教育和培训任务，拨付相应教育经费。县级以上人民政府可以根据本行政区域的具体情况设立专项资金，用于资助民办学校。国家对发展民办教育作出突出贡献的组织、学校和个人给予奖励和表彰。

（四十四）依法管理民办教育。教育行政部门要切实加强民办教育的统筹、规划和管理工作。积极探索营利性和非营利性民办学校分类管理。规范民办学校法人登记。完善民办学校法人治理结构。民办学校依法设立理事会或董事会，保障校长依法行使职权，逐步推进监事制度。积极发挥民办学校党组织的作用。完善民办高等学校督导专员制度。落实民办学校教职工参与民主管理、民主监督的权利。依法明确民办学校变更、退出机制。切实落实民办学校法人财产权。依法建立民办学校财务、会计和资产管理制度。任何组织和个人不得侵占学校资产、抽逃资金或者挪用办学经费。建立民办学校办学风险防范机制和信息公开制度。扩大社会参与民办学校的管理与监督。加强对民办教育的评估。

第十五章　管理体制改革

（四十五）健全统筹有力、权责明确的教育管理体制。以转变政府职能和简政放权为重点，深化教育管理体制改革，提高公共教育服务水平。明确各级政府责任，规范学校办学行为，促进管办评分离，形成政事分开、权责明确、统筹协调、规范有序的教育管理体制。中央政府统一领导和管理国家教育事业，制定发展规划、方针政策和基本标准，优化学科专业、类型、层次结构和区域布局。整体部署教育改革试验，统筹区域协调发展。地方政府负责落实国家方针政策，开展教育改革试验，根据职责分工负责区域内教育改革、发展和稳定。

（四十六）加强省级政府教育统筹。进一步加大省级政府对区域内各级各类教育的统筹。统筹管理义务教育，推进城乡义务教育均衡发展，依法落实发展义务教育的财政责任。促进普通高中和中等职业学校合理分布，加快普及高中阶段教育，重点扶持困难地区高中阶段教育发展。促进省域内职业教育协调发展和资源共享，支持行业、企业发展职业教育。完善以省级政府为主管理高等教育的体制，合理设置和调整高等学校及学科、专业布局，提高管理水平和办学质量。依法审批设立实施专科学历教育的高等学校，审批省级政府管理本科院校学士学位授予单位和已确定为硕士学位授予单位的学位授予点。完善省对省以下财政转移支付体制，加大对经济欠发达地区的支持力度。根据国家标准，结合本地实际，合理确定各级各类学校办学条件、教师编制等实施标准。统筹推进教育综合改革，促进教育区域协作，提高教育服务经济社会发展的水平。支持和督促市（地）、县级政府履行职责，发展管理好当地各类教育。

（四十七）转变政府教育管理职能。各级政府要切实履行统筹规划、政策引导、监督管理和提供公共教育服务的职责，建立健全公共教育服务体系，逐步实现基本公共教育服务均等化，维护教育公平和教育秩序。改变直接管理学校的单一方式，综合应用立法、拨款、规划、信息服务、政策指导和必要的行政措施，减少不必要的行政干预。

提高政府决策的科学性和管理的有效性。规范决策程序，重大教育政策出台前要公开讨论，充分听取群众意见。成立教育咨询委员会，为教育改革和发展提供咨询论证，提高重大教育决策的科学性。建立和完善国家教育基本标准。整合国家教育质量监测评估机构及资源，完善监测评估体系，定期发布监测评估报告。加强教育监督检查，完善教育问责机制。

培育专业教育服务机构。完善教育中介组织的准入、资助、监管和行业自律制度。积极发挥行业协会、专业学会、基金会等各类社会组织在教育公共治理中的作用。

第十六章　扩大教育开放

（四十八）加强国际交流与合作。坚持以开放促改革、促发展。开展多层次、宽领域的教育交流与合作，提高我国教育国际化水平。借鉴国际上先进的教育理念和教育经验，促进我国教育改革发展，提升我国教育的

国际地位、影响力和竞争力。适应国家经济社会对外开放的要求，培养大批具有国际视野、通晓国际规则、能够参与国际事务和国际竞争的国际化人才。

（四十九）引进优质教育资源。吸引境外知名学校、教育和科研机构以及企业，合作设立教育教学、实训、研究机构或项目。鼓励各级各类学校开展多种形式的国际交流与合作，办好若干所示范性中外合作学校和一批中外合作办学项目。探索多种方式利用国外优质教育资源。

吸引更多世界一流的专家学者来华从事教学、科研和管理工作，有计划地引进海外高端人才和学术团队。引进境外优秀教材，提高高等学校聘任外籍教师的比例。吸引海外优秀留学人员回国服务。

（五十）提高交流合作水平。扩大政府间学历学位互认。支持中外大学间的教师互派、学生互换、学分互认和学位互授联授。加强与国外高水平大学合作，建立教学科研合作平台，联合推进高水平基础研究和高技术研究。加强中小学、职业学校对外交流与合作。加强国际理解教育，推动跨文化交流，增进学生对不同国家、不同文化的认识和理解。

推动我国高水平教育机构海外办学，加强教育国际交流，广泛开展国际合作和教育服务。支持国际汉语教育。提高孔子学院办学质量和水平。加大教育国际援助力度，为发展中国家培养培训专门人才。拓宽渠道和领域，建立高等学校毕业生海外志愿者服务机制。

创新和完善公派出国留学机制，在全国公开选拔优秀学生进入国外高水平大学和研究机构学习。加强对自费出国留学的政策引导，加大对优秀自费留学生资助和奖励力度。坚持“支持留学、鼓励回国、来去自由”的方针，提高对留学人员的服务和管理水平。

进一步扩大外国留学生规模。增加中国政府奖学金数量，重点资助发展中国家学生，优化来华留学人员结构。实施来华留学预备教育，增加高等学校外语授课的学科专业，不断提高来华留学教育质量。

加强与联合国教科文组织等国际组织的合作，积极参与双边、多边和全球性、区域性教育合作。积极参与和推动国际组织教育政策、规则、标准的研究和制定。搭建高层次国际教育交流合作与政策对话平台，加强教育研究领域和教育创新实践活动的国际交流与合作。

加强内地与港澳台地区的教育交流与合作。扩展交流内容，创新合作模式，促进教育事业共同发展。

第四部分　保障措施

第十七章　加强教师队伍建设

（五十一）建设高素质教师队伍。教育大计，教师为本。有好的教师，才有好的教育。提高教师地位，维护教师权益，改善教师待遇，使教师成为受人尊重的职业。严格教师资质，提升教师素质，努力造就一支师德高尚、业务精湛、结构合理、充满活力的高素质专业化教师队伍。

（五十二）加强师德建设。加强教师职业理想和职业道德教育，增强广大教师教书育人的责任感和使命感。教师要关爱学生，严谨笃学，淡泊名利，自尊自律，以人格魅力和学识魅力教育感染学生，做学生健康成长的指导者和引路人。将师德表现作为教师考核、聘任（聘用）和评价的首要内容。采取综合措施，建立长效机制，形成良好学术道德和学术风气，克服学术浮躁，查处学术不端行为。

（五十三）提高教师业务水平。完善培养培训体系，做好培养培训规划，优化队伍结构，提高教师专业水平和教学能力。通过研修培训、学术交流、项目资助等方式，培养教育教学骨干、“双师型”教师、学术带头人和校长，造就一批教学名师和学科领军人才。

以农村教师为重点，提高中小学教师队伍整体素质。创新农村教师补充机制，完善制度政策，吸引更多优秀人才从教。积极推进师范生免费教育，实施农村义务教育学校教师特设岗位计划，完善代偿机制，鼓励高校毕业生到艰苦边远地区当教师。完善教师培训制度，将教师培训经费列入政府预算，对教师实行每五年一周期的全员培训。加大民族地区双语教师培养培训力度。加强校长培训，重视辅导员和班主任培训。加强教师教育，构建以师范院校为主体、综合大学参与、开放灵活的教师教育体系。深化教师教育改革，创新培养模式，增强实习实践环节，强化师德修养和教学能力训练，提高教师培养质量。

以“双师型”教师为重点，加强职业院校教师队伍建设。加大职业院校教师培养培训力度。依托相关高等学校和大中型企业，共建“双师型”教师培养培训基地。完善教师定期到企业实践制度。完善相关人事制度，

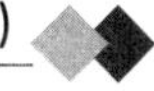

聘任（聘用）具有实践经验的专业技术人员和高技能人才担任专兼职教师，提高持有专业技术资格证书和职业资格证书教师比例。

以中青年教师和创新团队为重点，建设高素质的高校教师队伍。大力提高高校教师教学水平、科研创新和社会服务能力。促进跨学科、跨单位合作，形成高水平教学和科研创新团队。创新人事管理和薪酬分配方式，引导教师潜心教学科研，鼓励中青年优秀教师脱颖而出。实施海外高层次人才引进计划、“长江学者奖励计划”和“国家杰出青年科学基金”等人才项目，为高校集聚具有国际影响的学科领军人才。

（五十四）提高教师地位待遇。不断改善教师的工作、学习和生活条件，吸引优秀人才长期从教、终身从教。依法保证教师平均工资水平不低于或者高于国家公务员的平均工资水平，并逐步提高。落实教师绩效工资。对长期在农村基层和艰苦边远地区工作的教师，在工资、职务（职称）等方面实行倾斜政策，完善津贴补贴标准。建设农村艰苦边远地区学校教师周转宿舍。研究制定优惠政策，改善教师工作和生活条件。关心教师身心健康。落实和完善教师医疗养老等社会保障政策。国家对在农村地区长期从教、贡献突出的教师给予奖励。

（五十五）健全教师管理制度。完善并严格实施教师准入制度，严把教师入口关。国家制定教师资格标准，提高教师任职学历标准和品行要求。建立教师资格证书定期登记制度。省级教育行政部门统一组织中小学教师资格考试和资格认定，县级教育行政部门按规定履行中小学教师的招聘录用、职务（职称）评聘、培养培训和考核等管理职能。

逐步实行城乡统一的中小学编制标准，对农村边远地区实行倾斜政策。制定幼儿园教师配备标准。建立统一的中小学教师职务（职称）系列，在中小学设置正高级教师职务（职称）。探索在职业学校设置正高级教师职务（职称）。制定高等学校编制标准。加强学校岗位管理，创新聘用方式，规范用人行为，完善激励机制，激发教师积极性和创造性。建立健全义务教育学校教师和校长流动机制。城镇中小学教师在评聘高级职务（职称）时，原则上要有一年以上在农村学校或薄弱学校任教经历。加强教师管理，完善教师退出机制。制定校长任职资格标准，促进校长专业化，提高校长管理水平。推行校长职级制。

创造有利条件，鼓励教师和校长在实践中大胆探索，创新教育思想、教育模式和教育方法，形成教学特色和办学风格，造就一批教育家，倡导教育家办学。大力表彰和宣传模范教师的先进事迹。国家对作出突出贡献的教师和教育工作者设立荣誉称号。

第十八章　保障经费投入

（五十六）加大教育投入。教育投入是支撑国家长远发展的基础性、战略性投资，是教育事业的物质基础，是公共财政的重要职能。要健全以政府投入为主、多渠道筹集教育经费的体制，大幅度增加教育投入。

各级政府要优化财政支出结构，统筹各项收入，把教育作为财政支出重点领域予以优先保障。严格按照教育法律法规规定，年初预算和预算执行中的超收收入分配都要体现法定增长要求，保证教育财政拨款增长明显高于财政经常性收入增长，并使按在校学生人数平均的教育费用逐步增长，保证教师工资和学生人均公用经费逐步增长。按增值税、营业税、消费税的3%足额征收教育费附加，专项用于教育事业。提高国家财政性教育经费支出占国内生产总值比例，2012 年达到4%。

社会投入是教育投入的重要组成部分。充分调动全社会办教育积极性，扩大社会资源进入教育途径，多渠道增加教育投入。完善财政、税收、金融和土地等优惠政策，鼓励和引导社会力量捐资、出资办学。完善非义务教育培养成本分担机制，根据经济发展状况、培养成本和群众承受能力，调整学费标准。完善捐赠教育激励机制，落实个人教育公益性捐赠支出在所得税税前扣除规定。

（五十七）完善投入机制。进一步明确各级政府提供公共教育服务职责，完善各级教育经费投入机制，保障学校办学经费的稳定来源和增长。各地根据国家办学条件基本标准和教育教学基本需要，制定并逐步提高区域内各级学校学生人均经费基本标准和学生人均财政拨款基本标准。

义务教育全面纳入财政保障范围，实行国务院和地方各级人民政府根据职责共同负担，省、自治区、直辖市人民政府负责统筹落实的投入体制。进一步完善中央财政和地方财政分项目、按比例分担的农村义务教育经费保障机制，提高保障水平。尽快化解农村义务教育学校债务。

非义务教育实行以政府投入为主、受教育者合理分担、其他多种渠道筹措经费的投入机制。学前教育建立政府投入、社会举办者投入、家庭合理负担的投入机制。普通高中实行以财政投入为主，其他渠道筹措经费为辅的机制。中等职业教育实行政府、行业、企业及其他社会力量依法筹集

经费的机制。高等教育实行以举办者投入为主、受教育者合理分担培养成本、学校设立基金接受社会捐赠等筹措经费的机制。

进一步加大农村、边远贫困地区、民族地区教育投入。中央财政通过加大转移支付，支持农村欠发达地区和民族地区教育事业发展，加强关键领域和薄弱环节，解决突出问题。

健全国家资助政策体系。各地根据学前教育普及程度和发展情况，逐步对农村家庭经济困难和城镇低保家庭子女接受学前教育予以资助。提高农村义务教育家庭经济困难寄宿生生活补助标准，改善中小学生营养状况。建立普通高中家庭经济困难学生国家资助制度。完善普通本科高校、高等职业学校和中等职业学校家庭经济困难学生资助政策体系。完善助学贷款体制机制。推进生源地信用助学贷款。建立健全研究生教育收费制度，完善资助政策，设立研究生国家奖学金。根据经济发展水平和财力状况，建立国家奖助学金标准动态调整机制。

（五十八）加强经费管理。坚持依法理财，严格执行国家财政资金管理法律制度和财经纪律。建立科学化、精细化预算管理机制，科学编制预算，提高预算执行效率。设立高等教育拨款咨询委员会，增强经费分配的科学性。加强学校财务会计制度建设，完善经费使用内部稽核和内部控制制度。完善教育经费监管机构职能，在高等学校试行设立总会计师职务，提升经费使用和资产管理专业化水平。公办高等学校总会计师由政府委派。加强经费使用监督，强化重大项目建设和经费使用全过程审计，确保经费使用规范、安全、有效。建立并不断完善教育经费基础信息库，提升经费管理信息化水平。防范学校财务风险。建立经费使用绩效评价制度，加强重大项目经费使用考评。加强学校国有资产管理，建立健全学校国有资产配置、使用、处置管理制度，防止国有资产流失，提高使用效益。

完善学校收费管理办法，规范学校收费行为和收费资金使用管理。坚持勤俭办学，严禁铺张浪费，建设节约型学校。

第十九章　加快教育信息化进程

（五十九）加快教育信息基础设施建设。信息技术对教育发展具有革命性影响，必须予以高度重视。把教育信息化纳入国家信息化发展整体战略，超前部署教育信息网络。到 2020 年，基本建成覆盖城乡各级各类学校的教育信息化体系，促进教育内容、教学手段和方法现代化。充分利用优质资源和先进技术，创新运行机制和管理模式，整合现有资源，构建先进、高效、实用的数字化教育基础设施。加快终端设施普及，推进数字化校园建设，实现多种方式接入互联网。重点加强农村学校信息基础建设，缩小城乡数字化差距。加快中国教育和科研计算机网、中国教育卫星宽带传输网升级换代。制定教育信息化基本标准，促进信息系统互联互通。

（六十）加强优质教育资源开发与应用。加强网络教学资源体系建设。引进国际优质数字化教学资源。开发网络学习课程。建立数字图书馆和虚拟实验室。建立开放灵活的教育资源公共服务平台，促进优质教育资源普及共享。创新网络教学模式，开展高质量高水平远程学历教育。继续推进农村中小学远程教育，使农村和边远地区师生能够享受优质教育资源。

强化信息技术应用。提高教师应用信息技术水平，更新教学观念，改进教学方法，提高教学效果。鼓励学生利用信息手段主动学习、自主学习，增强运用信息技术分析解决问题能力。加快全民信息技术普及和应用。

（六十一）构建国家教育管理信息系统。制定学校基础信息管理要求，加快学校管理信息化进程，促进学校管理标准化、规范化。推进政府教育管理信息化，积累基础资料，掌握总体状况，加强动态监测，提高管理效率。整合各级各类教育管理资源，搭建国家教育管理公共服务平台，为宏观决策提供科学依据，为公众提供公共教育信息，不断提高教育管理现代化水平。

第二十章　推进依法治教

（六十二）完善教育法律法规。按照全面实施依法治国基本方略的要求，加快教育法治建设进程，完善中国特色社会主义教育法律法规。根据经济社会发展和教育改革的需要，修订教育法、职业教育法、高等教育法、学位条例、教师法、民办教育促进法，制定有关考试、学校、终身学习、学前教育、家庭教育等法律。加强教育行政法规建设。各地根据当地实际，制定促进本地区教育发展的地方性法规和规章。

（六十三）全面推进依法行政。各级政府要按照建设法治政府的要求，依法履行教育职责。探索教育行政执法体制机制改革，落实教育行政执法责任制，及时查处违反教育法律法规、侵害受教育者权益、扰乱教育秩序等行为，依法维护学校、学生、教师、校长和举办者的权益。完善教育信

息公开制度，保障公众对教育的知情权、参与权和监督权。

（六十四）大力推进依法治校。学校要建立完善符合法律规定、体现自身特色的学校章程和制度，依法办学，从严治校，认真履行教育教学和管理职责。尊重教师权利，加强教师管理。保障学生的受教育权，对学生实施的奖励与处分要符合公平、公正原则。健全符合法治原则的教育救济制度。

开展普法教育。促进师生员工提高法律素质和公民意识，自觉知法守法，遵守公共生活秩序，做遵纪守法的楷模。

（六十五）完善督导制度和监督问责机制。制定教育督导条例，进一步健全教育督导制度。探索建立相对独立的教育督导机构，独立行使督导职能。健全国家督学制度，建设专职督导队伍。坚持督政与督学并重、监督与指导并重。加强义务教育督导检查，开展学前教育和高中阶段教育督导检查。强化对政府落实教育法律法规和政策情况的督导检查。建立督导检查结果公告制度和限期整改制度。

严格落实问责制。主动接受和积极配合各级人大及其常委会对教育法律法规执行情况的监督检查以及司法机关的司法监督。建立健全层级监督机制。加强监察、审计等专门监督。强化社会监督。

第二十一章　重大项目和改革试点

（六十六）组织实施重大项目。2010—2012 年，围绕教育改革发展战略目标，着眼于促进教育公平，提高教育质量，增强可持续发展能力，以加强关键领域和薄弱环节为重点，完善机制，组织实施一批重大项目。

义务教育学校标准化建设。完善城乡义务教育经费保障机制，科学规划、统筹安排、均衡配置、合理布局。实施中小学校舍安全工程，集中开展危房改造、抗震加固，实现城乡中小学校舍安全达标；改造小学和初中薄弱学校，尽快使义务教育学校师资、教学仪器设备、图书、体育场地基本达标；改扩建劳务输出大省和特殊困难地区农村学校寄宿设施，改善农村学生特别是留守儿童寄宿条件，基本满足需要。

义务教育教师队伍建设。继续实施农村义务教育学校教师特设岗位计划，吸引高校毕业生到农村从教；加强农村中小学薄弱学科教师队伍建设，重点培养和补充一批边远贫困地区和革命老区急需紧缺教师；对义务教育教师进行全员培训，组织校长研修培训；对专科学历以下小学教师进行学历提高教育，使全国小学教师学历逐步达到专科以上水平。

推进农村学前教育。支持办好现有的乡镇和村幼儿园；重点支持中西部贫困地区充分利用中小学富余校舍和社会资源，改扩建或新建乡镇和村幼儿园；对农村幼儿园园长和骨干教师进行培训。

职业教育基础能力建设。支持建设一批职业教育实训基地，提升职业教育实践教学水平；完成一大批“双师型”教师培训，聘任（聘用）一大批有实践经验和技能的专兼职教师；支持一批中等职业教育改革示范校和优质特色校建设，支持高等职业教育示范校建设；支持一批示范性职业教育集团学校建设，促进优质资源开放共享。

提升高等教育质量。实施中西部高等教育振兴计划，加强中西部地方高校优势学科和师资队伍建设；实施东部高校对口支援西部高校计划；支持建设一批高等学校产学研基地；实施基础学科拔尖学生培养试验计划和卓越工程师、医师等人才教育培养计划；继续实施“985 工程”和优势学科创新平台建设，继续实施“211 工程”和启动特色重点学科项目；继续实施“高等学校本科教学质量与教学改革工程”“研究生教育创新计划”“高等学校哲学社会科学繁荣计划”和“高等学校高层次创新人才计划”。

发展民族教育。巩固民族地区普及九年义务教育成果，支持边境县和民族自治地方贫困县实现义务教育学校标准化；重点扶持和培养一批边疆民族地区紧缺教师人才；加强对民族地区中小学和幼儿园双语教师培养培训；加快民族地区高中阶段教育发展，启动内地中职班，支持教育基础薄弱县改扩建、新建一批普通高中和中等职业学校；支持民族院校建设。

发展特殊教育。改扩建和新建一批特殊教育学校，使市（地）和 30 万人口以上、残疾儿童少年较多的县（市）都有一所特殊教育学校；为现有特殊教育学校添置必要的教学、生活和康复训练设施，改善办学条件；对特殊教育教师进行专业培训，提高教育教学水平。

家庭经济困难学生资助。启动民族地区、贫困地区农村小学生营养改善计划；免除中等职业教育家庭经济困难学生和涉农专业学生学费；把普通高中学生和研究生纳入国家助学体系。

教育信息化建设。提高中小学每百名学生拥有计算机台数，为农村中小学班级配备多媒体远程教学设备；建设有效共享、覆盖各级各类教育的国家数字化教学资源库和公共服务平台；基本建成较完备的国家级和省级教育基础信息库以及教育质量、学生流动、资源配置和毕业生就业状况等

监测分析系统。

教育国际交流合作。支持一批示范性中外合作办学机构；支持在高校建设一批国际合作联合实验室、研究中心；引进一大批海外高层次人才；开展大中小学校长和骨干教师海外研修培训；支持扩大公派出国留学规模；实施留学中国计划，扩大来华留学生规模；培养各种外语人才；支持孔子学院建设。

（六十七）组织开展改革试点。成立国家教育体制改革领导小组，研究部署、指导实施教育体制改革工作。根据统筹规划、分步实施、试点先行、动态调整的原则，选择部分地区和学校开展重大改革试点。

推进素质教育改革试点。建立减轻中小学生课业负担的有效机制；加强基础教育课程教材建设；开展高中办学模式多样化试验，开发特色课程；探索弹性学制等培养方式；完善教育质量监测评估体系，定期发布测评结果等。

义务教育均衡发展改革试点。建立城乡一体化义务教育发展机制；实行县（区）域内教师、校长交流制度；实行优质普通高中和优质中等职业学校招生名额合理分配到区域内初中的办法；切实解决区域内义务教育阶段择校问题等。

职业教育办学模式改革试点。以推进政府统筹、校企合作、集团化办学为重点，探索部门、行业、企业参与办学的机制；开展委托培养、定向培养、订单式培养试点；开展工学结合、弹性学制、模块化教学等试点；推进职业教育为“三农”服务、培养新型农民的试点。

终身教育体制机制建设试点。建立区域内普通教育、职业教育、继续教育之间的沟通机制；建立终身学习网络和服务平台；统筹开发社会教育资源，积极发展社区教育；建立学习成果认证体系，建立“学分银行”制度等。

拔尖创新人才培养改革试点。探索贯穿各级各类教育的创新人才培养途径；鼓励高等学校联合培养拔尖创新人才；支持有条件的高中与大学、科研院所合作开展创新人才培养研究和试验，建立创新人才培养基地。

考试招生制度改革试点。完善初中和高中学业水平考试和综合素质评价；探索实行高水平大学联考；探索高等职业学校自主考试或根据学业水平考试成绩注册入学；探索自主录取、推荐录取、定向录取、破格录取的具体方式；探索缩小高等学校入学机会区域差距的举措等。

现代大学制度改革试点。研究制定党委领导下的校长负责制实施意见。制定和完善学校章程，探索学校理事会或董事会、学术委员会发挥积极作用的机制；全面实行聘任制度和岗位管理制度；实行新进人员公开招聘制度；探索协议工资制等灵活多样的分配办法；建立多种形式的专职科研队伍，推进管理人员职员制；完善校务公开制度等。

深化办学体制改革试点。探索公办学校联合办学、中外合作办学、委托管理等改革试验；开展对营利性和非营利性民办学校分类管理试点；建立民办学校财务、会计和资产管理制度；探索独立学院管理和发展的有效方式等。

地方教育投入保障机制改革试点。建立多渠道筹措教育经费长效机制；制定各级学校学生人均经费基本标准和学生人均财政拨款基本标准；探索政府收入统筹用于支持教育的办法；建立教育投入分项分担机制；依法制定鼓励教育投入的优惠政策；对长期在农村基层和艰苦边远地区工作的教师实行工资福利倾斜政策等。

省级政府教育统筹综合改革试点。探索政校分开、管办分离实现形式；合理部署区域内学校、学科、专业设置；制定办学条件、教师编制、招生规模等基本标准；推进县（市）教育综合改革试点；加强教育督导制度建设，探索督导机构独立履行职责的机制；探索省际教育协作改革试点，建立跨地区教育协作机制等。

第二十二章　加强组织领导

（六十八）加强和改善对教育工作的领导。各级党委和政府要以邓小平理论和“三个代表”重要思想为指导，深入贯彻落实科学发展观，把推动教育事业优先发展、科学发展作为重要职责，健全领导体制和决策机制，及时研究解决教育改革发展的重大问题和群众关心的热点问题。要把推进教育事业科学发展作为各级党委和政府政绩考核的重要内容，完善考核机制和问责制度。各级政府要定期向同级人民代表大会或其常务委员会报告教育工作情况。建立各级党政领导班子成员定点联系学校制度。有关部门要切实履行职责，支持教育改革和发展。扩大人民群众对教育事业的知情权、参与度。

加强教育宏观政策和发展战略研究，提高教育决策科学化水平。鼓励和支持教育科研人员坚持理论联系实际，深入探索中国特色社会主义教育

规律，研究和回答教育改革发展重大理论和现实问题，促进教育事业科学发展。

（六十九）加强和改进教育系统党的建设。把教育系统党组织建设成为学习型党组织。深入学习马克思列宁主义、毛泽东思想、邓小平理论、“三个代表”重要思想以及科学发展观，坚持用发展着的马克思主义武装党员干部、教育广大师生。深入推动中国特色社会主义理论体系进教材、进课堂、进头脑。深入开展社会主义核心价值体系学习教育。

健全各级各类学校党的组织。把全面贯彻党的教育方针、培养社会主义建设者和接班人贯穿学校党组织活动始终，坚持社会主义办学方向，牢牢把握党对学校意识形态工作的主导权。高等学校党组织要充分发挥在学校改革发展中的领导核心作用，中小学党组织要充分发挥在学校工作中的政治核心作用。加强民办学校党的建设，积极探索党组织发挥作用的途径和方法。

加强学校领导班子和领导干部队伍建设，不断提高思想政治素质和办学治校能力。坚持德才兼备、以德为先用人标准，选拔任用学校领导干部。加大学校领导干部培养培训和交流任职力度。

着力扩大党组织的覆盖面，推进工作创新，增强生机活力。充分发挥学校基层党组织战斗堡垒作用和党员先锋模范作用。加强在优秀青年教师、优秀学生中发展党员工作。重视学校共青团、少先队工作。

加强教育系统党风廉政建设和行风建设。大兴密切联系群众之风、求真务实之风、艰苦奋斗之风、批评和自我批评之风。坚持标本兼治、综合治理、惩防并举、注重预防的方针，完善体现教育系统特点的惩治和预防腐败体系。严格执行党风廉政建设责任制，加大教育、监督、改革、制度创新力度，坚决惩治腐败。坚持从严治教、规范管理，积极推行政务公开、校务公开。坚决纠正损害群众利益的各种不正之风。

（七十）切实维护教育系统和谐稳定。加强和改进学校思想政治工作，加强校园文化建设，深入开展平安校园、文明校园、绿色校园、和谐校园创建活动。重视解决好师生员工的实际困难和问题。完善矛盾纠纷排查化解机制，完善学校突发事件应急管理机制，妥善处置各种事端。加强校园网络管理。建立健全安全保卫制度和工作机制，完善人防、物防和技防措施。加强师生安全教育和学校安全管理，提高预防灾害、应急避险和防范违法犯罪活动的能力。加强校园和周边环境治安综合治理，为师生创造安定有序、和谐融洽、充满活力的工作、学习、生活环境。

实　施

《教育规划纲要》是21世纪我国第一个中长期教育规划纲要，涉及面广、时间跨度大、任务重、要求高，必须周密部署、精心组织、认真实施，确保各项任务落到实处。

明确目标任务，落实责任分工。贯彻实施《教育规划纲要》，是各级党委和政府的重要职责。各地区各部门要在中央统一领导下，按照《教育规划纲要》的部署和要求，对目标任务进行分解，明确责任分工。国务院教育行政部门负责《教育规划纲要》的组织协调与实施，各有关部门积极配合，密切协作，共同抓好贯彻落实。

提出实施方案，制定配套政策。各地要围绕《教育规划纲要》确定的战略目标、主要任务、体制改革、重大措施和项目等，提出本地区实施的具体方案和措施，分阶段、分步骤组织实施。各有关部门要抓紧研究制定切实可行、操作性强的配套政策，尽快出台实施。

鼓励探索创新，加强督促检查。充分尊重人民群众的首创精神，鼓励各地积极探索，勇于创新，创造性地实施《教育规划纲要》。对各地在实施《教育规划纲要》中好的做法和有效经验，要及时总结，积极推广。对《教育规划纲要》实施情况进行监测评估和跟踪检查。

广泛宣传动员，营造良好环境。广泛宣传党的教育方针政策，广泛宣传优先发展教育、建设人力资源强国的重要性和紧迫性，广泛宣传《教育规划纲要》的重大意义和主要内容，动员全党全社会进一步关心支持教育事业的改革和发展，为《教育规划纲要》的实施创造良好社会环境和舆论氛围。

附录四

现代职业教育体系建设规划
（2014—2020年）

现代职业教育体系建设规划（2014—2020 年）

为全面贯彻党的十八大和十八届三中全会精神，依据《国民经济和社会发展第十二个五年规划纲要》《国家中长期教育改革和发展规划纲要（2010—2020 年）》《国家中长期人才发展规划纲要（2010—2020 年）》《国务院关于加快发展现代职业教育的决定》和各产业、行业规划，特制定本规划。

一、规划背景

加快发展现代职业教育是党中央、国务院作出的重大战略决策。现代职业教育是服务经济社会发展需要，面向经济社会发展和生产服务一线，培养高素质劳动者和技术技能人才并促进全体劳动者可持续职业发展的教育类型。建立现代职业教育体系，是促进现代职业教育服务转方式、调结构、促改革、保就业、惠民生和工业化、信息化、城镇化、农业现代化同步发展的制度性安排，对打造中国经济升级版，创造更大人才红利，促进就业和改善民生，加强社会建设和文化建设，满足人民群众生产生活多样化的需求，实现中华民族伟大复兴的中国梦都具有重要意义。

随着新型工业化的推进和科学技术的发展，现代职业教育体系越来越成为国家竞争力的重要支撑。特别是国际金融危机以来，美、欧、日、俄、印等国家和地区都将完善现代职业教育体系作为增强国家竞争力特别是发展实体经济的战略选择，力求在新一轮国际竞争中建立巩固的、可持续的人才和技术竞争优势。

改革开放以来，我国职业教育改革发展取得了巨大成就，中高等职业教育快速发展，职业院校基础能力显著提高，产教结合、校企合作不断深入，行业企业参与不断加强，中高职衔接呈现良好势头。但是，必须清醒地看到，我国职业教育仍然存在着社会吸引力不强、发展理念相对落后、行业企业参与不足、人才培养模式相对陈旧、基础能力相对薄弱、层次结构不合理、基本制度不健全、国际化程度不高等诸多问题，并集中体现在职业教育体系不适应加快转变经济发展方式的要求上。抓住发展机遇，站在经济、社会和教育发展全局的高度，以战略眼光、现代理念和国际视野建设现代职业教育体系，加快发展现代职业教育，是促进教育公平、基本实现教育现代化和建设人力资源强国的必然选择。

二、总体要求

（一）指导思想。

以邓小平理论、“三个代表”重要思想、科学发展观为指导，按照“五位一体”社会主义现代化建设总体布局和加快经济发展方式转变的总体要求，坚持以立德树人为根本，以服务发展为宗旨，以促进就业为导向，深化体制机制改革，统筹发挥好政府和市场的作用，系统设计现代职业教育的体系框架、结构布局和运行机制，推动教育制度创新和结构调整，培养数以亿计的工程师、高级技工和高素质职业人才，传承技术技能，促进就业创业，为建设人力资源强国和创新型国家提供人才支撑。

（二）建设目标。

总体目标是：牢固确立职业教育在国家人才培养体系中的重要位置，到2020年，形成适应发展需求、产教深度融合、中职高职衔接、职业教育与普通教育相互沟通，体现终身教育理念，具有中国特色、世界水平的现代职业教育体系，建立人才培养立交桥，形成合理教育结构，推动现代教育体系基本建立、教育现代化基本实现。具体分两步走：

——2015年，初步形成现代职业教育体系框架。现代职业教育的理念得到广泛宣传，职业教育体系建设的重大政策更加完备，人才培养层次更加完善，专业结构更加符合市场需求，中高等职业教育全面衔接，产教融合、校企合作的体制基本建立，现代职业院校制度基本形成，职业教育服务国家发展战略的能力进一步提升，职业教育吸引力进一步增强。

——2020年，基本建成中国特色现代职业教育体系。现代职业教育理念深入人心，行业企业和职业院校（中等职业学校和高等职业学校的统称，下同）共同推进的技术技能积累创新机制基本形成，职业教育体系的层次、结构更加科学，院校布局和专业设置适应经济社会需求，现代职业教育的基本制度、运行机制、重大政策更加完善，社会力量广泛参与，建成一批高水平职业院校，各类职业人才培养水平大幅提升。

专栏1　现代职业教育体系建设量化目标

目标	单位	2012年	2015年	2020年
中等职业教育在校生数	万人	2114	2250	2350
专科层次职业教育在校生数	万人	964	1390	1480
继续教育参与人次	万人次	21000	29000	35000
职业院校职业教育集团参与率	%	75	85	90
高职院校招收有实际工作经验学习者比例	%	5	10	20
职业院校培训在校生（折合数）相当于学历职业教育在校生的比例	%	14	20	30
实训基地骨干专业覆盖率	%	35	50	80
有实践经验的专兼职教师占专业教师总数的比例	%	35	45	60
职业院校校园网覆盖率	%	90	100	100
数字化资源专业覆盖率	%	70	80	100

（三）基本原则。

坚持政府统筹规划。以提高质量、促进就业、服务发展为导向，发挥政府在职业教育体系建设中的引导、规范和督导作用，深化重要领域和关键环节的改革。中央政府加强职业教育体系的顶层设计，完善体系建设、管理、运行的法律法规和基本制度。扩大省级政府统筹权，鼓励各地根据区域经济社会发展需要，探索体系建设模式，推动职业教育多样化、多形式发展。

坚持市场需求导向。充分发挥市场在资源配置中的决定性作用，扩大职业院校办学自主权，推动学校面向社会需求办学，增强职业教育体系适应市场经济的能力。充分调动社会力量，吸引更多资源向职业教育汇聚，促进政府办学、企业办学和社会办学共同发展。进一步发挥行业、企业、学校和社会各方面的积极作用，激发职业教育办学活力，最大限度释放改革红利。

坚持产教融合发展。走开放融合、改革创新的中国特色现代职业教育体系建设道路，推动职业教育融入经济社会发展和改革开放的全过程，推动专业设置与产业需求、课程内容与职业标准、教学过程与生产过程对接，实现职业教育与技术进步和生产方式变革以及社会公共服务相适应，促进经济提质增效升级。

坚持各级各类教育协调发展。统筹职业教育和普通教育、继续教育发展，建立学分积累和转换制度，畅通人才成长通道。优化职业教育体系结构和空间布局，形成普通教育与职业教育相互沟通、全日制与非全日制协调发展，学历教育与非学历培训沟通衔接，公办民办共同发展的现代职业教育新格局。

三、体系的基本架构

按照终身教育的理念，形成服务需求、开放融合、纵向流动、双向沟通的现代职业教育的体系框架和总体布局。

专栏2　教育体系基本框架示意图

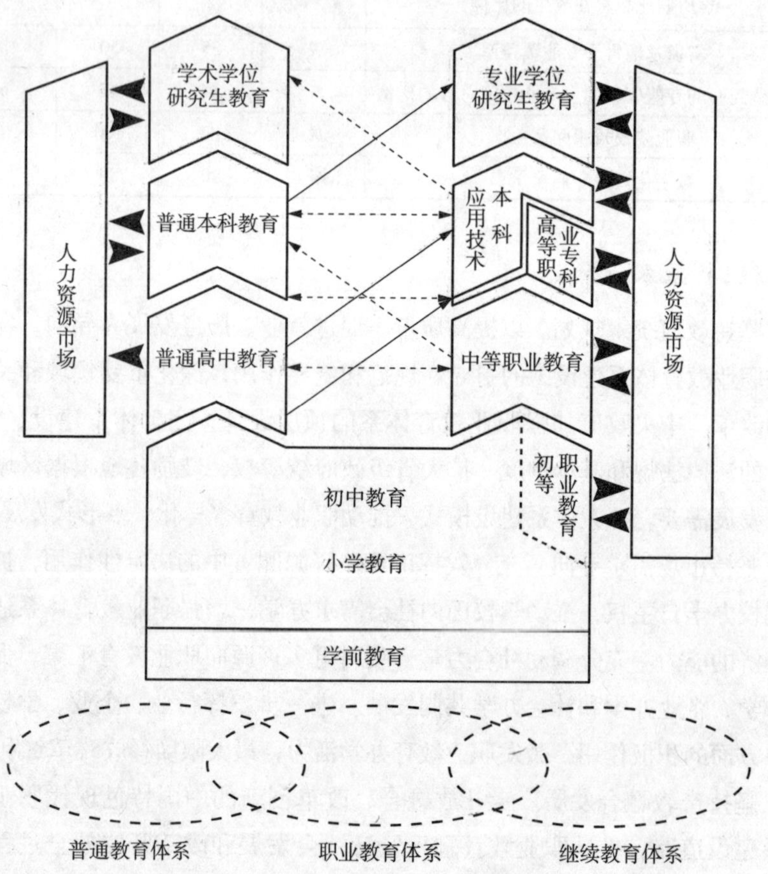

（一）职业教育的层次结构。

初等职业教育。在有需要的地方继续办好初等职业教育学校。各类职业院校、培训机构和用人单位内部开展实用技术技能培训，使学习者获得基本的工作和生活技能。

中等职业教育。中等职业教育在现代职业教育体系中具有基础作用，为初高中毕业生开展基础性的知识、技术和技能教育，培养技能人才。中等职业教育是职业教育发展的重点，今后一个时期总体保持普通高中和中等职业学校招生规模大体相当。

高等职业教育。在办好现有专科层次高等职业（专科）学校的基础上，发展应用技术类型高校，培养本科层次职业人才。应用技术类型高等学校是高等教育体系的重要组成部分，与其他普通本科学校具有平等地位。高等职业教育规模占高等教育的一半以上，本科层次职业教育达到一定规模。建立以提升职业能力为导向的专业学位研究生培养模式。根据高等学校设置制度规定，将符合条件的技师学院纳入高等学校序列。

（二）职业教育的终身一体。

职业辅导教育。普通教育学校为在校生和未升学毕业生提供多种形式职业发展辅导。普通高中根据需要适当增加职业技术教育内容。职业院校和普通教育学校开展以职业道德、职业发展、就业准备、创业指导等为主要内容的就业教育和服务。

职业继续教育。各类职业院校是继续教育的重要主体，通过多种教育形式为所有劳动者提供终身学习机会。企事业单位举办职工教育，建立制度化的岗位培训体系。社会培训机构是职业继续教育的重要组成部分，依法自主开展职业培训和承接政府组织的职业培训。

劳动者终身学习。增强职业教育体系的开放性和多样性，使劳动者能够在职业发展的不同阶段通过多次选择、多种方式灵活接受职业教育和培训，促进学习者为职业发展而学习，使职业教育成为促进全体劳动者可持续发展的教育。

（三）职业教育的办学类型。

政府办学、企业办学和社会办学。建立政府、企业和其他社会力量共同发挥办学主体作用，公办和民办职业院校共同发展的职业教育办学体制。政府实行统一的准入制度，办好骨干职业院校，支持社会力量办学。

各类主体兴办的职业院校具有同等法律地位，依法公平、公开竞争。

全日制职业教育与非全日制职业教育。增加非全日制职业教育在职业教育中的比重，发展工学交替、双元制、学徒制、半工半读、远程教育等各种灵活学习方式的职业教育。通过改革学制、学籍和学分管理制度，实现全日制职业教育和非全日制职业教育的统筹管理。

学历职业教育与非学历职业教育。职业院校同时开展学历职业教育和非学历职业教育，满足行业、企业和社区的多样化需求。职业院校和职业培训机构开展的非学历职业教育可以通过质量认证体系、学分积累和转换制度、学分银行和职业资格考试进行学历认证。

（四）职业教育的开放沟通。

职业教育体系内部。系统构建从中职、专科、本科到专业学位研究生的培养体系，满足各层次技术技能人才的教育需求，服务一线劳动者的职业成长。拓宽高等职业学校招收中等职业学校毕业生、应用技术类型高等学校招收职业院校毕业生通道，打开职业院校学生的成长空间。在确有需要的职业领域，可以实行中职、专科、本科贯通培养。

职业教育与普通教育。建立职业教育和普通教育双向沟通的桥梁。普通学校和职业院校可以开展课程和学分互认。学习者可以通过考试在普通学校和职业院校之间转学、升学。普通高等学校可以招收职业院校毕业生，并与职业院校联合培养高层次应用型人才。

职业教育与人力资源市场。职业院校按照经济社会发展的需求确定人才培养的规格层次、专业体系、培养方式和质量标准。畅通一线劳动者继续学习深造的路径，增加有工作经验的技术技能人才在职业院校学生中的比重，建立在职人员学习—就业—再学习的通道，实现优秀人才在职业领域与教育领域的顺畅转换。

四、体系建设的重点任务

以现代教育理念为先导，加强现代职业教育体系建设的重点领域和薄弱环节。

（一）优化职业教育服务产业布局。

大力发展现代农业职业教育。以培养新型职业农民为重点，建立公益性农民培养培训制度。推进农民继续教育工程，创新农学结合模式。以农

业职业院校为主体，构建覆盖全国、服务完善的现代职业农民教育网络。依托农业高等学校、职业院校组建农业教育集团，培养多层次农业技术人才，参与农业技术推广体系建设。鼓励企业、行业协会、农业合作社举办或参与举办农业职业院校，参与涉农专业、课程和人才培养模式改革。提高农村基础教育、职业教育和成人继续教育统筹水平，促进农科教结合。推动一批县（区）在农村职业教育和成人教育改革发展方面发挥示范作用。

提升服务工业转型升级能力。根据国家发展先进制造业的战略部署，按照现代生产方式和产业技术进步要求，重点培养掌握新技术、具备高技能的高素质技术技能人才。适应战略性新兴产业、现代能源产业、海洋产业、综合交通运输体系、生态环境保护等领域的发展需要，优先发展相关新兴专业，提高中国制造和中国装备的市场竞争力，加快完善人才支撑体系。

加快培养服务现代服务业人才。根据服务业加快发展的趋势，逐步提高面向服务业的职业教育比重。重点加强服务金融、物流、商务、医疗、健康和高技术服务等现代服务业的职业教育，培养具有较高文化素质和技术技能素质的新型服务人才。深化文化艺术类职业教育改革，重点培养文化创意人才、基层文化人才，传承创新民族文化和民族工艺，推动文化产业成为国民经济支柱性产业。

加紧满足社会建设和社会管理人才需求。发挥职业教育植根社区、服务社区的重要作用，推动职业院校面向基层，积极开设城镇管理、乡村建设、社会保障、社区工作、文化体育、环境卫生、老龄服务等专业，培养下得去、留得住的有文化、懂技术、善沟通的高素质社会管理和服务工作者。

专栏3　经济和社会重点领域与技术技能人才培养

现代农业	加强农业职业教育，培养适应农业产业化和科技进步的新型职业农民。加强适应现代农业生产方式的技术人才、流通人才、经营和管理人才培养，支持农业结构战略性调整。
制造业	加快培养适应工业转型升级需要的技术技能人才，使劳动者素质的提升与制造技术、生产工艺和流程的现代化保持同步，实现产业核心技术技能的传承、积累和创新发展，促进制造业由大变强。

续表

服务业	面向金融服务、现代物流、商务服务、社会工作服务和高技术服务领域，培养具备高尚职业道德、较高人文素养、通晓国际标准和高超技术技能的专门人才，通过人才专业化提升服务业的竞争力。适应老龄服务事业和产业发展需要，加快相关人才培养。
战略性新兴产业	坚持自主创新带动与技术技能人才支撑并重的人才发展战略，加强战略性新兴产业相关专业建设，培养、储备应用先进技术、使用先进装备和具有工艺创新能力的高层次技术技能人才。
能源产业	适应现代能源产业体系建设需要，加强新能源、可再生能源相关专业建设，加快节能环保、污染物防治与安全处置、资源回收与循环利用等相关产业技术技能人才培养。
交通运输	服务综合交通运输体系建设，改造提升交通运输相关专业，优化人才培养结构，加快轨道交通、民航、公共交通等急需技术技能人才培养，提高从业人员素质。
海洋产业	加强海洋类职业院校和专业建设，加快海洋油气业、海洋渔业、海洋船舶业等海洋传统产业，海洋交通运输业、海洋旅游业等海洋服务业，以及海洋装备制造业等海洋新兴产业急需的技术技能人才培养，为发展壮大海洋经济和增强海洋开发利用能力提供人才支撑。
社会建设与社会管理	支持职业院校围绕城乡发展、社会管理、社区服务、基层文化建设，培养基层管理和公共服务人才。
文化产业	适应文化产业的发展需要，加强文化创意、影视制作、出版发行等重点文化产业技术技能人才的培养。依托职业教育体系保护、传承和创新民族传统工艺与非物质文化遗产，培养各民族文艺人才。

（二）统筹职业教育区域发展布局。

优化职业教育区域布局。各地从本区域实际出发，规划职业教育体系布局结构。东部地区和大中城市要根据经济转型升级的需要，提高中等职业教育的核心竞争力和高等职业教育的现代化水平。中西部地区要多渠道筹措资金增强职业教育基础能力，以中等职业教育为重点普及高中阶段教育，提高服务当地特色优势产业的高等职业教育质量。民族地区要从加快区域经济社会发展和促进各民族交流交融的要求出发，加快职业教育发展步伐，着力优化结构、提高质量，加强双语、“双师型”教师队伍建设，提升职业教育服务当地特色优势产业、民族文化和民族工艺、基本公共服务、社会管理和贫困家庭脱贫致富的能力。

优化职业教育城乡布局。充分发挥职业教育就业导向作用，引导农村剩余劳动力向城镇和非农产业有序转移。重点加强农民工、农民工子女和城市转岗就业人员的职业教育和培训。在城镇化建设中科学规划职业教育，院校布局更加贴近所服务的产业和社区。新增高等职业学校主要向中小城市布局。根据各主体功能区的定位，推动区域内职业院校科学定位，使每一所职业院校集中力量办好当地经济社会需要的特色优势专业（集群）。推动县区职业教育中心（中等职业学校）成为区域学历教育、技术推广、扶贫开发、劳动力转移培训和社会生活教育的开放平台，将服务网络延伸到社区、村庄、合作社、农场、企业。

（三）加快民办职业教育发展步伐。

完善鼓励社会力量办学的政策环境。充分发挥社会力量举办职业教育对加快建立现代职业教育体系、激发职业教育发展活力的重要作用。完善各类职业院校设置标准，建立公开透明规范的民办职业教育准入、审批制度，稳步扩大优质民办教育规模。鼓励企业举办或参与举办职业院校，到2020年，大中型企业参与职业教育办学的比例达到80%以上。各地要把社会力量举办的职业院校纳入教育发展规划，推动民办职业院校分类管理试点，健全政府补贴、购买服务、助学贷款、基金奖励、捐资激励等制度，鼓励社会力量参与职业教育办学。对办学规范、管理严格的民办职业院校，逐步实行在核定办学规模内自主确定招生范围和年度招生计划的制度。

创新民办职业教育办学模式。支持发展一批品牌化、连锁化和中高职衔接的民办职业教育集团。积极支持各类办学主体通过独资、合资、合作等多种形式举办民办职业教育，探索发展股份制、混合所有制职业院校。开展社会力量参与公办职业院校改革建立混合所有制职业院校试点，允许社会力量通过购买、承租、委托管理等方式改造办学活力不足的公办职业院校。鼓励民间资本与公办优质教育资源嫁接合作在经济欠发达地区扩大优质职业教育资源。鼓励企业和公办职业院校合作举办混合所有制性质的二级学院。允许社会力量以资本、知识、技术、管理等要素参与办学并享有相应权利，探索在民办职业院校实行职工持股。鼓励专业技术人才、高技能人才在职业院校建设股份合作制的工作室。

（四）推动职业教育集团化发展。

科学规划职业教育集团发展。职业教育集团化发展是政府主导、行业指导、企业参与的职业教育办学体制的重要实现形式，对促进教育链和产业链有机融合有重要作用。完善现有职业教育集团的治理结构、发展机制，逐步扩大各类职业院校参与率，到2020年基本覆盖所有职业院校，初步建成300个富有活力和引领作用的骨干职业教育集团。开展多元投资主体依法共建职业教育集团的改革试点。

创新职业教育集团的发展机制。按照市场导向、利益共享、合作互赢的原则，吸引各类主体参与职业教育集团建设。通过中央企业和行业龙头企业牵头、骨干职业院校牵头、行业和职业院校联合、地方政府整合职业教育资源、区域内职业院校资源共享等方式多样化发展职业教育集团。鼓励各地在重大产业建设工程中，同步规划覆盖全产业链的职业教育集团。

提升职业教育集团的发展活力。研究制定促进职业教育集团发展的支持政策。支持符合条件的职业教育集团统筹中高职衔接、专业课程建设、实训基地建设、教师队伍建设。鼓励通过领导干部交叉任职、共建技术创新平台和生产性实训基地、建立混合所有制职业院校等方式强化集团内部的利益纽带。鼓励行业特色明显的普通高等学校参与职业教育集团。鼓励职业教育集团与跨国企业、境外教育机构等开展合作。

（五）加强中等职业教育基础地位。

巩固提高中等职业教育。中等职业教育是公共服务体系的重要组成部分。将普及高中阶段教育重点放在中等职业教育。坚持以就业为导向办好中等职业教育，按照系统培养、全面培养、终身教育的理念，加强思想道德和职业道德教育，强化基础文化和体育、艺术课程，加强新技术教育和技能训练，为学生全面成才、持续发展奠定扎实基础。继续探索举办职业教育和普通教育融通的综合高中。

调整优化中等职业教育布局。各地要根据本地产业、人口、教育实际和城镇化进程提出中等职业教育规划布局指导意见，指导各地从实际出发逐步优化中等职业教育学校布局和专业。鼓励优质学校通过兼并、托管、合作办学等形式，整合办学资源；对定位不明确、办学质量低、服务能力弱的学校实行调整改造或兼并重组。推动各项要素资源优化整合，逐步提高中等职业学校办学水平。

（六）优化高等职业教育结构。

推进高等学校分类管理。建立高等学校分类体系，探索对研究类型高

校、应用技术类型高校、高等职业学校等不同类型的高等学校实行分类设置、评价、指导、评估、拨款制度。鼓励举办应用技术类型高校，将其建设成为直接服务区域经济社会发展，以举办本科职业教育为重点，融职业教育、高等教育和继续教育于一体的新型大学。原则上现有专科高等职业学校不升格为或并入普通高等学校。各地科学规划区域内高等教育布局结构，根据国家的有关规定设置专科阶段高等学校。

引导一批本科高等学校转型发展。支持定位于服务行业和地方经济社会发展的本科高等学校实行综合改革，向应用技术类型高校转型发展。鼓励独立学院转设为独立设置的学校时定位为应用技术类型高校。鼓励本科高等学校与示范性高等职业学校通过合作办学、联合培养等方式培养高层次应用技术人才。应用技术类型高校同时招收在职优秀技术技能人才、职业院校优秀毕业生和普通高中、综合高中毕业生。各地采取计划、财政、评估等综合性调控政策引导地方本科高等学校转型发展。

加快高等职业学校改革步伐。深化高等职业学校治理结构、专业体系、培养模式、招生入学制度等关键领域改革，提升办学活力和人才培养质量。根据区域发展需要设立的高等职业学校，要强化服务社区导向，为社区提供职业教育、继续教育和普通高等学校基础课程。行业特色明显的高等职业学校，要增强服务产业导向，发挥提升产业竞争力的作用。

探索举办特色学院。鼓励大型企业、科研机构和行业协会举办或参与举办以服务产业链为目标，主要依托企业开展教学实训，人才培养和职工培训融为一体，产教、科教融合发展，专业特色明显的特色学院，新增一批优质高等职业教育资源。

（七）完善职业人才衔接培养体系。

加强中高职衔接。推进中等和高等职业教育培养目标、专业设置、课程体系、教学过程等方面的衔接。探索对口合作、集团化发展等多形式的衔接方式。逐步扩大职业院校自主招生权和学习者自主选择权，形成多种方式、多次选择的衔接机制和衔接路径。充分发挥开放大学在中高职衔接中的重要作用。

完善五年制高职。以初中为起点的五年制高等职业学校，主要面向学前教育、护理、健康服务、社区服务等特殊专业领域，培养兼具较高文化素质和专业技术技能的专门人才。国家发布五年制高职专业目录。支持办好重点培养产业发展和社会建设急需人才的五年制高等职业学校。

强化学历、学位和职业资格衔接。研究探索符合职业教育特点的学位制度。完善学历学位证书和资格证书“双证书”制度，逐步实现职业教育学历学位证书体系、专业学位研究生教育与职业资格证书体系的有机衔接，探索建立各级职业教育与普通教育相衔接的制度。完善职业院校合格毕业生取得相应职业资格证书的办法。

（八）建立职业教育质量保障体系。

完善校企合作、工学结合的人才培养体系。将工学结合贯穿职业教育教学全过程，学生从入学开始就接受相应的动手和实践课程，并根据培养目标同步深化文化、技术和技能学习与训练，逐步实现就业需求和人才培养的有机衔接。加强科学素养、技术思维和实践能力教育，加强实验、实训、实习和研究性学习环节。加强工程实践中心、实训基地和企业实习基地的建设，保障学习者有质量的实习实训需求。强化实习实训环节的评价考核。在有条件的企业试行职业院校和企业联合招生、联合培养的学徒制，企业根据用工需求与职业院校实行联合招生（招工）、联合培养。完善支持政策，通过政府、企业、社会、家庭等多渠道筹集学生（学徒）培养培训经费。

加强职业院校德育工作。积极培育和践行社会主义核心价值观。弘扬民族优秀文化和现代工业文明，传承民族工艺文化中以德为先、追求技艺、重视传承的优良传统。推进产业文化进教育、企业文化进校园、职业文化进课堂，将生态环保、绿色节能、清洁生产、循环经济等理念融入教育过程，开展丰富多彩的校园文化活动，建设融合产业文化的校园文化。切实加强职业道德教育，注重用优秀毕业生先进事迹教育引导在校学生，培养具有现代职业理念和良好职业操守的高素质人才。鼓励企业与职业院校开展多种形式的文化实践活动。

健全职业教育质量评价制度。以学习者的职业道德、技术技能水平和就业质量为核心，建立职业教育质量评价体系。完善学校、行业、企业、研究机构和其他社会组织共同参与的职业教育质量评价机制。各地要加强对职业教育的督导和评估，开展以人才培养质量和服务贡献为主要内容的职业院校绩效考核。职业院校要建立内部质量评价制度，强化质量保障体系建设。注重发挥行业作用，支持行业协会开展职业院校人才培养质量评

估，提高人才培养质量和结构与行业需求的匹配度。鼓励企业、用人单位开展毕业生就业质量、满意度等评价。积极支持各类专业组织等第三方机构开展质量评估。

（九）改革职业教育专业课程体系。

建立产业结构调整驱动专业改革机制。办好特色优势专业，压缩供过于求的专业，调整改造办学层次、办学质量与需求不对接的专业，建立面向市场、优胜劣汰的专业设置机制。职业院校可以在政府和行业的指导下对接职业和岗位需求自主设置专业。支持职业院校设置反映未来产业变革和技术进步趋势的新专业。到2015年，基本完成新一轮专业设置改革，学校特色优势专业集中度显著提高。扩大学生选专业、转专业的自主权。建立专业设置信息发布平台和动态调整预警机制。探索建立区域中高职专业设置管理的宏观协调机制。

建立产业技术进步驱动课程改革机制。适应经济发展、产业升级和技术进步需要，建立国家职业标准与专业教学标准联动开发机制。按照科技发展水平和职业资格标准设计课程结构和内容。通过用人单位直接参与课程设计、评价和国际先进课程的引进，提高职业教育对技术进步的反应速度。到2020年，基本形成对接紧密、特色鲜明、动态调整的职业教育课程体系。

建立真实应用驱动教学改革机制。职业院校按照真实环境真学真做掌握真本领的要求开展教学活动。推动教学内容改革，按照企业真实的技术和装备水平设计理论、技术和实训课程；推动教学流程改革，依据生产服务的真实业务流程设计教学空间和课程模块；推动教学方法改革，通过真实案例、真实项目激发学习者的学习兴趣、探究兴趣和职业兴趣。

（十）完善“双师型”教师培养培训体系。

改革教师资格和编制制度。根据职业教育的特点完善教师资格标准、专业技术职务（职称）评聘办法。探索在职业学校设置正高级教师职务（职称）。各地要比照普通高中和普通高等学校，根据职业教育特点核定公办职业院校教职工编制。新增教师编制主要用于引进有实践经验的专业教师，到2020年，有实践经验的专兼职教师占专业教师总数的比例达到60%以上。

改革职业院校用人制度。落实职业院校用人自主权，鼓励职业院校按照国家相关规定聘请企业管理人员、工程技术人员和能工巧匠担任专兼职教师。建立符合职业院校特点的教师绩效评价标准，绩效工资内部分配向“双师型”教师适当倾斜。探索建立行业企业举办的职业院校和民办职业院校教师年金制度。

完善教师培养制度。加强职业技术师范院校建设。依托高水平学校和大中型企业建立“双师型”职业教育师资培养基地。探索职业教育师资定向培养制度和“学历教育+企业实训”的培养办法。加强职业教育教师队伍师德建设，增强教师从事职业教育的荣誉感和责任感。

完善教师培训制度。建立职业院校教师轮训制度，促进职业院校教师专业化发展。建立一批职业教育教师实践企业基地，实行新任教师先实践、后上岗和教师定期实践制度，专业教师每两年专业实践的时间累计不少于两个月。鼓励职业院校教师加入行业协会组织。

（十一）加速数字化、信息化进程。

推进信息化平台体系建设。将信息化作为现代职业教育体系建设的基础，实现“宽带网络校校通”“优质资源班班通”“网络学习空间人人通”。加强职业院校信息化基础设施建设，到2015年宽带和校园网覆盖所有职业院校。加强职业教育信息化管理平台建设，到2015年基本建成职业教育信息化管理系统，并与全国公共就业信息服务平台联通，实现资源共享。加强职业教育数字化资源平台建设，到2020年，数字化资源覆盖所有专业。建立全国职业教育数字资源共建共享联盟，制定职业教育数字资源开发规范和审查认证标准，推动建设面向全社会的优质数字化教学资源库。提高开放大学信息化建设水平，到2020年信息技术应用达到世界先进水平。

加快数字化专业课程体系建设。加紧用信息技术改造职业教育专业课程，使每一个学生都具有与职业要求相适应的信息技术素养。与各行业、产业信息化进程紧密结合，将信息技术课程纳入所有专业。在专业课程中广泛使用计算机仿真教学、数字化实训、远程实时教育等技术。加快发展数字农业、智能制造、智慧服务等领域的相关专业。加强对教师信息技术应用能力的培训，将其作为教师评聘考核的重要标准。办好全国职业院校信息化教学大赛。

（十二）建设开放型职业教育体系。

扩大引进优质职业教育资源。有计划地学习和引进国际先进、成熟适

用的人才培养标准、专业课程、教材体系和数字化教育资源。大力引进国外智力，支持职业院校申办聘请外国专家（文教类）许可。实施跟踪和赶超战略，鼓励职业院校与国外高水平院校建立一对一合作关系。鼓励职业院校举办高水平中外合作办学机构和项目。鼓励职业院校以团队方式派遣访问学者系统学习国外先进办学模式。加强同联合国教科文组织、世界银行等国际组织和职业教育先进国家开展职业教育领域的合作和交流。

鼓励骨干职业院校走出去。服务国家对外开放战略，培育一批具有国际竞争力的职业院校。加快培养适应我国企业走出去要求的技术技能人才。积极扩大职业院校招收海外留学生的规模，探索和规范职业院校到国（境）外办学。支持承揽海外大型工程的企业与职业院校联合建立国际化人才培养基地。鼓励沿边地区的职业院校加强与周边国家的合作，提高我国教育对周边国家的辐射力、影响力。

五、体系建设的制度保障和机制创新

以产教融合为主线，建立各级政府、行业、企业、学校和社会各方面共同参与的制度创新平台，为现代职业教育体系建设提供制度保障。

（一）完善职业教育法律体系和标准体系。

推动加快修订《职业教育法》。依法确立现代职业教育体系基本架构，明确各级政府的职责，规范职业院校、行业、企业等主体的权利、义务，将职业教育体系建设的成果法治化。完善促进校企合作和职业教育集团化发展的法律法规。在修订教育法、民办教育促进法、高等教育法、教师法、学位条例以及劳动、社会保障、外国专家等方面的法律法规时，按照现代职业教育体系建设的要求修订完善相关条款。

建立健全职业教育标准体系。加快制定符合职业教育特点、适应经济发展和产业升级要求的各类职业院校办学标准。完善各项标准的实施和检验制度。各地要制定规划和实施方案，到2020年，使各类职业院校基本达到国家规定的办学标准。

（二）推进职业教育管办评分离改革。

转变政府管理方式。完善分级管理、地方为主、政府统筹、社会参与的管理体制，加快政府职能转变，减少部门职责交叉和分散，减少对学校教育教学具体事务的干预。各级政府加强发展战略、规划、政策、标准等制定和实施，统筹区域职业教育发展，落实职业教育投入责任，创设有利于产教融合、校企合作和社会力量参与办学的良好制度环境。赋予省级政府更大权限，扩大省级政府在现代职业教育体系建设中的统筹权。

加强行业指导、企业参与。构建职业教育行业指导体系，发挥行业在提供政策咨询服务、发布行业人才需求、推进校企合作、参与指导教育教学、开展质量评价等方面的重要作用。加强行业指导能力建设，各地和有关部门将适宜行业组织承担的职责通过授权委托、购买服务等方式交给行业组织，给予政策支持并强化服务监管。加强职业教育行业指导委员会和教学指导委员会建设。通过法治建设、政策引导、考核评价等多种途径进一步落实企业参与校企合作、支持学生实习实训、开展职工继续教育的责任。用人单位要为职工的职业继续教育和终身学习提供条件。将国有大中型企业支持职业教育列入企业履行社会责任考核内容。

扩大职业院校办学自主权。实行“负面清单”制度，深化行政审批制度改革，推动政校分开，扩大职业院校在专业设置和调整、人事管理、教师评聘、收入分配等方面的自主权。完善职业院校治理结构、内外部约束和激励机制，确保职业院校用好办学自主权。坚持和完善中等职业学校校长负责制、公办高等职业学校党委领导下的校长负责制。完善体现职业院校办学和管理特点的绩效考核内部分配机制。

健全职业教育督导评估制度。完善中等职业教育督导评估办法，制定高等职业教育督导评估办法。建立职业教育定期督导评估和专项督导评估制度。完善督导报告制度、公报制度、约谈制度、限期整改制度、奖惩制度等制度，将督导评估结果作为地方各级政府和有关部门、职业院校绩效考核的重要内容。

（三）深化职业教育招生考试制度改革。

建立符合职业教育特点的招生考试制度。根据高等教育招生考试制度改革总体方案，制定高等学校考试招生制度改革的实施意见和改革方案，加快推进高等职业教育分类招考，建立符合技术技能人才成长规律的选拔机制。重点探索“知识+技能”、单独招生、自主招生和技能拔尖人才免试等考试招生办法，为学生接受不同层次高等职业教育提供多样化入学形式。加快专业学位研究生入学考试制度改革，扩大招收有一定工作经历和实践经验的一线劳动者的比例。完善职业院校教学比赛制度，办好全国职

业院校技能大赛，提升国际影响力，将学生比赛成绩作为升入高一级学校的重要依据。

扩大职业院校毕业生升学机会。扩大学校招生自主权，适度提高专科高等职业学校招收中等职业学校毕业生的比例、本科高等学校招收职业院校毕业生的比例，逐步扩大高等职业学校招收有实践经历人员的比例。对不同类型的学生实行不同的选拔方式，为不同来源学生、不同学习方式制定不同培养方案。积极探索非户籍生源在流入地参加考试升入高等职业学校的办法。鼓励农民工采取灵活多样的学习方式接受职业教育与培训。

（四）完善校企合作的现代职业院校治理结构。

完善校企合作各项制度。制定促进校企合作办学法规。建立健全校企合作规划、合作治理、合作培养机制，使人才培养融入企业生产服务流程和价值创造过程。职业院校和合作企业要不断完善知识共享、课程更新、订单培养、顶岗实习、生产实训、交流任职、员工培训、协同创新等制度。推动学校把实训实习基地建在企业，企业把人才培养和培训基地建在学校。探索引校进厂、引厂进校、前店后校等校企一体化的合作形式。

推动行业、企业和社区参与职业院校治理。职业院校设立理（董）事会，50%以上的成员要来自企业、行业和社区。设立专业指导委员会，50%以上的成员要来自用人单位。完善体现职业教育特色的职业院校章程和制度，明确理（董）事会、校（院）长、专业指导委员会和教职工代表大会的职权，提高职业院校治理能力。制订符合职业教育特点的校长（院长）任职资格标准，积极推进校长聘任制改革和公开选拔试点，鼓励企业家、创业家担任校长（院长），培养和造就一批职业教育家。

（五）创新校企协同的技术技能积累机制。

建立重点产业技术积累创新联合体。制定多方参与的支持政策，推动政府、学校、行业、企业的联动，促进技术技能的积累和创新。在关系国家竞争力的重要产业部门，规划建立一批企业和职业院校紧密合作的技术技能积累创新平台，促进新技术、新材料、新工艺、新装备的应用，加快先进技术转化和产业转型升级步伐。推动企业将职业院校纳入技术创新体系，强化协同创新，促进劳动者素质与技术创新、技术引进、技术改造同步提高，实现新技术产业化与新技术应用人才储备同步。推动职业院校和职业教育集团通过多层次人才培养体系和技术推广体系，主动参与企业技术创新，积极推动技术成果扩散，为科技型小微企业创业提供人才、科技服务。

支持职业教育传承民族工艺和文化。将民族特色产品、工艺、文化纳入现代职业教育体系，将民族文化融入学校教育全过程，着力推动民间传统手工艺传承模式改革，逐步形成民族工艺职业院校传承创新的现代机制。积极发展集民族工艺传承创新、文化遗产保护、高技能人才培养、产业孵化于一体的职业教育。鼓励民间艺人、技艺大师和非物质文化遗产传承人参与职业教育办学。

（六）构建适应现代职业教育体系的投入机制。

落实财政性职业教育经费投入。通过调整优化财政支出结构、加强规划、制定标准等措施，加大各级政府对职业教育的投入。地方政府加强职业教育布局结构、基本建设、专业建设和教师队伍建设规划，加大对体系建设重点领域和薄弱环节的投入。2015 年底前，各地依法出台职业院校生均经费标准或公用经费标准。县级以上政府要建立职业教育经费绩效评价制度、审计监督公告制度、预决算公开制度。加强职业院校办学条件、人才培养质量、培训经费使用等方面的信息公开。加大中央财政对经济欠发达地区职业教育的转移支付力度。

充分利用社会资本发展现代职业教育。完善民办职业教育收费制度，在完善民办职业教育信息公开和质量评价标准的基础上，逐步形成主要由市场决定的收费价格形成机制。加强企业落实足额提取职工教育培训经费政策的监督检查。加大职业教育捐赠的优惠政策、典型案例、社会效益的舆论宣传。鼓励社会力量通过资金、土地、装备、技术、人才等多种要素投资职业教育。完善财政贴息贷款等政策，健全民办职业院校融资机制。鼓励发展实习实训设备融资租赁业务。支持营利性职业教育机构通过金融手段和资本市场融资。支持境内外企业积极参与职业教育中外合作办学。

加强职业教育基础能力建设。建立政府、行业、企业、个人、社会共同参与的基础能力建设多元投资机制。实施现代职业教育质量提升计划，加大“十二五”期间规划项目的推进和实施力度，启动编制“十三五”职业院校基础能力建设规划并纳入各地经济社会发展规划，重点加大对现代农业、装备制造业、现代服务业、战略性新兴产业、民族工艺和基本公共服务等领域的急需专业（集群）的支持力度。积极推进以部分地方本科高

等学校为重点的转型发展试点，支持一批本科高等学校转型发展为应用技术类型高等学校，形成一批支持产业转型升级、加速先进技术转化应用、对区域发展有重大支撑作用的高水平应用技术人才培养专业集群。地方政府、相关行业部门和大型企业要切实加强所办职业院校基础能力建设，支持一批职业院校争创国际先进水平。

（七）健全促进职业教育公平的体制机制。

推动职业教育面向全社会、面向人人。广泛开展面向未升学初高中毕业生、农民、新生代农民工、退役军人、失业人员等群体的职业教育和培训。重视残疾人职业教育，充分考虑各类残疾人员的特点和社会需求，注重拓展专业教育范围，为学习者提高生活质量和就业质量服务。

加快贫困地区职业教育发展。充分发挥职业教育在扶贫开发中的重要作用，围绕贫困地区产业发展和基本公共服务需求，提高职业教育扶贫的精准度。中央和省级政府、发达地区加大对贫困地区、革命老区、民族地区、边疆地区职业教育的扶持、支援力度。改善民族地区职业院校办学条件。有计划地支持集中连片特殊困难地区内限制开发和禁止开发区初中毕业生到省（区、市）内外经济较发达地区接受职业教育。

完善职业教育资助政策体系。健全公平公正、多元投入、规范高效的职业教育国家资助政策体系。逐步建立职业院校助学金覆盖面和补助标准动态调整机制，加大对农林水地矿油核等专业学生的助学力度。推行以直补个人为主的资助经费支付办法，完善直补个人的政策设计、台账管理和监督检查机制，确保资助资金让真正需要资助的受教育者受益。综合考虑经济社会发展和职业教育改革要求，适时调整职业院校收费标准。

（八）创新职业教育区域合作机制。

完善东中西部对口支援机制。将职业教育作为东部地区对口支援中西部地区的优先领域。鼓励东部地区职业教育集团吸纳中西部地区职业院校成员，东部地区职业院校（集团）对口支援中西部地区职业院校。推动建立发达地区和欠发达地区中等职业教育合作办学工作机制。国家制定奖补政策，支持东部地区职业院校特别是示范性职业院校扩大面向中西部地区的招生规模。完善东中西部对口支援机制，扩大合作办学招生规模，组建跨区域职业教育集团，总结推广“9＋3”免费职业教育模式。改进内地西藏班、新疆中职班的招生计划安排、教学管理工作，统筹安排毕业生就业，加强民族团结教育。

深化区域内职业教育合作。鼓励各地打破行政区划限制，建立区域职业教育合作平台，协调职业教育发展政策。率先在京津冀、长三角、珠三角等地区推动职业院校跨省域合作培养人才、合作培训教师、合作开发课程、共享数字化教学资源、共享教学科研成果。

（九）建立职业教育服务社区机制。

推动职业院校社区化办学。各类职业院校要发挥社区文化中心、教育中心的作用，举办各种形式短期职业教育、继续教育和文化生活类课程，向社会免费开放服务设施和数字化教育资源。到2015年，所有职业院校都要开设10门以上社区课程。

建立社区与职业院校联动机制。建立社区和职业院校联席会议制度，支持社区参与制订职业院校发展规划、校园建设规划、专业建设规划和社区服务计划，协调社区企事业单位为职业院校提供实习实践场所，加强校园周边环境综合治理。

六、保障实施

以完善工作机制和政策配套为重点，建立保障现代职业教育体系建设的政策体系和实施机制。

（一）加强组织领导。

落实政府责任。中央政府负责制定职业教育体系建设法律法规、重大政策和总体发展规划。充分发挥职业教育工作部门联席会议制度的作用。加强省级政府统筹规划，赋予省级政府在学校布局规划、招生考试等方面更多的权限。加强地市级政府对区域内职业教育的统筹规划与管理。县级政府根据农村经济社会发展需要，完善县域职业教育与职业培训网络。

明确部门职责。国务院有关部门要有效运用总体规划、政策引导等手段以及税收金融、财政转移支付等杠杆，加强对职业教育的统筹协调和分类指导。教育、人力资源社会保障、发展改革、财政部门以及行业部门根据各自职责分别负责有关工作，共同推进现代职业教育体系建设。

设立专家咨询委员会。专家咨询委员会由行业、教育、人力资源社会保障等领域的专家组成，对现代职业教育体系建设的重大问题提出意见和建议。

（二）完善支持政策。

将职业教育纳入产业发展和城乡建设规划。科学预测经济社会发展对各类人才的需求，推动职业教育层次和专业结构调整与区域产业结构调整相适应，职业教育课程和实训基地建设与产业技术进步相适应，适度超前储备新兴产业急需人才。完善人社部门与有关部门、行业组织联合发布年度分行业、分岗位的人才就业状况和需求预测制度。建立紧缺人才培养能力调查制度。新建城市、城市新区和各类产业集聚区建设要科学规划职业教育布局，统筹教育和产业资源，推动产教融合发展。

提高一线劳动者地位待遇。深化收入分配制度改革，提高劳动报酬在初次分配中的比重，健全国有企业、科研院校和高等学校分配激励机制。各地要创造各类人才平等就业环境，改革用人制度，取消用人和人才流动中的城乡、行业、身份、性别等限制。政府部门和企事业单位招收人员不得歧视职业院校毕业生。落实一线劳动者医疗、养老、就业等政策。鼓励企业建立高技能人才职务津贴和特殊岗位津贴制度，按照国家现行法律法规的有关规定对符合条件的高技能人才给予股份和期权等激励措施。提高相关表彰奖励中一线劳动者的比例。鼓励企业和其他用人单位按照国家有关规定建立一线劳动者表彰奖励制度。按照国家有关规定制订国家高技能人才评选标准和办法，选拔出各级各类一线能工巧匠和技术能手，鼓励其在一线岗位建功立业和带徒传承技艺。

完善税收金融支持政策。鼓励企事业单位、社会团体和公民个人通过公益性社会团体或者县级以上人民政府及其部门向职业院校进行捐赠，其捐赠支出按照现行税收法律规定在税前扣除。企业因接受实习生所发生的与取得收入有关的合理的支出，按照税收法律法规的规定在计算应纳税所得额时扣除。对职业院校自办的、以服务学生实习实训为主要目的的企业或经营活动，按照国家有关规定享受税收等优惠。完善金融支持政策。完善职业院校实习学生的实习、见习责任保险制度，完善职业院校学生实习安全管理和劳动保护制度。

完善毕业生就业创业政策。坚持“先培训，后就业”“先培训，后上岗”原则，对从事涉及公共安全、人身健康、生命财产安全等特殊工种的劳动者，严格落实就业准入法规和政策。规范清理影响职业院校毕业生公平就业的政策。人力资源社会保障、教育部门和职业院校要加强毕业生就业的政策指导和信息服务。各级公共就业服务机构、高校毕业生就业指导服务机构要免费提供就业服务，并加大对技术技能人才的宣传和推荐。加强职业院校就业指导机构的建设，加强就业、创业教育和服务。引导毕业生转变就业观念，鼓励多渠道多形式就业，允许学生休学创业，促进创业带动就业。各地要改善创业环境，充分利用国家现有政策对职业院校毕业生创业加大支持力度。

（三）营造良好氛围。

在全社会树立重视职业教育的理念。加大现代职业教育宣传力度，引导全社会树立尊重劳动、尊重知识、尊重技术、尊重创新的观念，树立劳动最光荣、劳动最崇高、劳动最伟大、劳动最美丽的观念，树立依靠辛勤劳动、诚实劳动、创造性劳动开创美好未来的观念，促进形成“劳动光荣、技能宝贵、创造伟大”的社会氛围，激发年轻人学习职业技能的积极性。大力宣传新中国成立以来涌现的优秀工人群体和“爱岗敬业、争创一流、艰苦奋斗、勇于创新、淡泊名利、甘于奉献”的劳模精神。研究设立职业教育活动周，每年开展宣传教育活动。

（四）加强监测评估。

加强规划宣传。组织动员各类媒体广泛宣传本规划的主要政策，及时总结和宣传各地、各部门、各行业企业推进职业教育体系建设的典型经验和做法，形成全社会关心、支持职业教育体系建设的舆论环境和良好氛围。

建立规划实施目标责任制。各级政府要积极推进落实本规划，制定规划各项目标任务的分解落实方案，明确实施单位和实施部门，落实责任分工。各有关部门要制订工作方案，行业主管部门要指导行业企业制定实施办法。各地要围绕规划确定的战略目标、主要任务和制度安排，编制并组织实施本地区职业教育体系建设规划和行动计划，出台相关配套政策，明确时间表、路线图。

加强规划实施情况的监测和督导评估。各地要对规划实施情况进行跟踪指导检查，及时研究规划实施过程中的新情况和新问题。教育督导部门要加强对规划实施情况的督导评估，积极支持第三方机构开展评估。鼓励社会各界对规划实施情况进行监督。

附录五

国务院关于加快发展现代职业教育的决定

（国发〔2014〕19 号）

各省、自治区、直辖市人民政府，国务院各部委、各直属机构：

近年来，我国职业教育事业快速发展，体系建设稳步推进，培养培训了大批中高级技能型人才，为提高劳动者素质、推动经济社会发展和促进就业作出了重要贡献。同时也要看到，当前职业教育还不能完全适应经济社会发展的需要，结构不尽合理，质量有待提高，办学条件薄弱，体制机制不畅。加快发展现代职业教育，是党中央、国务院作出的重大战略部署，对于深入实施创新驱动发展战略，创造更大人才红利，加快转方式、调结构、促升级具有十分重要的意义。现就加快发展现代职业教育作出以下决定。

一、总体要求

（一）指导思想。以邓小平理论、“三个代表”重要思想、科学发展观为指导，坚持以立德树人为根本，以服务发展为宗旨，以促进就业为导向，适应技术进步和生产方式变革以及社会公共服务的需要，深化体制机制改革，统筹发挥好政府和市场的作用，加快现代职业教育体系建设，深化产教融合、校企合作，培养数以亿计的高素质劳动者和技术技能人才。

（二）基本原则。

——政府推动、市场引导。发挥好政府保基本、促公平作用，着力营造制度环境、制定发展规划、改善基本办学条件、加强规范管理和监督指导等。充分发挥市场机制作用，引导社会力量参与办学，扩大优质教育资源，激发学校发展活力，促进职业教育与社会需求紧密对接。

——加强统筹、分类指导。牢固确立职业教育在国家人才培养体系中的重要位置，统筹发展各级各类职业教育，坚持学校教育和职业培训并举。强化省级人民政府统筹和部门协调配合，加强行业部门对本部门、本行业职业教育的指导。推动公办与民办职业教育共同发展。

——服务需求、就业导向。服务经济社会发展和人的全面发展，推动专业设置与产业需求对接，课程内容与职业标准对接，教学过程与生产过程对接，毕业证书与职业资格证书对接，职业教育与终身学习对接。重点提高青年就业能力。

——产教融合、特色办学。同步规划职业教育与经济社会发展，协调推进人力资源开发与技术进步，推动教育教学改革与产业转型升级衔接配套。突出职业院校办学特色，强化校企协同育人。

——系统培养、多样成才。推进中等和高等职业教育紧密衔接，发挥中等职业教育在发展现代职业教育中的基础性作用，发挥高等职业教育在优化高等教育结构中的重要作用。加强职业教育与普通教育沟通，为学生多样化选择、多路径成才搭建“立交桥”。

（三）目标任务。到2020年，形成适应发展需求、产教深度融合、中职高职衔接、职业教育与普通教育相互沟通，体现终身教育理念，具有中国特色、世界水平的现代职业教育体系。

——结构规模更加合理。总体保持中等职业学校和普通高中招生规模大体相当，高等职业教育规模占高等教育的一半以上，总体教育结构更加合理。到2020年，中等职业教育在校生达到2350万人，专科层次职业教育在校生达到1480万人，接受本科层次职业教育的学生达到一定规模。从业人员继续教育达到3.5亿人次。

——院校布局和专业设置更加适应经济社会需求。调整完善职业院校区域布局，科学合理设置专业，健全专业随产业发展动态调整的机制，重点提升面向现代农业、先进制造业、现代服务业、战略性新兴产业和社会管理、生态文明建设等领域的人才培养能力。

——职业院校办学水平普遍提高。各类专业的人才培养水平大幅提升，办学条件明显改善，实训设备配置水平与技术进步要求更加适应，现代信息技术广泛应用。专兼结合的“双师型”教师队伍建设进展显著。建成一批世界一流的职业院校和骨干专业，形成具有国际竞争力的人才培养高地。

——发展环境更加优化。现代职业教育制度基本建立，政策法规更加健全，相关标准更加科学规范，监管机制更加完善。引导和鼓励社会力量参与的政策更加健全。全社会人才观念显著改善，支持和参与职业教育的氛围更加浓厚。

二、加快构建现代职业教育体系

（四）巩固提高中等职业教育发展水平。各地要统筹做好中等职业学校和普通高中招生工作，落实好职普招生大体相当的要求，加快普及高中阶段教育。鼓励优质学校通过兼并、托管、合作办学等形式，整合办学资源，优化中等职业教育布局结构。推进县级职教中心等中等职业学校与城市院校、科研机构对口合作，实施学历教育、技术推广、扶贫开发、劳动力转移培训和社会生活教育。在保障学生技术技能培养质量的基础上，加强文化基础教育，实现就业有能力、升学有基础。有条件的普通高中要适当增加职业技术教育内容。

（五）创新发展高等职业教育。专科高等职业院校要密切产学研合作，培养服务区域发展的技术技能人才，重点服务企业特别是中小微企业的技术研发和产品升级，加强社区教育和终身学习服务。探索发展本科层次职业教育。建立以职业需求为导向、以实践能力培养为重点、以产学结合为途径的专业学位研究生培养模式。研究建立符合职业教育特点的学位制度。原则上中等职业学校不升格为或并入高等职业院校，专科高等职业院校不升格为或并入本科高等学校，形成定位清晰、科学合理的职业教育层次结构。

（六）引导普通本科高等学校转型发展。采取试点推动、示范引领等方式，引导一批普通本科高等学校向应用技术类型高等学校转型，重点举办本科职业教育。独立学院转设为独立设置高等学校时，鼓励其定位为应用技术类型高等学校。建立高等学校分类体系，实行分类管理，加快建立分类设置、评价、指导、拨款制度。招生、投入等政策措施向应用技术类型高等学校倾斜。

（七）完善职业教育人才多样化成长渠道。健全“文化素质＋职业技能”、单独招生、综合评价招生和技能拔尖人才免试等考试招生办法，为学生接受不同层次高等职业教育提供多种机会。在学前教育、护理、健康服务、社区服务等领域，健全对初中毕业生实行中高职贯通培养的考试招生办法。适度提高专科高等职业院校招收中等职业学校毕业生的比例、本科高等学校招收职业院校毕业生的比例。逐步扩大高等职业院校招收有实践经历人员的比例。建立学分积累与转换制度，推进学习成果互认衔接。

（八）积极发展多种形式的继续教育。建立有利于全体劳动者接受职业教育和培训的灵活学习制度，服务全民学习、终身学习，推进学习型社会建设。面向未升学初高中毕业生、残疾人、失业人员等群体广泛开展职业教育和培训。推进农民继续教育工程，加强涉农专业、课程和教材建设，创新农学结合模式。推动一批县（市、区）在农村职业教育和成人教育改革发展方面发挥示范作用。利用职业院校资源广泛开展职工教育培训。重视培养军地两用人才。退役士兵接受职业教育和培训，按照国家有关规定享受优待。

三、激发职业教育办学活力

（九）引导支持社会力量兴办职业教育。创新民办职业教育办学模式，积极支持各类办学主体通过独资、合资、合作等多种形式举办民办职业教育；探索发展股份制、混合所有制职业院校，允许以资本、知识、技术、管理等要素参与办学并享有相应权利。探索公办和社会力量举办的职业院校相互委托管理和购买服务的机制。引导社会力量参与教学过程，共同开发课程和教材等教育资源。社会力量举办的职业院校与公办职业院校具有同等法律地位，依法享受相关教育、财税、土地、金融等政策。健全政府补贴、购买服务、助学贷款、基金奖励、捐资激励等制度，鼓励社会力量参与职业教育办学、管理和评价。

（十）健全企业参与制度。研究制定促进校企合作办学有关法规和激励政策，深化产教融合，鼓励行业和企业举办或参与举办职业教育，发挥企业重要办学主体作用。规模以上企业要有机构或人员组织实施职工教育培训、对接职业院校，设立学生实习和教师实践岗位。企业因接受实习生所实际发生的与取得收入有关的、合理的支出，按现行税收法律规定在计算应纳税所得额时扣除。多种形式支持企业建设兼具生产与教学功能的公共实训基地。对举办职业院校的企业，其办学符合职业教育发展规划要求的，各地可通过政府购买服务等方式给予支持。对职业院校自办的、以服务学生实习实训为主要目的的企业或经营活动，按照国家有关规定享受税收等优惠。支持企业通过校企合作共同培养培训人才，不断提升企业价

值。企业开展职业教育的情况纳入企业社会责任报告。

（十一）加强行业指导、评价和服务。加强行业指导能力建设，分类制定行业指导政策。通过授权委托、购买服务等方式，把适宜行业组织承担的职责交给行业组织，给予政策支持并强化服务监管。行业组织要履行好发布行业人才需求、推进校企合作、参与指导教育教学、开展质量评价等职责，建立行业人力资源需求预测和就业状况定期发布制度。

（十二）完善现代职业学校制度。扩大职业院校在专业设置和调整、人事管理、教师评聘、收入分配等方面的办学自主权。职业院校要依法制定体现职业教育特色的章程和制度，完善治理结构，提升治理能力。建立学校、行业、企业、社区等共同参与的学校理事会或董事会。制定校长任职资格标准，推进校长聘任制改革和公开选拔试点。坚持和完善中等职业学校校长负责制、公办高等职业院校党委领导下的校长负责制。建立企业经营管理和技术人员与学校领导、骨干教师相互兼职制度。完善体现职业院校办学和管理特点的绩效考核内部分配机制。

（十三）鼓励多元主体组建职业教育集团。研究制定院校、行业、企业、科研机构、社会组织等共同组建职业教育集团的支持政策，发挥职业教育集团在促进教育链和产业链有机融合中的重要作用。鼓励中央企业和行业龙头企业牵头组建职业教育集团。探索组建覆盖全产业链的职业教育集团。健全联席会、董事会、理事会等治理结构和决策机制。开展多元投资主体依法共建职业教育集团的改革试点。

（十四）强化职业教育的技术技能积累作用。制定多方参与的支持政策，推动政府、学校、行业、企业联动，促进技术技能的积累与创新。推动职业院校与行业企业共建技术工艺和产品开发中心、实验实训平台、技能大师工作室等，成为国家技术技能积累与创新的重要载体。职业院校教师和学生拥有知识产权的技术开发、产品设计等成果，可依法依规在企业作价入股。

四、提高人才培养质量

（十五）推进人才培养模式创新。坚持校企合作、工学结合，强化教学、学习、实训相融合的教育教学活动。推行项目教学、案例教学、工作过程导向教学等教学模式。加大实习实训在教学中的比重，创新顶岗实习形式，强化以育人为目标的实习实训考核评价。健全学生实习责任保险制度。积极推进学历证书和职业资格证书“双证书”制度。开展校企联合招生、联合培养的现代学徒制试点，完善支持政策，推进校企一体化育人。开展职业技能竞赛。

（十六）建立健全课程衔接体系。适应经济发展、产业升级和技术进步需要，建立专业教学标准和职业标准联动开发机制。推进专业设置、专业课程内容与职业标准相衔接，推进中等和高等职业教育培养目标、专业设置、教学过程等方面的衔接，形成对接紧密、特色鲜明、动态调整的职业教育课程体系。全面实施素质教育，科学合理设置课程，将职业道德、人文素养教育贯穿培养全过程。

（十七）建设“双师型”教师队伍。完善教师资格标准，实施教师专业标准。健全教师专业技术职务（职称）评聘办法，探索在职业学校设置正高级教师职务（职称）。加强校长培训，实行五年一周期的教师全员培训制度。落实教师企业实践制度。政府要支持学校按照有关规定自主聘请兼职教师。完善企业工程技术人员、高技能人才到职业院校担任专兼职教师的相关政策，兼职教师任教情况应作为其业绩考核评价的重要内容。加强职业技术师范院校建设。推进高水平学校和大中型企业共建“双师型”教师培养培训基地。地方政府要比照普通高中和高等学校，根据职业教育特点核定公办职业院校教职工编制。加强职业教育科研教研队伍建设，提高科研能力和教学研究水平。

（十八）提高信息化水平。构建利用信息化手段扩大优质教育资源覆盖面的有效机制，推进职业教育资源跨区域、跨行业共建共享，逐步实现所有专业的优质数字教育资源全覆盖。支持与专业课程配套的虚拟仿真实训系统开发与应用。推广教学过程与生产过程实时互动的远程教学。加快信息化管理平台建设，加强现代信息技术应用能力培训，将现代信息技术应用能力作为教师评聘考核的重要依据。

（十九）加强国际交流与合作。完善中外合作机制，支持职业院校引进国（境）外高水平专家和优质教育资源，鼓励中外职业院校教师互派、学生互换。实施中外职业院校合作办学项目，探索和规范职业院校到国（境）外办学。推动与中国企业和产品“击出去”相配套的职业教育发展模式，注重培养符合中国企业海外生产经营需求的本土化人才。积极参与制定职业教育国际标准，开发与国际先进标准对接的专业标准和课程体系。提升全国职业院校技能大赛国际影响。

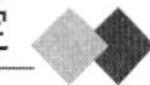

五、提升发展保障水平

（二十）完善经费稳定投入机制。各级人民政府要建立与办学规模和培养要求相适应的财政投入制度，地方人民政府要依法制定并落实职业院校生均经费标准或公用经费标准，改善职业院校基本办学条件。地方教育附加费用于职业教育的比例不低于30%。加大地方人民政府经费统筹力度，发挥好企业职工教育培训经费以及就业经费、扶贫和移民安置资金等各类资金在职业培训中的作用，提高资金使用效益。县级以上人民政府要建立职业教育经费绩效评价制度、审计监督公告制度、预决算公开制度。

（二十一）健全社会力量投入的激励政策。鼓励社会力量捐资、出资兴办职业教育，拓宽办学筹资渠道。通过公益性社会团体或者县级以上人民政府及其部门向职业院校进行捐赠的，其捐赠按照现行税收法律规定在税前扣除。完善财政贴息贷款等政策，健全民办职业院校融资机制。企业要依法履行职工教育培训和足额提取教育培训经费的责任，一般企业按照职工工资总额的1.5%足额提取教育培训经费，从业人员技能要求高、实训耗材多、培训任务重、经济效益较好的企业可按2.5%提取，其中用于一线职工教育培训的比例不低于60%。除国务院财政、税务主管部门另有规定外，企业发生的职工教育经费支出，不超过工资薪金总额2.5%的部分，准予扣除；超过部分，准予在以后纳税年度结转扣除。对不按规定提取和使用教育培训经费并拒不改正的企业，由县级以上地方人民政府依法收取企业应当承担的职业教育经费，统筹用于本地区的职业教育。探索利用国（境）外资金发展职业教育的途径和机制。

（二十二）加强基础能力建设。分类制定中等职业学校、高等职业院校办学标准，到2020年实现基本达标。在整合现有项目的基础上实施现代职业教育质量提升计划，推动各地建立完善以促进改革和提高绩效为导向的高等职业院校生均拨款制度，引导高等职业院校深化办学机制和教育教学改革；重点支持中等职业学校改善基本办学条件，开发优质教学资源，提高教师素质；推动建立发达地区和欠发达地区中等职业教育合作办学工作机制。继续实施中等职业教育基础能力建设项目。支持一批本科高等学校转型发展为应用技术类型高等学校。地方人民政府、相关行业部门和大型企业要切实加强所办职业院校基础能力建设，支持一批职业院校争创国际先进水平。

（二十三）完善资助政策体系。进一步健全公平公正、多元投入、规范高效的职业教育国家资助政策。逐步建立职业院校助学金覆盖面和补助标准动态调整机制，加大对农林水地矿油核等专业学生的助学力度。有计划地支持集中连片特殊困难地区内限制开发和禁止开发区初中毕业生到省（区、市）内外经济较发达地区接受职业教育。完善面向农民、农村转移劳动力、在职职工、失业人员、残疾人、退役士兵等接受职业教育和培训的资助补贴政策，积极推行以直补个人为主的支付办法。有关部门和职业院校要切实加强资金管理，严查“双重学籍”“虚假学籍”等问题，确保资助资金有效使用。

（二十四）加大对农村和贫困地区职业教育支持力度。服务国家粮食安全保障体系建设，积极发展现代农业职业教育，建立公益性农民培养培训制度，大力培养新型职业农民。在人口集中和产业发展需要的贫困地区建好一批中等职业学校。国家制定奖补政策，支持东部地区职业院校扩大面向中西部地区的招生规模，深化专业建设、课程开发、资源共享、学校管理等合作。加强民族地区职业教育，改善民族地区职业院校办学条件，继续办好内地西藏、新疆中职班，建设一批民族文化传承创新示范专业点。

（二十五）健全就业和用人的保障政策。认真执行就业准入制度，对从事涉及公共安全、人身健康、生命财产安全等特殊工种的劳动者，必须从取得相应学历证书或职业培训合格证书并获得相应职业资格证书的人员中录用。支持在符合条件的职业院校设立职业技能鉴定所（站），完善职业院校合格毕业生取得相应职业资格证书的办法。各级人民政府要创造平等就业环境，消除城乡、行业、身份、性别等一切影响平等就业的制度障碍和就业歧视；党政机关和企事业单位招用人员不得歧视职业院校毕业生。结合深化收入分配制度改革，促进企业提高技能人才收入水平。鼓励企业建立高技能人才技能职务津贴和特殊岗位津贴制度。

六、加强组织领导

（二十六）落实政府职责。完善分级管理、地方为主、政府统筹、社会参与的管理体制。国务院相关部门要有效运用总体规划、政策引导等手段以及税收金融、财政转移支付等杠杆，加强对职业教育发展的统筹协调和分类指导；地方政府要切实承担主要责任，结合本地实际推进职业教育

改革发展，探索解决职业教育发展的难点问题。要加快政府职能转变，减少部门职责交叉和分散，减少对学校教育教学具体事务的干预。充分发挥职业教育工作部门联席会议制度的作用，形成工作合力。

（二十七）强化督导评估。教育督导部门要完善督导评估办法，加强对政府及有关部门履行发展职业教育职责的督导；要落实督导报告公布制度，将督导报告作为对被督导单位及其主要负责人考核奖惩的重要依据。完善职业教育质量评价制度，定期开展职业院校办学水平和专业教学情况评估，实施职业教育质量年度报告制度。注重发挥行业、用人单位作用，积极支持第三方机构开展评估。

（二十八）营造良好环境。推动加快修订职业教育法。按照国家有关规定，研究完善职业教育先进单位和先进个人表彰奖励制度。落实好职业教育科研和教学成果奖励制度，用优秀成果引领职业教育改革创新。研究设立职业教育活动周。大力宣传高素质劳动者和技术技能人才的先进事迹和重要贡献，引导全社会确立尊重劳动、尊重知识、尊重技术、尊重创新的观念，促进形成“崇尚一技之长、不唯学历凭能力”的社会氛围，提高职业教育社会影响力和吸引力。

中华人民共和国国务院

2014 年 5 月 2 日

附录六

高等职业教育创新发展行动计划（2015—2018年）

为贯彻落实《国务院关于加快发展现代职业教育的决定》和全国人大常委会职业教育法执法检查有关要求，创新发展高等职业教育，制定本行动计划。

一、总体要求

（一）指导思想

以邓小平理论、“三个代表”重要思想、科学发展观为指导，切实贯彻习近平总书记重要指示精神，服务“四个全面”战略布局和创新驱动发展战略，以立德树人为根本，以服务发展为宗旨，以促进就业为导向，坚持适应需求、面向人人，坚持产教融合、校企合作，坚持工学结合、知行合一，推动高等职业教育与经济社会同步发展，加强技术技能积累，提升人才培养质量，为实现“两个一百年”奋斗目标和中华民族伟大复兴的中国梦提供坚实人才保障。

（二）基本原则

——坚持政府推动与引导社会力量参与相结合。强化地方政府统筹发展职业教育的责任，落实高等职业院校办学自主权，探索本科层次职业教育实现形式；充分发挥市场机制作用，引导社会力量参与办学，发挥企业重要办学主体作用，探索发展股份制、混合所有制高等职业院校。

——坚持顶层设计与支持地方先行先试相结合。加强现代职业教育国家制度建设，深化重要领域和关键环节改革；鼓励和支持有条件的地区率先开展试点，积极探索现代职业教育体系建设的实现路径和制度创新，完

善现代职业教育的国家标准、国家机制和国家政策。

——坚持扶优扶强与提升整体保障水平相结合。支持部分普通本科高等学校转型发展、优质专科高等职业院校创新发展、职业院校骨干专业特色发展，在体制机制创新、人才培养模式改革、社会服务能力提升等方面率先取得突破；健全高等职业院校生均拨款制度和质量保证机制，全面提高保障水平。

——坚持教学改革与提升院校治理能力相结合。以提高质量为核心，深化专业内涵建设，推进课程体系、教学模式改革；与人才培养和教师能力提升相结合开展应用技术研发；创新校企合作、工学结合的育人机制；推动专科高等职业院校依法制定章程，完善治理结构，提升治理能力。

（三）主要目标

通过三年建设，高等职业教育整体实力显著增强，人才培养质量持续提高，服务经济社会发展水平显著提升，高等教育结构优化成效更加明显，推动现代职业教育体系日臻完善。

——体系结构更加合理。人才培养的层次、规模与经济社会发展更加匹配，专科层次职业教育在校生达到1420万人，接受本科层次职业教育学生达到一定规模，以职业需求为导向的专业学位研究生培养模式改革取得阶段成果。

——服务发展的能力进一步增强。技术技能人才培养质量大幅提升，高等职业院校的布局结构、专业设置与区域产业发展需要结合更加紧密；应用技术研发能力和社会服务水平大幅提高；与行业企业共同推进技术技能积累创新的机制初步形成；服务转方式调结构促升级的能力显著增强。

——可持续发展的机制更加完善。公办高等职业院校生均拨款制度全面建立；院校治理能力明显改善；职普沟通更加便捷，升学渠道进一步畅通；支持社会力量参与职业教育的政策更加健全；产教融合发展成效更加明显；职业教育国家标准体系更加完善；职业教育信息化水平明显提高。

——发展质量持续提升。以专业为载体的优质教育资源总量和覆盖区域不断扩大，支持优质专科高等职业院校争创国际先进水平的机制基本形成；多方参与、多元评价的质量保证机制更加完善；基于增强发展能力的东中西部合作机制更加成型；融人文素养、职业精神、职业技能为一体的育人文化初步形成；我国高等职业教育的国际影响持续扩大、国际话语权不断增强。

二、主要任务与举措

(一) 扩大优质教育资源

根据区域特点，以专业建设为重点，提升要素质量、创新发展形式、扩大优质教育资源的总量和覆盖面，提高区域高等职业教育的均衡程度和社会认可度。

1. 提升专业建设水平

加强专科高等职业院校的专业建设，凝练专业方向、改善实训条件、深化教学改革，整体提升专业发展水平。支持紧贴产业发展、校企深度合作、社会认可度高的骨干专业建设。支持专科高等职业院校与技术先进、管理规范、社会责任感强的规模以上企业深度合作，共建生产性实训基地。面向企业的创新需求，依托重点专业（群），校企共建研发机构。面向国家重点发展产业，提高专业的技术协同创新能力，促进区域产业结构调整和新兴产业发展。探索发展本科层次职业教育专业。

2. 开展优质学校建设

坚持以示范建设引领发展，围绕国家和区域重点发展产业，鼓励支持地方建设一批办学定位准确、专业特色鲜明、社会服务能力强、综合办学水平领先的优质专科高等职业院校，持续深化教育教学改革、大幅提升技术创新服务能力、实质性扩大国际交流合作、培养杰出技术技能人才，增强专业教师和毕业生在行业企业的影响力，提升学校对产业发展的贡献度，争创国际先进水平。

3. 引进境外优质资源

加强与信誉良好的国际组织、跨国企业以及职业教育发达国家开展交流与合作，探索中外合作办学的新途径、新模式。支持专科高等职业院校学习和引进国际先进成熟适用的职业标准、专业课程、教材体系和数字化教育资源；选择类型相同、专业相近的国（境）外高水平院校联合开发课程，共建专业、实验室或实训基地，建立教师交流、学生交换、学分互认等合作关系；申办聘请外国专家（文教类）许可、举办高水平中外合作办学项目和机构。

4. 加强教师队伍建设

围绕提升专业教学能力和实践动手能力，健全专科高等职业院校专任教师的培养和继续教育制度。推进高水平大学和大中型企业共建“双师型”教师培养培训基地，探索“学历教育+企业实训”的培养办法；完善以老带新的青年教师培养机制；建立教师轮训制度；专业教师每五年企业实践时间累计不少于6个月。增强职业技术师范院校的职教教师培养能力。

加强以专业技术人员和高技能人才为主，主要承担专业课程教学和实践教学任务的兼职教师队伍建设。支持专科高等职业院校按照有关规定自主聘请兼职教师，学校在编制年度预算时应统筹考虑经费安排；加强兼职教师的职业教育教学规律与教学方法培训；支持兼职教师或合作企业牵头教学研究项目、组织实施教学改革；把指导学生顶岗实习的企业技术人员纳入兼职教师管理范围。将企事业单位兼职教师任教情况作为个人业绩考核的重要内容。兼职教师数按每学年授课160学时为1名教师计算。在有关民族地区加强双语双师型教师队伍建设。

5. 推进信息技术应用

顺应“互联网+”的发展趋势，构建国家、省、学校三级数字教育资源共建共享体系。国家级资源主要面向专业布点多、学生数量大、行业企业需求迫切的专业领域；省级资源根据本地发展需要和职业教育基础，与国家级资源错位规划建设；校级资源根据院校自身条件补充建设，突出校本特色。研制资源建设指南和监测评价体系，在保证公共服务基础上鼓励围绕应用成效展开竞争。探索建立高效率低成本的资源可持续开发、应用、共享、交易服务模式和运作机制。

应用信息技术改造传统教学，促进泛在、移动、个性化学习方式的形成。在现场实习安排困难或危险性高的专业领域，开发替代性虚拟仿真实训系统；针对教学中难以理解的复杂结构复杂运动等，开发仿真教学软件。推广教学过程与生产过程实时互动的远程教学。

推进落实职业院校数字校园建设相关标准；加快职业教育管理信息化平台建设，消除信息孤岛；将信息技术应用能力作为教师评聘考核的重要依据。办好全国职业院校信息化教学大赛。

6. 完善高等职业教育结构

推进高等学校分类管理，系统构建专科、本科、专业学位研究生培养体系。加快专科高等职业院校改革步伐，深化人才培养模式改革，提升应用技术创新服务能力，拓展社区教育和终身学习服务；持续缩减本科高校举办专科高等职业教育的规模，推动部分地方普通本科高等学校转型发展，引导一批独立学院发展成为应用技术类型高校，重点举办本科层次职业教育；推动产学结合培养专业学位研究生，强化实践能力培养；开展设立专科高等职业教育学位的可行性研究。

健全职业教育接续培养制度。加快高等职业教育标准体系制定工作；协调各级职业教育的专业设置与目录管理；系统设计接续专业的人才培养方案和教学内容安排；从专业设置入手规范初中起点五年制高职办学，强化专科高等职业院校的主导作用；探索区别于学科型人才培养的本科层次职业教育实现形式和培养模式。探索以学分转换和学力补充为核心的职普互通机制。推进毕业证书与职业资格证书对接。

7. 推动职业教育集团化发展

鼓励中央企业和行业龙头企业、行业部门、高等职业院校等，围绕区域经济发展对人才的需求，牵头组建职业教育集团，并按照属地化管理原则在省级教育行政部门备案。开展多元投入主体依法共建职业教育集团的改革试点，通过人员互聘、平台共享，探索建立基于产权制度和利益共享机制的集团治理结构与运行机制；建立基于学分转换的集团内部教学管理模式。支持有特色的专科高等职业院校以输出品牌、资源和管理的方式成立连锁型职业教育集团。积极吸收科研院所及其他社会组织参与职业教育集团。鼓励职业教育集团与跨国企业、境外教育机构等开展合作。

8. 促进区域协调发展

科学规划区域高等职业教育布局与发展。引导专科高等职业院校集中力量办好当地需要的特色优势专业（群）。探索基于增强发展能力的东中西部合作机制，支持东中西部学校联合办学，鼓励和支持东中部地区高等职业院校（或职教集团），通过托管、集团化办学等形式，对口支援西部地区职业教育发展。支援革命老区、西藏及四省藏区、新疆和集中连片特殊困难地区的专科高等职业院校提升办学基础能力和人才培养水平。深入推进地市级高等职业教育综合改革试点。

（二）增强院校办学活力

尊重和激发基层首创精神，以外部体制创新、内部机制改革、院校功

能拓展为抓手增强院校办学活力，提高高等职业院校对市场的适应能力和自主发展能力。

1. 推进分类考试招生

健全“文化素质＋职业技能”的考试招生办法。根据不同生源特点和培养需要，规范实施专科高等职业院校以高考为基础的考试招生、单独考试招生、综合评价招生、面向中职毕业生的技能考试招生、中高职贯通招生、技能拔尖人才免试招生。研究制订职业院校应届毕业生进入高层次学校学习的办法，拓宽和完善职业教育学生继续学习通道。逐步扩大高等职业院校招收有实践经历人员的比例。适度提高专科高等职业院校招收中等职业学校毕业生的比例和本科高等学校，特别是应用技术类型本科高校，招收职业院校毕业生的比例。

2. 建立学分积累与转换制度

推动专科高等职业院校逐步实行学分制，推进与学分制相配套的课程开发和教学管理制度改革，建立以学分为基本单位的学习成果认定积累制度；开展不同类型学习成果的积累、认定，建立全国统一的学习者终身学习成果档案（包含各类学历和非学历教育），设立学分银行；在坚持培养要求的基础上，探索普通本科高校、高等职业院校、成人高校、社区教育机构之间的学分转移与认定。

3. 探索混合所有制办学

深化办学体制改革，鼓励社会力量以资本、知识、技术、管理等要素参与公办高等职业院校改革。试点社会力量通过政府购买服务、委托管理等方式参与办学活力不足的公办高等职业院校改革。鼓励民间资金与公办优质教育资源嫁接合作，在经济欠发达地区扩大优质高等职业教育资源。鼓励企业和公办高等职业院校合作举办适用公办学校政策、具有混合所有制特征的二级学院。鼓励专业技术人才、高技能人才在高等职业院校建设股份合作制工作室。支持成立混合所有制高等职业院校联盟。鼓励行业企业办和民办高等职业院校建立教师年金制度。支持营利性民办高等职业院校探索建立股权激励机制。

4. 鼓励行业参与职业教育

健全与行业联合召开职业教育工作会议的机制，联合制定行业职业教育发展指导意见。支持行业根据发展需要举办高等职业教育，切实履行举办方责任。鼓励和支持行业加强对本系统、本行业高等职业院校的规划与指导；扶持行业加强指导能力建设；以购买服务方式支持行业职业教育教学指导委员会在规定的领域范围内自主开展工作，在指导专业和课程改革、协调师资队伍建设、推进校企合作、开展教学评价等方面发挥作用。推动建立行业人力资源需求预测、就业形势分析、专业预警定期发布制度。办好全国职业院校技能大赛。

5. 发挥企业办学主体作用

支持企业发挥资源技术优势举办高等职业院校，按照职业教育规律规范管理。鼓励企业将职工教育培训交由高等职业院校承担，鼓励企业与学校共建共管职工培训中心。支持企业建设兼具生产与教学功能的公共实训基地。规模以上企业设立专门机构（或人员）负责职工教育培训、对接高等职业院校，设立学生实习和教师实践岗位。支持地方各级政府在安排职业教育专项经费、制定支持政策、购买社会服务时，将企业举办的公办性质高等职业院校与其他公办院校同等对待。对企业因接收实习生所实际发生的与取得收入有关的合理支出，按现行税收法律规定在计算应纳税所得额时扣除。将企业开展职业教育的情况纳入企业社会责任报告。研制职业教育校企合作促进办法。

6. 落实高等职业院校办学自主权

按照中央关于分类推进事业单位改革的精神，构建政府、高校、社会新型关系，加快转变政府职能，督促地（市、州）政府进一步明确管理高等职业教育的职责与权限，进一步明确高等职业院校的办学权利和义务，更好落实学校办学主体地位。简政放权，支持学校自主确定教学科研行政等内部组织机构的设置和人员配备，支持高校面向社会依法依规自主公开招聘教学科研行政管理等各类人员、自主选聘教职工、自主确定内部收入分配；放管结合，健全以章程为统领规范行使办学自主权的制度体系；优化服务，履行好政府保基本的兜底责任和监管职责。

7. 支持民办教育发展

创新民办高等职业教育办学模式，社会声誉好、教学质量高、就业有保障的民办专科高等职业院校，可由省级政府统筹、在核定的办学规模内自主确定招生方案。落实教育、财税、土地、金融等支持政策，鼓励各类

办学主体通过独资、合资、合作等形式举办民办高等职业教育，稳步扩大优质民办职业教育资源。以政府规划、社会贡献和办学质量为依据，探索政府通过“以奖代补”、购买服务等方式支持民办高等职业教育发展和鼓励社会力量参与高等职业教育办学的办法。

8. 服务社区教育和终身学习

专科高等职业院校要发挥场地、设施、师资、教学实训设备、网络及教育资源优势，向社区开放服务；面向社区成员开展与生活密切相关的职业技能培训，以及民主法治、文明礼仪、保健养生、生态文明等方面的教育活动。开设养生保健、文化艺术、信息技术、家政服务、社会工作、医疗护理、园艺花卉、传统工艺等专业的职业院校，应结合学校特色率先开展老年教育。与社区教育机构建立联席会议制度，为社区居民代表参与学校发展规划和社区教育服务计划提供平台，协调社区企事业单位为学生实习实训提供条件，开展校园周边环境综合治理。

学历教育和非学历培训并举、全日制与非全日制并重发展多样化的职工继续教育，为劳动者终身学习提供更多机会。以职业道德、职业发展、就业准备、创业指导等为主要内容开展就业创业教育，为普通教育学生提供职业发展辅导，为劳动者多渠道多形式提高就业质量服务。鼓励专科高等职业院校主动承接政府和企事业单位组织的职业培训，按照国家有关规定开展退役士兵职业教育培训。

（三）加强技术技能积累

服务区域、产业发展和国家外交政策需要，紧密结合培养杰出人才和加强教师队伍建设，加强应用技术的传承应用研发能力，提高培养人才的适用性和技术服务的附加值。

1. 服务产业转型升级

根据区域发展规划和区域内产业转型升级需要优化院校布局和专业结构，将专科高等职业院校建设成为区域内技术技能积累的重要资源集聚地。支持新兴产业发展，加强现代服务业急需人才培养，加快满足社会建设和社会管理人才需求。重点服务中国制造2025，优先保证新一代信息技术产业、高档数控机床和机器人、航空航天装备、海洋工程装备及高技术船舶、先进轨道交通装备、节能与新能源汽车、电力装备、农机装备、新材料、生物医药及高性能医疗器械产业相关专业的布局与发展。建立产业结构调整驱动专业设置与改革、产业技术进步驱动课程改革的机制。鼓励有条件的专科高等职业院校积极与军队合作，为现役士兵开展培训，为技术兵种定向培养直招士官。

2. 支持优质产能“走出去”

配合国家“一带一路”倡议，助力优质产能走出去，扩大与“一带一路”沿线国家的职业教育合作。主动发掘和服务“走出去”企业的需求，培养具有国际视野、通晓国际规则的技术技能人才和中国企业海外生产经营需要的本土人才。支持专科高等职业院校将国际先进工艺流程、产品标准、技术标准、服务标准、管理方法等引入教学内容；与积极拓展国际业务的大型企业联合办学，共建国际化人才培养基地；发挥专科高等职业院校专业优势，配合“走出去”企业面向当地员工开展技术技能培训和学历职业教育。

3. 深化校企合作发展

推动专科高等职业院校与当地企业合作办学、合作育人、合作发展，鼓励校企共建以现代学徒制培养为主的特色学院；以市场为导向多方共建应用技术协同创新中心。对于师生拥有自主知识产权的技术开发、产品设计、发明创造等成果，选择自主创业的，按规定给予启动资金贷款贴息、税费减免等政策扶持；与企业合作转化的，可按照法律规定在企业作价入股。支持学校与技艺大师、非物质文化遗产传承人等合作建立技能大师工作室，开展技艺传承创新等活动。

4. 加强创新创业教育

将学生的创新意识培养和创新思维养成融入教育教学全过程，按照高质量创新创业教育的需要调配师资、改革教法、完善实践、因材施教，促进专业教育与创新创业教育有机融合；集聚创新创业教育要素与资源，建设依次递进、有机衔接、科学合理的创新创业教育专门课程（群）；充分利用各种资源建设大学科技园、大学生创业园、创业孵化基地和小微企业创业基地，作为创业教育实践平台；建立健全学生创业指导服务专门机构，做到“机构、人员、场地、经费”四到位，对自主创业学生实行持续帮扶、全程指导、一站式服务；举办全国大学生创新创业大赛，支持举办各类科技创新、创意设计、创业计划等专题竞赛。

探索将学生完成的创新实验、论文发表、专利获取、自主创业等成果

折算为学分，将学生参与课题研究、项目实验等活动认定为课堂学习；为有意愿有潜质的学生制定创新创业能力培养计划，建立创新创业档案和成绩单，客观记录并量化评价学生开展创新创业活动情况；优先支持参与创新创业的学生转入相关专业学习；实施弹性学制，放宽学生修业年限，允许调整学业进程、保留学籍休学创新创业。

5. 开展现代学徒制培养

支持地方和行业引导、扶持企业与高等职业院校联合开展“现代学徒制”培养试点。校企共同制定和实施人才培养方案，试点学校主要负责理论课程教学、学生日常管理等工作，合作企业主要负责选派工程技术人员（能工巧匠）承担实践教学任务、组织实习实训；校企联合保障学生权益、保证合理报酬，按照国家有关规定落实学生责任保险和工伤保险。地方应允许符合条件的高等职业院校采用单独考试招生的办法从企业员工中招收符合本地高考报名条件的学生，使学生兼具企业员工身份；国家急需专业经教育部同意可进行跨省招生试点。完善技术兵种与专科高等职业院校联合招收定向培养直招士官的组织方式和支持政策，支持技术兵种全程参与人才培养。

6. 培育新型职业农民

建立公益性农民培养培训制度，扶持涉农专科高等职业院校的发展和专业建设。提高涉农专科高等职业院校为三农服务的能力，围绕农业产业链和流通链培养适应科技进步和农业产业化需要的学生和新型职业农民，创新招生就业、人才培养、农学结合、校企合作、顶岗实习、社会服务等工作机制，推进农科教统筹、产学研合作；支持高等职业院校与涉农企业共建农业职业教育集团；构建覆盖全国、服务完善的现代职业农民教育网络。推进城乡区域合作，引导各地将项目、资金、设备、人才向涉农专科高等职业院校倾斜，动员相关行业、企业、高等学校、科研院所等参与专业建设，特别加大对农业、水利、林业、粮食和供销等涉农行业职业教育的支持力度。

7. 促进文化传承创新与传播

深化文化艺术类职业教育改革，重点培养文化创意人才、基层文化人才，传承创新民族文化与工艺。加强文化创意、影视制作、出版发行等重点文化产业技术技能人才的培养；依托职业教育体系，保护、传承和创新民族传统工艺与非物质文化遗产，培养各民族文艺人才。支持高等职业院校加强民族文化和民间技艺相关专业的建设和人才培养。提升民族地区的高等职业院校支持当地特色优势产业、基本公共服务、社会管理的能力。

8. 扩大职业教育国际影响

广泛参与国际职业教育合作与发展。加强与职业教育发达国家的政策对话，探索对发展中国家开展职业教育援助的渠道和政策。积极参与职业教育国际标准与规则的研究制定，开发与之对应的专业标准和课程体系，扩大国际话语权、增强国家软实力。提高高等职业院校专业教师的外语交流能力，鼓励示范性和沿边地区高等职业院校利用学校品牌和专业优势吸引境外学生来华学习，并不断扩大规模；支持专科高等职业院校到国（境）外办学，为周边国家培养熟悉中华传统文化、当地经济发展急需的技术技能人才。推进全国职业院校技能大赛国际化。

（四）完善质量保障机制

落实各级政府责任，放管结合完善依法治校，逐步形成政府依法履职、院校自主保证、社会广泛参与，教育内部保证与教育外部评价协调配套的现代职业教育质量保障机制。

1. 提高经费保障水平

落实生均拨款政策，建立多渠道筹资机制，提高经费保障水平。各地应引导激励行政区域内各地市级政府（单位）建立完善以改革和绩效为导向的专科高等职业院校生均拨款制度，保证学校正常运转、保障基本教学条件、提升内涵建设水平、支撑院校综合改革。生均拨款制度应当覆盖本地区所有独立设置的公办高等职业院校；举办高等职业院校的有关部门和单位，应当参照院校所在地公办高等职业院校的生均拨款标准，建立完善所属高等职业院校生均拨款制度。2017 年，本省专科高等职业院校年生均财政拨款平均水平不低于 12000 元。学费收入优先保证学校基本教学方面的支出。

2. 完善院校治理结构

落实《高等学校章程制定暂行办法》，建立健全依法自主管理、民主监督、社会参与的高等职业院校治理结构。完成高等职业院校章程制定、修订工作。坚持和完善公办高等职业院校党委领导下的校长负责制，提升

学校的资源整合、科学决策和战略规划能力，开展校长公开选拔聘任试点。推动高等职业院校设立有办学相关方代表参加的理事会或董事会机构，发挥咨询、协商、审议与监督作用。设立校级学术委员会，作为校内最高学术机构，统筹行使学术事务的决策、审议、评定和咨询等职权，发挥在专业建设、学术评价、学术发展和学风建设等事项上的重要作用。结合实际需要，根据条件设立校级专业指导委员会，指导促进专业建设与教学改革。加强风险安全制度建设。

3. 完善质量年报制度

巩固学校、省和国家三级高等职业教育质量年度报告制度，进一步提高年度质量报告的量化程度、可比性和可读性。专科高等职业院校和省级教育行政部门每年发布质量报告；支持第三方撰写发布国家高等职业教育质量年度报告；强化对报告发布情况和撰写质量的监督管理。稳步推进高等职业院校人才培养工作状态数据管理系统的建设、部署与应用，逐步加强状态数据在宏观管理、行政决策、院校治理、教学改革、年度报告中的基础性作用。

4. 建立诊断改进机制

以高等职业院校人才培养工作状态数据为基础，开展教学诊断和改进（以下简称诊改）工作。加强分类指导，保证新建高等职业院校基本办学质量，推动高等职业院校全面建立完善内部质量保证体系，支持优质高等职业院校实现更高水平发展。教育部牵头研制高等职业院校教学工作诊改指导方案，针对高等职业院校不同发展阶段特点确定诊改重点，供地方和院校参照施行；省级教育行政部门负责统筹推进行政区域内高等职业院校诊改工作，根据需要抽样复核诊改工作质量；院校举办方协同高等职业院校自主诊断、切实改进。

支持对用人单位影响力大的行业组织开展专业层面的教学诊改试点，以行业企业用人标准为依据，通过结果评价、结论排名、建议反馈的形式，倒逼职业院校的专业改革与建设，职业院校自愿参加。专业诊改方案由相关行业制订、教育部认可后实施。

5. 改进高职教师管理

完善教师专业技术职务（职称）评聘办法，将师德表现、教学水平、应用技术研发成果与社会服务成效等作为高等职业院校教师专业技术职务

(职称) 评聘和工作绩效考核的重要内容，有条件的地方可以实行单独评审。鼓励高等职业院校制定和执行反映自身发展水平的“双师型”教师标准（不低于2008年《高等职业院校人才培养工作评估方案》规定的标准)。根据职业教育特点、比照本科高等学校核定公办专科高等职业院校教职工编制；新增教师编制主要用于引进具有实践经验的专业教师。推动教师分类管理、分类评价的人事管理制度改革；全面推行按岗聘用、竞聘上岗；制订体现高等职业教育特点的教师绩效评价标准，绩效工资内部分配向“双师型”教师适当倾斜。原则上55岁以下的教授、副教授每学期至少讲授一门课程。

6. 加强相关理论研究

加强国家级、省级、市（地）级职业教育科研机构建设，加强高等职业教育改革发展的宏观政策研究，开展指导教育教学改革和相关标准建设的理论研究。各地应统筹高等职业教育研究工作，加强高等职业教育研究机构和队伍建设，加大投入支持相关研究工作。鼓励有条件的高等职业院校建立专门教育研究机构，发挥学校人才、信息、资源聚集的优势，引导广大教师围绕专业建设、课程改革、实践教学、终身学习等方面开展教学研究。

(五) 提升思想政治教育质量

加强以职业道德培养和职业素质养成为特点的高等职业教育学生思想政治教育工作，着力培养既掌握熟练技术，又坚守职业精神的技术技能人才。

1. 加强和改进学生思想政治教育工作

深入开展中国特色社会主义和中国梦教育，在广大师生中积极培育和践行社会主义核心价值观，引导大学生关心国家命运，自觉把个人理想与国家梦想、个人价值与国家发展结合起来。规范形势与政策教育教学，加强民族团结教育，加强中华优秀传统文化教育，深入开展“我的中国梦”主题教育活动，推进学雷锋活动常态化。健全学生思想政治教育长效机制，创新网络思想政治教育方式方法。提高高校思想政治理论课实效，推进辅导员队伍专业化、职业化建设，扶持学生优秀社会实践活动，加强心理健康教育与咨询机构建设，全面推进《全国大学生思想政治教育质量测评体系（试行)》。创建平安校园、和谐校园。

2. 促进职业技能培养与职业精神养成相融合

加强文化素质教育，坚持知识学习、技能培养与品德修养相统一，将人文素养和职业素质教育纳入人才培养方案，加强文化艺术类课程建设，完善人格修养，培育学生诚实守信、崇尚科学、追求真理的思想观念。贯彻落实《高等学校体育工作基本标准》，促进学生身心健康；充分发挥校园文化对职业精神养成的独特作用，推进优秀产业文化进教育、企业文化进校园、职业文化进课堂，将生态环保、绿色节能、循环经济等理念融入教育过程；利用学校博物馆、校史馆、图书馆、档案馆等，发挥学校历史沿革、专业发展历程、杰出人物事迹的文化育人作用。围绕传播职业精神组织第二课堂，弘扬以德为先、追求技艺、重视传承的中华优秀传统文化。发挥学生党支部、共青团、学生会、学生社团的作用，与政府、行业、企业合作开展内容丰富、形式新颖、传递正能量的实践育人活动和校园文化活动。注重用优秀毕业生先进事迹教育引导在校学生。

三、保障措施

本计划是今后一个时期高等职业教育战线贯彻2014年全国职业教育工作会议精神和落实全国人大常委会职业教育法执法检查有关要求，深入推进改革发展的路线图，各地必须高度重视，保证落实。

（一）加强组织领导

教育部负责协调国务院相关部门牵头制定国家层面的政策、制度和标准，省级政府是实施行动计划的责任主体。各地教育行政部门要充分发挥统筹规划、宏观管理作用，主动协调配合发展改革、财政、人社、农业、扶贫等有关部门，协调项目预算、保证任务落实。各地要发挥职业教育工作部门联席会议作用，根据本行动计划内容，结合实际制定好落实方案；按照国家财政体制改革要求，统筹各类教育培训经费，保证落实方案的顺利实施；推动职业教育改革试验区和体制改革试点先行先试，出台政策、配套条件，有效解决瓶颈问题。

（二）强化管理督查

各地要逐级按照职能分工量化落实方案，逐级分解任务、明确目标、落实责任，确定时间表和任务书，实行项目管理；将落实方案执行情况列入省政府督查范围，将目标责任完成情况作为督查对象业绩考核的重要内容。省级教育行政部门要充分发挥业务指导作用，会同有关部门加强对相关工作的日常指导、检查与跟踪，及时总结经验、发现问题，根据实际需要不断完善工作要求。行业部门要引导和督促相关行业企业制定和执行实施方案。鼓励社会各界对计划实施情况进行监督。教育部将汇总整理各地申请承担的任务及量化指标、统筹梳理各地自主申请的项目及建设方案予以发布，同时做好事中监督管理、事后检查验收工作；各地实际任务及项目的完成情况将作为中央财政改革绩效奖补、国家职业教育改革发展试验区和“国家教育体制改革试点”布局和验收的重要依据。

（三）营造良好环境

鼓励各地根据需要出台职业教育条例、校企合作促进办法等地方性法规，优化区域政策环境。坚持“先培训、后就业”“先培训、后上岗”的原则；消除城乡、行业、学校、身份、性别等一切影响平等就业的制度障碍和就业歧视；深化收入分配制度改革，切实提高劳动报酬在初次分配中的比重。按照国家有关规定完善职业教育先进单位和先进个人表彰奖励制度，定期开展职业教育活动周宣传教育工作。通过主流媒体和各种新兴媒体，广泛宣传高等职业教育方针政策、高等职业院校先进经验和技术技能人才成果贡献，引导全社会树立重视职业教育的理念，促进形成“劳动光荣、技能宝贵、创造伟大”的社会氛围。

附：高等职业教育创新发展行动计划任务、项目一览表

任务一览表

序号	工作任务	负责单位	时间进度
一、扩大优质教育资源			
RW－1	加强与信誉良好的国际组织、跨国企业以及职业教育发达国家开展交流与合作	教育部（国际司、职成司）、省级教育行政部门	持续推进
RW－2	学习和引进国际先进成熟适用的职业标准、专业课程、教材体系和数字化教育资源	省级教育行政部门、高等职业院校	持续推进
RW－3	选择类型相同、专业相近的国（境）外高水平院校联合开发课程，共建专业、实验室或实训基地，建立教师交流、学生交换、学分互认等合作关系	省级教育行政部门、高等职业院校	持续推进

续表

序号	工作任务	负责单位	时间进度
RW－4	支持高等职业院校申办聘请外国专家（文教类）许可	教育部（国际司、职成司）、省级教育行政部门、高等职业院校	持续推进
RW－5	举办高水平中外合作办学项目和机构	教育部（国际司、职成司）、省级教育行政部门、高等职业院校	
RW－6	完善以老带新的青年教师培养机制；建立教师轮训制度；专业教师每五年企业实践时间累计不少于6个月	省级教育行政部门、高等职业院校	持续推进
RW－7	高等职业院校专业骨干教师国家级、省级培训计划	教育部（教师司、职成司）、省级教育行政部门	2016年出台措施，持续推进
RW－8	加强职业技术师范院校建设	有关省级教育行政部门	持续推进
RW－9	支持专科高等职业院校按照有关规定自主聘请兼职教师；加强兼职教师的职业教育教学规律与教学方法培训；支持兼职教师或合作企业牵头申报教学研究项目、组织实施教学改革；把指导学生顶岗实习的企业技术人员纳入兼职教师管理范围。核算教师总数时，兼职教师数按每学年授课160学时为1名教师计算	省级教育行政部门、高等职业院校	2016年出台措施，持续推进
RW－10	在有关民族地区加强双语双师型教师队伍建设	教育部（民族司、教师司）、有关省级教育行政部门、有关高等职业院校	持续推进
RW－11	推动落实《职业院校数字校园建设规范》，建设高等职业教育人才培养工作状态数据管理系统	教育部（科技司、职成司、信推办）、省级教育行政部门、高等职业院校	持续推进
RW－12	将信息技术应用能力作为教师评聘考核的重要依据	省级教育行政部门、高等职业院校	2016年底前出台措施，持续推进
RW－13	办好全国职业院校信息化教学大赛	教育部（职成司）	持续推进

续表

序号	工作任务	负责单位	时间进度
RW－14	发布实施“关于引导部分地方普通本科高校向应用型转变的指导意见”；探索本科层次职业教育实现形式和培养模式	教育部（规划司、高教司）、省级教育行政部门	2016年底前出台措施，持续推进
RW－15	开展设立专科高等职业教育学位的可行性研究	教育部（职成司、学位办）	2018年底前完成
RW－16	编制“高等职业学校建设标准”；研究修订《普通高等学校设置暂行条例》	教育部（规划司）	2016年底前完成
RW－17	修订一批专科高等职业教育专业教学标准和实验实训装备技术标准	教育部（职成司）、相关行业职业教育教学指导委员会	2018年底前完成
RW－18	修订“高等职业院校专业目录”和“高等职业院校专业设置管理办法”；到2017年，专科职业教育在校生达到1420万人	教育部（职成司、规划司）、省级教育行政部门	2016年底前出台措施
RW－19	落实《教育部关于深入推进职业教育集团化办学的意见》，研制“示范性职业教育集团建设方案与管理办法”	教育部（职成司）、省级教育行政部门	2016年底前出台，持续推进
RW－20	持续缩减本科高校举办专科高等职业教育的规模	教育部（规划司）、省级教育行政部门	持续推进
二、增强院校办学活力			
RW－21	规范落实《教育部关于积极推进高等职业教育考试招生制度改革的指导意见》；研究制订职业院校学生进入高层次学校学习的办法；2016年通过分类考试录取的学生占高等职业院校招生总数的一半左右，2017年成为主渠道；逐步提高专科高等职业院校招收中等职业学校毕业生的比例和本科高等学校招收职业院校毕业生的比例	教育部（学生司、规划司）、省级教育行政部门	2016年底前出台措施，持续推进
RW－22	研制“关于推进学习成果积累与转换工作的指导意见”	教育部（职成司）	2016年出台意见；2018年底前完成网络平台建设，开展学习成果积累与转换试点

续表

序号	工作任务	负责单位	时间进度
RW－23	试点社会力量通过购买、承租、委托管理等方式参与办学活力不足的公办高等职业院校改革。鼓励民间资本与公办优质教育资源嫁接合作，在经济欠发达地区扩大优质高等职业教育资源。鼓励探索建立行业企业办和民办高等职业院校教师年金制度，探索在营利性民办高等职业院校实行职工持上市股	省级教育行政部门、相关高等职业院校	2016年出台措施，持续推进
RW－24	开展建设混合所有制高等职业院校的理论与实践课题研究	省级教育行政部门、相关高等职业院校	2018年底前完成
RW－25	成立混合所有制高等职业院校联盟	相关高等职业院校	2018年底前完成
RW－26	以购买服务方式支持行业职业教育教学指导委员会在规定的领域范围内自主开展工作	教育部（职成司）	持续推进
RW－27	每年举办一次全国职业院校技能大赛，推进全国职业院校技能大赛国际化	教育部（职成司、国际司），相关部委、行业协会、企业	持续推进
RW－28	落实《教育部人力资源社会保障部关于推进职业院校服务经济转型升级面向行业企业开展职工继续教育的意见》	教育部（职成司）、省级教育行政部门、高等职业院校	持续推进
RW－29	地方各级政府在安排职业教育专项经费、制定支持政策、购买社会服务时，将企业举办的公办性质高等职业院校与其他公办院校同等对待	省级教育行政部门	持续推进
RW－30	研制“职业教育校企合作促进办法”	教育部（职成司、政法司）	2016年出台
RW－31	贯彻落实国家教育体制改革领导小组办公室《关于进一步落实和扩大高校办学自主权完善高校内部治理结构的意见》，落实和扩大专科高等职业院校办学自主权，支持学校自主确定教学科研行政等内部组织机构的设置和人员配备，支持高校面向社会依法依规自主公开招聘教学科研行政管理等各类人员、自主选聘教职工、自主确定内部收入分配	省级教育行政部门、高等职业院校	持续推进

续表

序号	工作任务	负责单位	时间进度
RW－32	落实教育、财税、土地、金融等支持政策，鼓励各类办学主体通过独资、合资、合作等形式举办民办高等职业教育，稳步扩大优质民办职业教育资源	教育部（规划司）、省级教育行政部门	持续推进
RW－33	以政府规划、社会贡献和办学质量为依据，探索政府通过“以奖代补”、购买服务等方式支持民办高等职业教育发展和鼓励社会力量参与高等职业教育办学的办法	省级教育行政部门	2016年底前出台措施，持续推进
RW－34	社会声誉好、教学质量高、就业有保障的民办专科高等职业院校，可由省级政府统筹、在核定的办学规模内自主确定招生方案	教育部（规划司、学生司）、省级教育行政部门	2016年底前出台措施，持续推进
RW－35	专科高等职业院校积极开展社区教育、老年教育活动；建立专科高等职业院校和社区教育机构联席会议制度	省级教育行政部门、高等职业院校	2016年底前出台措施，持续推进
三、加强技术技能积累			
RW－36	优化院校布局、调整专业结构，支持新兴产业、现代服务业和社会建设管理所需专业的发展	省级教育行政部门	持续推进
RW－37	支持新兴产业发展，加强现代服务业急需人才培养，加快满足社会建设和社会管理人才需求	省级教育行政部门、高等职业院校	持续推进
RW－38	重点服务中国制造2025，优先保证新一代信息技术产业、高档数控机床和机器人、航空航天装备、海洋工程装备及高技术船舶、先进轨道交通装备、节能与新能源汽车、电力装备、农机装备、新材料、生物医药及高性能医疗器械产业相关专业的布局与发展	省级教育行政部门、高等职业院校	持续推进
RW－39	建立产业结构调整驱动专业设置与改革、产业技术进步驱动课程改革的机制	省级教育行政部门、高等职业院校	持续推进
RW－40	鼓励有条件的专科高等职业院校积极与军队合作，为现役士兵开展培训，为技术兵种定向培养直招士官	教育部（职成司、学生司）、有关高等职业院校	持续推进

续表

序号	工作任务	负责单位	时间进度
RW－41	扩大与“一带一路”沿线国家的职业教育合作；服务“走出去”企业需求，培养具有国际视野、通晓国际规则的技术技能人才和中国企业海外生产经营需要的本土人才；配合“走出去”企业面向当地员工开展技术技能培训和学历职业教育；支持专科高等职业院校国（境）外办学，为周边国家培养熟悉中华传统文化、当地经济发展急需的技术技能人才	省级教育行政部门、高等职业院校	持续推进
RW－42	促进专业教育与创新创业教育有机融合；利用各种资源建设大学科技园、大学生创业园、创业孵化基地和小微企业创业基地，作为创业教育实践平台	省级教育行政部门、高等职业院校	持续推进
RW－43	探索将学生完成的创新实验、论文发表、专利获取、自主创业等成果折算为学分，将学生参与课题研究、项目实验等活动认定为课堂学习；优先支持参与创新创业的学生转入相关专业学习；实施弹性学制，放宽学生修业年限，允许调整学业进程、保留学籍休学创新创业	省级教育行政部门、高等职业院校	持续推进
RW－44	地区、有关部门整合发展财政和社会资金，支持高校学生创新创业活动。高等职业院校优化经费支出结构，多渠道统筹安排资金，支持创新创业教育教学，资助学生创新创业项目	省级教育行政部门、高等职业院校	持续推进
RW－45	举办全国大学生创新创业大赛	教育部（高教司、职成司）	2016 年底前启动
RW－46	加强文化创意、影视制作、出版发行等重点文化产业技术技能人才的培养；提升民族地区的高等职业院校支持当地特色优势产业、基本公共服务、社会管理的能力	省级教育行政部门	持续推进
RW－47	加强与职业教育发达国家的政策对话，探索对发展中国家开展职业教育援助的渠道和政策	教育部（国际司、职成司）、省级教育行政部门、高等职业院校	持续推进

续表

序号	工作任务	负责单位	时间进度
RW－48	鼓励示范性和沿边地区高等职业院校利用学校品牌和专业优势，积极吸引境外学生来华学习	省级教育行政部门、高等职业院校	持续推进
四、完善质量保障机制			
RW－49	落实高等职业院校生均拨款政策，引导激励地市级政府（单位）建立高职生均经费制度。到2017年本省专科高等职业院校生均拨款平均水平不低于12000元	省级教育行政部门	2017年达到标准，持续推进
RW－50	完成高等职业院校章程制定、修订工作	省级教育行政部门、高等职业院校	2015年底前完成
RW－51	推动高等职业院校参照《高等学校学术委员会规程》设立学术委员会；一批（不少于20%）专科高等职业院校参照《普通高等学校理事会规程（试行）》设立理事会或董事会机构	省级教育行政部门、高等职业院校	2016年底前出台措施，持续推进
RW－52	巩固学校、省和国家三级高等职业教育质量年度报告制度，进一步提高年度质量报告的量化程度、可比性和可读性；强化对报告发布情况和撰写质量的监督管理	教育部（职成司）、省级教育行政部门、高等职业院校	持续推进
RW－53	加强分类指导，以人才培养工作状态数据为基础，开展高职院校教学诊断和改进工作	教育部（职成司）、省级教育行政部门、高等职业院校	2016年启动相关工作，持续推进
RW－54	一批省份发布实施职业院校教师专业技术职务评聘办法	省级教育行政部门	2018年底前完成
RW－55	一批国家示范（骨干）高等职业院校制定执行反映自身发展水平、不低于国家规定标准的“双师型”教师标准	省级教育行政部门、高等职业院校	2018年底前完成
RW－56	推动教师分类管理、分类评价的人事管理制度改革；全面推行按岗聘用、竞聘上岗	省级教育行政部门、高等职业院校	2018年底前出台措施
RW－57	制订体现高等职业教育特点的教师绩效评价标准；55岁以下的教授、副教授每学期至少讲授一门课程	省级教育行政部门、高等职业院校	2018年底前出台措施

续表

序号	工作任务	负责单位	时间进度
RW－58	加强高等职业教育研究机构和队伍建设，加大投入支持相关研究工作；有条件的高等职业院校建立专门教育研究机构，开展教学研究	省级教育行政部门、高等职业院校	2016年底前出台措施，持续推进
五、提升思想政治教育质量			
RW－59	贯彻落实《高等学校辅导员职业能力标准（暂行）》	省级教育行政部门、高等职业院校	持续推进
RW－60	健全学生思想政治教育长效机制；高职院校按师生比1：200配备辅导员；心理健康教育全覆盖	教育部（思政司）、省级教育行政部门、高等职业院校	2018年底前完成
RW－61	全面推进《全国大学生思想政治教育质量测评体系（试行）》	省级教育行政部门、高等职业院校	持续推进
RW－62	创建平安校园、和谐校园	省级教育行政部门、高等职业院校	持续推进
RW－63	落实《高等学校体育工作基本标准》	教育部（体卫艺司）、省级教育行政部门、高等职业院校	持续推进
RW－64	加强文化素质教育；加强校园文化建设；支持学生社团活动	省级教育行政部门、高等职业院校	持续推进
RW－65	促进职业技能培养与职业精神养成相融合	省级教育行政部门、高等职业院校	持续推进

项目一览表

序号	工作任务	负责单位	时间进度
一、扩大优质教育资源			
XM－1	骨干专业建设（3000个左右）	省级教育行政部门	2016年出台措施，2018年底前完成
XM－2	校企共建的生产性实训基地建设（1200个左右）	省级教育行政部门	2016年出台措施，2018年底前完成
XM－3	优质专科高等职业院校建设（200所左右）	省级教育行政部门	2016年出台措施，2018年底前完成

续表

序号	工作任务	负责单位	时间进度
XM－4	“双师型”教师培养培训基地建设（500个左右）	省级教育行政部门、高等职业院校	2018年底前完成
XM－5	新建一批国家级职业教育专业教学资源库和国家精品在线开放课程；建成一批国家级职业教育数字资源开发应用基地，开发建设一批数字资源素材库和网络示范课程	教育部（职成司、高教司、财务司）	2018年底前完成
XM－6	立项建设省级高等职业教育专业教学资源库（200个左右）和精品在线开放课程（1000门左右）	省级教育行政部门	持续推进，2018年完成
XM－7	建成一批职业能力培养虚拟仿真实训中心（50个左右）	省级教育行政部门	2018年底前完成
XM－8	建设一批骨干职业教育集团（180个左右）；遴选10个省份开展多元投入主体依法共建职业教育集团的改革试点	省级教育行政部门，有关行业、企业、高等职业院校	2018年底前完成
XM－9	建设一批连锁型职教集团（20个左右）	省级教育行政部门、高等职业院校	2018年底前完成
XM－10	支持东中部地区高职院校（职教集团）对口支援西部职业院校；支援革命老区、西藏及四省藏区、新疆和集中连片特殊困难地区的专科高等职业院校提升办学基础能力和人才培养水平（400校次左右）	教育部（职成司、财务司、民族司）、有关省级教育行政部门	2016年出台措施
二、增强院校办学活力			
XM－11	支持公办高等职业院校和企业合作举办适用公办学校政策、具有混合所有制特征的二级学院（100个左右）	省级教育行政部门、相关高等职业院校	2016年出台措施，持续推进
XM－12	与行业联合召开行业职业教育工作会议（5个以上），联合制定行业职业教育改革发展指导意见	教育部（职成司）、相关行业组织	2018年底前完成
XM－13	发布行业人才需求预测和专业设置指导报告（40个左右）	相关行业职业教育教学指导委员会	2018年底前完成

续表

序号	工作任务	负责单位	时间进度
XM－14	研制“关于进一步推进社区教育改革发展的意见”；公布一批全国社区教育实验区和示范区	教育部（职成司）	2016年底前出台意见，持续推进
三、加强技术技能积累			
XM－15	开展现代学徒制试点（500个左右），校企共建以现代学徒制培养为主的特色学院	省级教育行政部门、高等职业院校	2016年出台措施，2018年底前完成
XM－16	以市场为导向多方共建应用技术协同创新中心（500个左右）	省级教育行政部门、高等职业院校	2016年出台措施，2018年底前完成
XM－17	与技艺大师、非物质文化遗产传承人等合作建立技能大师工作室（100个左右）	省级教育行政部门、相关行指委、高等职业院校	2016年出台措施，2018年底前完成
XM－18	开发建设一批创新创业教育专门课程（群）	省级教育行政部门、高等职业院校	2018年底前完成
XM－19	新组建一批农业职教集团；省部共建一批国家涉农职业教育改革试验区	教育部（职成司）、有关省级教育行政部门、有关行业	2018年底前完成
XM－20	建设一批全国职业院校民族文化传承与创新示范专业点（100个左右）	教育部（职成司）、省级教育行政部门	2018年底前完成
四、完善质量保障机制			
XM－21	支持对用人单位影响力大的行业组织开展专业层面的教学诊改试点	教育部（职成司）、相关行业	2016年开始试点
五、提升思想政治教育质量			
XM－22	深入开展中国特色社会主义和中国梦教育，在广大师生中积极培育和践行社会主义核心价值观，遴选一批特色校园文化品牌（100个左右）	教育部（思政司）、高等职业院校	2018年底前完成

附录七

职业院校管理水平提升行动计划（2015—2018年）

提升管理水平是促进职业院校内涵发展的现实要求，是提高人才培养质量的重要保障。近年来，职业院校依法治校意识日益增强，管理制度不断完善，管理工作得到普遍重视。但是，与加快推进依法治教和治理能力现代化的新要求相比，职业院校在管理理念、能力和信息化水平等方面仍有差距。为全面贯彻落实《国务院关于加快发展现代职业教育的决定》和全国人大常委会职业教育法执法检查有关要求，落实国家有关职业教育各项决策部署，发挥管理工作对职业教育改革发展的推动、引领和保障作用，不断提高职业院校管理规范化、精细化、科学化水平，自2015年秋季学期起，倡导践行“改变从今天开始”，实施职业院校管理水平提升行动计划（2015—2018年）（以下简称行动计划）。

一、总体要求

（一）指导思想

全面贯彻党的十八大和十八届三中、四中全会精神，深入贯彻习近平总书记系列重要讲话精神，落细落小落实《国务院关于加快发展现代职业教育的决定》，坚持依法治校，建立和完善现代职业学校制度，以强化教育教学管理为重点，进一步更新管理理念、完善制度标准、创新运行机制、改进方式方法、提升管理水平，为基本实现职业院校治理能力现代化奠定坚实基础。

（二）工作目标

经过三年努力，职业院校以人为本管理理念更加巩固，现代学校制度

逐步完善，办学行为更加规范，办学活力显著增强，办学质量不断提高，依法治校、自主办学、民主管理的运行机制基本建立，多元参与的职业院校质量评价与保障体系不断完善，职业院校自身吸引力、核心竞争力和社会美誉度明显提高。

——政策法规落实到位。国家职业教育有关法规、制度及标准得到落实，质量意识普遍增强，办学行为更加规范，学校常规管理，特别是学生、课程教学、招生、学籍、实习、安全等重点领域的管理有效加强。

——管理能力显著提升。学校章程普遍建立，治理结构不断完善，管理队伍专业化水平大幅提升，信息化管理手段广泛应用，管理工作的薄弱环节全面改善，办学活力显著增强，管理规范、特色鲜明、办学质量高、社会声誉好的典型学校不断涌现。

——质量保障机制更加完善。职业院校管理状态“大数据”初步建成，学校人才培养工作的自我诊断、反馈、改进机制基本形成，政府、行业、企业及社会等多方参与学校评价的机制更加健全，职业院校教育质量年度报告制度逐步完善。

（三）基本原则

——规范办学，激发活力。确立管理工作在职业院校办学中的基础性地位，落实国家职业教育有关法规、制度及标准，全面规范办学行为，不断激发办学活力，切实提高职业院校依法办学的能力和水平。

——问题导向，标本兼治。以教育教学管理为重点，针对学校常规管理中的薄弱环节和突出问题，立知、立行、立改，对症施治、标本兼治，全面提高职业院校管理工作的有效性。

——活动贯穿，全面行动。设计和开展灵活多样的活动，以活动促管理、以活动促落实，推动职教系统全员参与。充分调动社会各方力量，积极参与行动计划的实施，形成推动职业院校管理水平提升的良好氛围和工作合力。

——科研引领，注重长效。结合不同区域实际和中高职特点，加强职业院校管理的制度、标准、评价等理论与实践研究，引导和帮助职业院校建立自我诊断、自我改进和自我完善的长效机制。

二、重点任务

（一）突出问题专项治理行动

职业院校要对照国家职业教育有关法规、制度及标准，围绕以下重点领域，结合学校实际，全面查摆管理工作中存在的突出问题，有针对性地开展专项治理系列活动。

——诚信招生承诺活动。加强招生政策和工作纪律的宣传教育，面向社会公开承诺诚信招生、阳光招生，规范招生简章，学校主要领导和招生工作相关人员签订责任书，不以虚假宣传和欺骗手段进行招生，杜绝有偿招生等违规违纪现象。

——学籍信息核查活动。全面落实学籍电子注册和管理制度，严格执行《高等学校学生学籍学历电子注册办法》《中等职业学历教育学生学籍电子注册办法》。充分利用学生管理信息系统，加强学籍电子注册、学籍异动、学生信息变更等环节的管理，注重电子信息的核查，确保学籍电子档案数据准确、更新及时、程序规范，杜绝虚假学籍、重复注册等现象。

——教学标准落地活动。按照《教育部关于深化职业教育教学改革全面提高人才培养质量的若干意见》等文件要求，完善学校专业人才培养方案，强化教学过程管理，组织开展教学计划执行情况检查，注重教学效果的反馈与改进，杜绝课程开设与教学实施随意变动等现象。

——实习管理规范活动。严格执行学生实习管理相关规定，强化以育人为目标的实习过程管理和考核评价，完善学生实习责任保险、信息通报等安全制度，维护学生合法权益，改变学生顶岗实习的岗位与其所学专业面向的岗位群不一致等现象。

——平安校园创建活动。加强学校安全管理，落实“一岗双责”责任制，建立健全安全应急处置机制和人防、物防、技防“三防一体”的安全防范体系，消除水电、消防、餐饮、交通和实训等方面的安全隐患。

——财务管理规范活动。严格执行国家财经法律法规，建立健全学校财务管理制度；增强绩效意识，夯实会计基础工作；严格预算管理，强化预算约束；建立完善学校内部控制机制，强化财务风险防范意识；加强学生资助等专项资金的过程控制，规范会计行为，防止和杜绝虚报虚列、违规使用资金等现象的发生。

各级教育行政部门根据实际，针对重点领域和共性问题，加强对职业院校开展专项治理活动的调研、指导和检查，督促学校落实专项治理行动的各项要求，并建立长效机制。

（二）管理制度标准建设行动

职业院校要加快学校章程建设步伐，建立健全体现职业院校办学特点的内部管理制度、标准和运行机制，不断完善现代职业学校制度。

——加快学校章程建设。依法制定和完善具有各自特色的学校章程，中职学校加快推进章程建设工作，高职院校完成章程制定工作，按要求履行审批程序并实施。以章程建设为契机，加大行业、企业和社区等参与学校管理的力度，不断完善学校治理结构和决策机制。

——完善管理制度标准。以学校章程为基础，理顺和完善教学、学生、后勤、安全、科研和人事、财务、资产等方面的管理制度、标准，建立健全相应的工作规程，形成规范、科学的内部管理制度体系。

——强化制度标准落实。加强对管理制度、标准的宣传和学习，明确落实管理制度、标准的奖惩机制，强化管理制度、标准执行情况的监督、检查，确保落实到位。

各级教育行政部门要为职业院校制定章程搭建交流、咨询和服务平台，推动形成一校一章程的格局；组织开展职业院校管理指导手册研制工作，为完善学校管理制度提供科学指导。

（三）管理队伍能力建设行动

职业院校要适应发展需求，遵循管理人员成长规律，以提升岗位胜任力为重点，制订并实施学校管理队伍能力提升计划，不断提高管理人员的专业化水平。

——明确能力要求。按照国家对职业院校管理人员的专业标准和工作要求，围绕学校发展、育人文化、课程教学、教师成长、内部管理等方面，结合学校实际和不同管理岗位特点，细化院校长、中层管理人员和基层管理人员等能力要求，引导管理人员不断提升岗位胜任力。

——加强培养培训。以需求为导向，以能力要求为依据，科学制订各类管理人员培养培训方案，完成一轮管理人员全员培训；搭建学习平台，建立分层次、多形式的培训体系，做到日常培训与专题培训相结合，在职学习与脱产进修相结合，理论学习与经验交流相结合，不断提升管理人员的敬业精神和业务能力。

——强化激励保障。坚持民主、公开、竞争、择优的原则，选拔聘用管理人员，拓展管理人员的发展空间和上升通道，形成有利于优秀管理人才脱颖而出的机制；积极推进以岗位能力要求为依据的目标考核，把考核结果与干部任免、培养培训、收入分配等结合起来，强化管理人员的职业意识，激发管理人员的内在动力。

各级教育行政部门要把职业院校管理骨干培养培训纳入国家和省级校长能力提升、教师素质提高等培训计划统筹实施，组织开展管理经验交流活动，搭建管理专题网络学习平台，为职业院校管理队伍水平提升创造条件。

（四）管理信息化水平提升行动

职业院校要以落实《职业院校数字校园建设规范》为重点，加快信息化技术系统建设，建立健全信息化管理机制，增强信息化管理素养和能力，促进信息技术与教育教学的深度融合。

——强化管理信息化整体设计。制订和完善数字校园建设规划，做好管理信息系统整体设计，建设数据集中、系统集成的应用环境，实现教学、学生、后勤、安全、科研等各类数据管理的信息化和数据交换的规范化。

——健全管理信息化运行机制。建立基于信息化的管理制度，成立专门机构，确定专职人员，建立健全管理信息系统应用和技术支持服务体系，保证系统数据的全面、及时、准确和安全。

——提升管理信息化应用能力。强化管理人员信息化意识和应用能力培养，提高运用信息化手段对各类数据进行记录、更新、采集、分析，以及诊断和改进学校管理的能力。

各级教育行政部门要加强统筹协调，加大政策支持和经费投入力度，加快推进《职业院校数字校园建设规范》的贯彻实施，组织开展信息化管理创新经验交流与现场观摩等活动，促进职业院校管理信息化水平不断提高。

（五）学校文化育人创新行动

职业院校要坚持立德树人，积极培育和践行社会主义核心价值观，弘扬“劳动光荣、技能宝贵、创造伟大”的时代风尚，营造以文化人的氛

围，从学校理念、校园环境、行为规范、管理制度等方面对学校文化进行系统设计，充分发挥学校文化育人的整体功能。

——凝练学校核心文化。总结体现现代职教思想、职业特质、学校特色、可传承发展的校训和校风、教风、学风等核心文化，形成独特的文化标识，并通过板报、橱窗、走廊、校史陈列室、广播电视和新媒体等平台进行传播，发挥其在学校管理中的熏陶、引领和激励作用。

——精选优秀文化进校园。弘扬中华优秀传统文化和现代工业文明，加强技术技能文化积累，开展劳模、技术能手、优秀毕业生等进学校活动，促进产业文化和优秀企业文化进校园、进课堂，着力培养学生的职业理想与职业精神。

——培养学生自主发展能力。创新德育实现形式，充分利用开学典礼和毕业典礼、入党入团、升国旗等仪式和重大纪念日、民族传统节日等时点，将社会主义核心价值观内化于心、外化于行。广泛组织丰富多彩的学生社团活动，深入开展学生文明礼仪教育、行为规范教育以及珍爱生命、防范风险教育，培养学生的社会责任感和自信心，促进守规、节俭、整洁、环保等优良习惯的养成，提升自我教育、自我管理、自我服务的能力。

各级教育行政部门要联合社会各方力量，因地制宜组织开展校训和校风、教风、学风及文化标识、优秀学生社团等遴选展示活动，持续组织“文明风采”竞赛等德育活动，推动职业院校文化育人工作创新，不断提高职业院校文化软实力。

（六）质量保证体系完善行动

职业院校要适应技术技能人才培养需要，不断完善产教融合、校企合作的人才培养机制，建立健全全员参与、全程控制、全面管理的质量保证体系。

——建立教育教学质量监控体系。确立全面质量管理理念，把学习者职业道德、技术技能水平和就业质量作为人才培养质量评价的重要标准，强化人才培养全程的质量监控，完善由学校、行业、企业和社会机构等共同参与的质量评价、反馈与改进机制，全面保证人才培养质量。

——完善职业教育质量年度报告制度。加强职业院校人才培养状态数据采集与分析，充分发挥数据平台在质量监控中的重要作用，进一步完善高职院校质量年度报告制度，逐步提高年度报告质量和水平；建立中职学校质量年度报告制度，国家中职示范（重点）学校自2016年起、其他中职学校自2017年起，每年发布质量年度报告。

各地教育行政部门要加大对本地区职业教育质量统筹监管的力度，建立和完善质量预警机制。省级教育行政部门要加强对本地区职业院校人才培养状态数据的审核，编制并发布省级职业教育质量年度报告。教育部定期组织质量年报的合规性审查，并将结果向社会公布。

三、保障措施

（一）加强组织领导

教育行政部门是组织实施行动计划的责任主体。教育部负责行动计划的总体设计、全面部署和监督指导，掌握重点任务推进节奏；省级教育行政部门要结合本地实际，研究制订行动计划实施方案并细化工作安排，将本地区行动计划实施方案报教育部备案，并加大统筹推进力度，加强对本行政区域各地市、县级教育行政部门组织实施行动计划和有关重点工作的检查指导。职业院校是具体落实行动计划的责任主体，根据行动计划整体部署，并结合学校管理工作实际，对照《职业院校管理工作主要参考点》，制订工作方案和年度推进计划，建立工作机制，明确目标任务和路线图、时间表、责任人，确保行动计划有序开展、有效落实。

（二）加强宣传发动

各级教育行政部门和职业院校要全面开展宣传教育活动，分层次、多形式地开展行动计划以及国家职业教育有关政策法规和制度标准的宣传解读活动，领会精神实质，明确工作要求，营造舆论氛围；创新宣传载体和方式，充分发挥专题网站、新媒体和公共数据平台等的作用，实施微学习、微传播，在各自门户网站设立“职业院校管理水平提升行动计划”专栏，并通过专家辅导、专题研讨和微电影、动画宣传片等师生喜闻乐见的形式，使国家有关职业院校管理政策要求入脑、入心；组织发动新闻媒体、社会团体和科研机构等各方力量，参与行动计划的宣传，不断扩大行动计划的参与度和影响力，形成实施行动计划的工作合力。

（三）加强督促检查

行动计划是现代职业教育质量提升计划的重要内容，各地各院校管理

水平和质量将作为资金分配的重要因素。各级教育行政部门要建立督查调研、情况通报、限期报告、跟踪问效等制度，完善行动计划落实情况督促检查工作机制；职业院校要创新工作方法，采取实地检查、随机抽查、群众评议和走访行业企业、社区、家庭等方式，充分利用信息化等手段，全面了解和掌握职业院校管理工作实效，发现典型并及时予以总结推广，发现问题并迅速进行督促整改。教育部建立行动计划实施进展情况简报、通报和重大问题限期整改报告制度，并视情况组织专项督查；委托第三方依据学校管理工作实效及实施行动计划取得的实绩，分类遴选全国职业院校管理500强，充分发挥其示范、引领、辐射作用，确保行动计划提出的各项目标任务落到实处。

（四）加强指导服务

各级教育行政部门要发挥科研在职业院校管理中的引领作用，加强职业院校管理专家队伍建设，组织开展相关理论与实践研究，跟踪行动计划的实施进展情况，并及时提供专业指导；按照不同管理主题，广泛征集和宣传职业院校优秀管理案例。教育部组织专业力量设计面向学校管理者、教师、学生以及行业企业人员等的问卷，开展大样本网络调查，形成全国职业院校管理状态“大数据”及分析报告，为学校诊断、改进管理工作和教育行政部门宏观决策提供实证依据。

参考文献

[1] 韩彬．基于技能人才培养的职业资格证书制度研究［J］．改革与开放，2016（03）：121－122.

[2] 赵绚丽．加大职业技能人才培养力度积极扶持职教基地建设——基于湘潭职业技能人才培养的思考［J］．当代教育理论与实践，2011，3（05）：41－43.

[3] 胡松洁．浅谈电网公司职业技能鉴定的深入推进与技能人才培养［J］．企业技术开发，2016，35（25）：121－122＋127.

[4] 王子杰，马伶伶，陈立勇．关于发展现代职业教育完善技能人才培养模式的探讨［J］．职业，2016（14）：21－23.

[5] 宋超超，刘强，孙宜彬．物流技能比赛对于物流技能人才培养的作用研究［J］．物流工程与管理，2016，38（07）：297－298.

[6] 周晨，蓝欣．高职教育入学选拔制度改革的思考［J］．天津工程师范学院学报，2007（03）：61－63.

[7] 唐成棉．基于校企合作模式下的技能人才培养实施策略［J］．中国校外教育，2012（24）：117＋150.

[8] 胡波．电子商务技能人才培养服务区域产业思考［J］．中国培训，2016（24）：244.

[9] 盛知文．“3＋4”中职与普通本科院校建筑工程专业技能人才培养问题研究［J］．才智，2016（32）：5.

[10] 张宝忠．基于现代学徒制的高职商科专业人才培养路径研究［J］．中国高教研究，2016（10）：103－106.

[11] 余群英，李绍琳．美国技能人才需求的研究与思考［J］．成都航空职业技术学院学报，2007（02）：7－11.

[12] 闫传美．职业技能竞赛与促进技能人才培养的认识与思考［J］．教育现代化，2016，3（30）：29－30＋120.

［13］于春艳．武汉技能型物流人才培养探讨［J］．经济研究导刊，2009（13）：120－121．

［14］杨雪君．智能制造背景下高职特色专业技能人才培养研究［J］．河北职业教育，2017，1（01）：74－77．

［15］杜楠．技能型人才培养校内实训基地建设思考［J］．教育现代化，2017，4（24）：16－17＋28．

［16］邹建辉．技能人才培养模式国内外比较分析［J］．成才之路，2008（22）：28－29．

［17］龚东军，李蓉．日本制造业产业相关人才培养调查研究［J］．汽车实用技术，2017（16）：221－224．

［18］李雨锦．英国现代学徒制对我国技能人才培养的启示［J］．科学大众（科学教育），2017（12）：141．

［19］张震，李仲阳．"人·机"互补路径下技能人才的培养［J］．河南科技学院学报，2017，37（08）：44－47．

［20］田永坡．国外技能人才开发的政策体系研究［J］．中国人力资源开发，2016（09）：88－92．

［21］于泽国．浅谈技能人才培养机制建设［J］．东方企业文化，2014（13）：166．

［22］任娟．发挥高职院校基层党组织在技能型人才培养中的作用［J］．职业，2015（11）：68－69．

［23］盖庆武，邱开金，张俊晓．温州市中小企业转型升级与技能人才培养问题研究［J］．浙江工贸职业技术学院学报，2011，11（01）：5－11．

［24］许小伟，蒋跃宗，吴福民．宝钢高技能人才"三合一"教育模式培养中的实践与探索［J］．中国职业技术教育，2006（27）：5－6＋9．

［25］吴伟民．技能人才培养课程建设与校企合作——苏州技工教育改革的一些探索［J］．苏州大学学报（工科版），2009，29（05）：102－104．

［26］王俊亮，李力．技工院校技能人才培养困境及对策［J］．职业，2014（03）：28－29．

［27］黄晓庆，杜萍．构建"三课一体"培养模式提升技能后备人才的职业素质［J］．石油教育，2013（06）：70－72．

［28］聂章龙，陶洪．浅谈高职计算机应用技术专业技能人才的培养［J］．中国电力教育，2010（04）：35－36．

[29] 谢寿衡．网络专业高技能人才培养的探索［J］．电脑学习，2010（03）：46－47.

[30] 冯戈．北部湾经济区技能人才培养探索——以广西机电工业学校北海实训基地为例［J］．经济与社会发展，2012，10（02）：156－157＋160.

[31] 何耀明，刘萍．论胜任素质方法与高职技能人才培养的机理耦合［J］．现代商业，2013（15）：118－120.

[32] 蔡丹云，丁明明．高职院校校企合作技能人才培养模式的探究［J］．科技创新导报，2013（19）：15.

[33] 洪湘，罗金荣．高技能人才培养的探索［J］．武汉冶金管理干部学院学报，2004（04）：30－31.

[34] 夏婷婷．与职业标准相衔接的高校课程改革保障之策［J/OL］．中国成人教育，2019（01）：60－62［2019－03－02］．http：//kns. cnki. net/kcms/detail/37. 1214. G4. 20190227. 1000. 082. html.

[35] 唐伶．基于“中国制造2025”的技能人才培养研究［J］．技术经济与管理研究，2016（06）：30－35.

[36] 张磊，张弛．“中国制造2025”视域下技能人才职业流向及职业能力框架［J］．职教论坛，2016（10）：17－21.

[37] 叶龙，褚福磊．技能人才职业胜任力及其与职业满意度关系研究——以铁路行业为例的实证分析［J］．清华大学学报（哲学社会科学版），2013，28（06）：148－154＋158.

[38] 王琳．论现代学徒制对高职院校转型发展的影响［J］．中国人力资源开发，2014（23）：6－9＋66.

[39] 罗永泰．技术工人短缺与技能人才激励机制设计［J］．经济经纬，2005（06）：84－88.

[40] 汤晓华，吕景泉，洪霞．基于职业能力的技能人才知识、技能、素质系统化模型建模与研究［J］．职业技术教育，2012，33（02）：32－35.

[41] 庄西真．技能人才成长的二维时空交融理论［J］．职教论坛，2017（34）：20－25.

[42] 李军．“一带一路”国家职业教育培训发展研究［J］．职业技术教育，2017，38（31）：68－73.

[43] 刘东菊．大赛引领下的职业院校技能人才职业素质提升策略研究［J］．职教论坛，2016（25）：65－69.

[44] 彭振宇. 国外技能人才培养模式的共性与趋势 [J]. 职教论坛, 2015 (27): 92 -96.

[45] 何应林. 高职院校技能人才培养目标确立的依据与程序 [J]. 职教论坛, 2015 (27): 31 -35.

[46] 刘娜, 高绍金. 从国外技能人才培养看工学结合的重要作用 [J]. 中国职业技术教育, 2007 (21): 5 -6.

[47] 娄春晖. 国外技能人才培养模式对我国的启示 [J]. 商场现代化, 2007 (18): 77 -79.

[48] 孙士柱, 金起文. 发达国家的高技能人才培养及启示 [J]. 经济导刊, 2011 (01): 10 -11.

[49] 韦家础. 职业教育的国内外培养模式比较及走向国际化 [J]. 天津航海, 2008 (02): 67 -70.

[50] 齐小萍. 全球化视野下的高技能人才培养——基于宁波国际合作与交流试验区的思考 [J]. 宁波职业技术学院学报, 2013, 17 (06): 1 -4.

重要术语索引表

B

补充保险 …… 093
半工半读 …… 100
不同层次教育之间相互贯通 …… 105

C

从业前培训 …… 018
成人中专 …… 005
产学合作 …… 114
创新型的技能人才 …… 119

D

顶岗实习 …… 006

F

福利多元化 …… 091
法治化 …… 103

G

工学结合 …… 006
工匠师傅 …… 099
工作压力 …… 083
高等职业教育 …… 006
高级技师 …… 019
公平性 …… 105
关键能力 …… 097
国家技能战略 …… 112
广泛关键能力 …… 112
国家受训制 …… 112

H

合作教育 …… 114

J

技能 …… 001
技能人才 …… 001
技术人才 …… 009
技能训练 …… 035
技能培训 …… 019
技能人才离职率 …… 081
技工学校 …… 003
技师 …… 019
集团化办学 …… 006
就业准入制度 …… 011

K

快速响应机制 …… 120

M

民办职业教育 …… 005
满意度 …… 081

N

内在激励因素 …… 086

P

企业年金 …… 093
普通中专 …… 005

Q

求人倍率 …… 056
迁移的职业能力 …… 113

R

人才招聘 …… 072
人才素质 …… 013
融合性 …… 107

S

三多一改 …… 007
双师型 …… 008
双元制 …… 098
生师比 …… 023
实效性 …… 046
市场性 …… 106
“三明治”课程 …… 111

W

五险一金 …… 091

X

校企合作 …… 006
学习型社会 …… 006
学徒制 …… 054
现代学徒制 …… 054
薪酬福利待遇 …… 085
训练职业道德 …… 104

Y

应用型人才 …… 001

Z

职业技能 …… 004
职业培训 …… 003
职业技能培训机构 …… 048
职业教育 …… 001
职业精神 …… 123
职业学历教育 …… 018
职业非学历教育 …… 018
中等职业教育 …… 004
职业分类 …… 014
职业资格等级标准 …… 019
职业教育法 …… 003
职业教育体系 …… 003
转业培训 …… 018
在岗培训 …… 018
转岗培训 …… 019
中等职业学校 …… 005
职业高中 …… 005
终身教育体系 …… 006
职业性别隔离 …… 068
周工作时间 …… 088
职务晋升制度 …… 096
职后教育 …… 015
职业资格考评 …… 113
职业教育的国家干预倾向 …… 113
职业准入制度 …… 111